杭州低碳科技馆球幕影院

杭州低碳科技馆巨幕影院

昆山文化中心歌剧院（一）

昆山文化中心歌剧院（二）

绍兴柯桥蓝天剧院（一）

绍兴柯桥蓝天剧院（二）

象山丹城教堂

昆山文化艺术中心报告厅

浙江大学文体中心

浙江省广电中心录音室

木饰面成品穿孔板

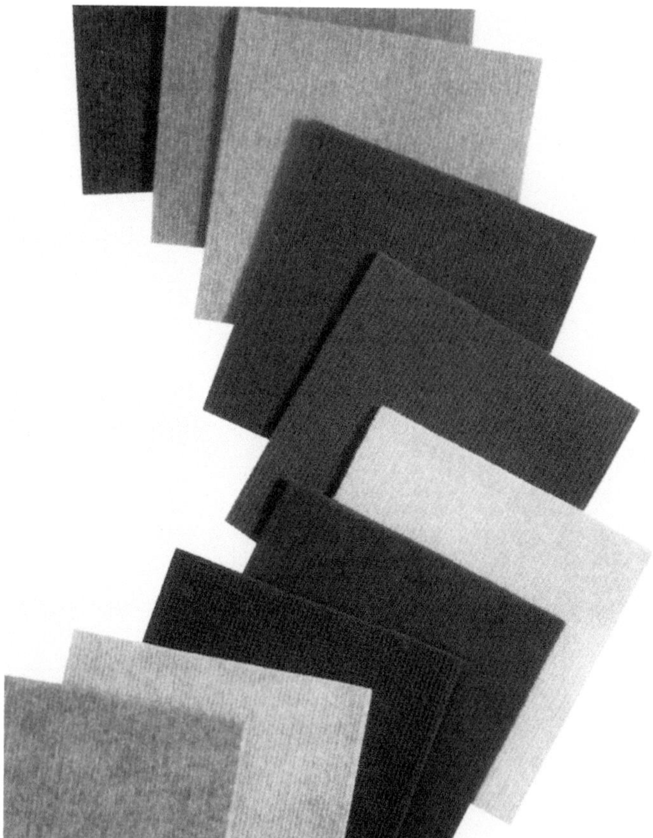

织物面成品吸声板

某电教馆演播厅

华南理工大学消声室

卢浮宫金字塔照明

广东肇庆学院体育馆

室内设计与建筑装饰专业教学丛书暨高级培训教材

室内环境与设备

（第三版）

华南理工大学　吴硕贤　主编
上海交通大学　夏　清
浙江大学　葛　坚　张三明
吴硕贤　夏　清　编著

中国建筑工业出版社

图书在版编目（CIP）数据

室内环境与设备/吴硕贤，夏清主编．—3版．—北京：中国建筑工业出版社，2014.3（2025.1重印）

室内设计与建筑装饰专业教学丛书暨高级培训教材

ISBN 978-7-112-16209-3

Ⅰ.①室… Ⅱ.①吴…②夏… Ⅲ.①室内环境—环境设计—教材②房屋建筑设备—教材 Ⅳ.①TU238②TU8

中国版本图书馆 CIP 数据核字（2013）第 307586 号

本书介绍与室内声环境、光环境、热湿环境和空气洁净环境有关的基本原理、评价指标、标准规范、控制设备、材料构造、技术措施及设计方法。本书阐述深入浅出，图表丰富，举例得当，内容先进且实用。

本书可作为室内设计、环境艺术、建筑学等专业高校教材、研究生参考用书。也可作为建筑装饰与室内设计行业技术人员、管理人员继续教育与培训教材及工作参考指导书。

责任编辑：朱象清　陈　桦
责任设计：李志立
责任校对：张　颖　赵　颖

室内设计与建筑装饰专业教学丛书暨高级培训教材

室内环境与设备

（第三版）

华南理工大学　吴硕贤　主编
上海交通大学　夏　清　主编
浙江大学　葛　坚　张三明　编著
吴硕贤　夏　清　编著

*

中国建筑工业出版社出版、发行（北京西郊百万庄）
各地新华书店、建筑书店经销
北京千辰公司制版
建工社（河北）印刷有限公司印刷

*

开本：880×1230 毫米　1/16　印张：13¾　插页：4　字数：360 千字
2014 年 4 月第三版　2025 年 1 月第三十一次印刷
定价：35.00 元
ISBN 978-7-112-16209-3
（24948）

室内设计与建筑装饰专业教学丛书暨
高级培训教材编委会成员名单

第三版编者的话

本套丛书1996年出版第一版，2004年修订出版第二版，由于广受读者厚爱，已经经历了17个春秋，多次，有的甚至40多次重印，正如编者在第一版中所期望的那样，“我国将迎来了一个经济、信息、科技、文化等多个方面高度发展的兴旺时期”。时代推动了室内设计行业的发展，行业的进步带动了科技出版业的繁荣。

为了建设一个美好的中国，圆我们向往的中国梦，在人与建筑之间创建一个健康的、舒适的室内环境是必需的，也是我们所期盼的，所以室内设计越来越受到人们的重视。

编委会和中国建筑工业出版社共同努力，在第三版丛书各册的修编中，力争在第二版的基础上增加近年来国内外本专业和相关各学科的新理念、新技术、新案例和新信息，务使各册内容能与时俱进，紧跟时代的发展，满足当今与长远教学与实践的需要，例如生态、环境、节能、低碳与可持续发展理念，以及人性化、关注人民大众的需求与有关文化内涵与地域文化的内容都有所充实。在文字表达、版式和图例配置上也都有所改进。

虽然我们做了认真的增补和修正，但仍有很多不足之处，诚请专家和读者予以指正，我们一定本着“精益求精”的精神，在今后不断修订与完善。

第二版编者的话

自从1996年10月开始出版本套“室内设计与建筑装饰专业教学丛书暨高级培训教材”以来，由于社会对迅速发展的室内设计和建筑装饰事业的需要，丛书各册都先后多次甚至十余次地重印，说明丛书的出版能够符合院校师生、专业人员和广大读者学习、参考所用。

丛书出版后的近些年来，我国室内设计和建筑装饰从实践到理论又都有了新的发展，国外也有不少可供借鉴的实践经验和设计理念。以环境为源，关注生命的安全与健康，重视环境与生态、人—环境—社会的和谐，在设计和装饰中对科学性和物质技术因素、艺术性和文化内涵以及创新实践等诸多问题的探讨研究，也都有了很大的进步。

为此，编委会同中国建筑工业出版社研究，决定将丛书第一版中的9册重新修订，在原有内容的基础上对设计理论、相关规范、所举实例等方面都作了新的补充和修改，并新出版了《建筑室内装饰艺术》与《室内设计计算机的应用》两册，以期更能适应专业新的形势的需要。

尽管我们进行了认真的讨论和修改，书中难免还有不足之处，真诚希望各位专家学者和广大读者继续给予批评指正，我们一定本着“精益求精”的精神，在今后不断修订与完善。

编委会

2003年12月

第一版编者的话

面向即将来临的21世纪,我国将迎来一个经济、信息、科技、文化都高度发展的兴旺时期,社会的物质和精神生活也都会提到一个新的高度,相应地,人们对自身所处的生活、生产活动环境的质量,也必将在安全、健康、舒适、美观等方面提出更高的要求。因此,设计创造一个既具科学性,又有艺术性,既能满足功能要求,又有文化内涵,以人为本,亦情亦理的现代室内环境,将是我们室内设计师的任务。

这套可供高等院校室内设计和建筑装饰专业教学及高级技术人才培训用的系列丛书首批出版8本:《室内设计原理》(上册为基本原理,下册为基本类型)、《室内设计表现图技法》、《人体工程学与室内设计》、《室内环境与设备》、《家具与陈设》、《室内绿化与内庭》、《建筑装饰构造》等;尚有《室内设计发展史》、《建筑室内装饰艺术》、《环境心理学与室内设计》、《室内设计计算机的应用》、《建筑装饰材料》等将于后期陆续出版。

这套系列丛书由我国高等院校中具有丰富教学经验,长期进行工程实践,具有深厚专业理论修养的作者编写,内容力求科学、系统,重视基础知识和基本理论的阐述,还介绍了许多优秀的实例,理论联系实际,并反映和汲取国内外近年来学科发展的新的观念和成就。希望这套系列丛书的出版,能适应我国室内设计与建筑装饰事业深入发展的需要,并能对系统学习室内设计这一新兴学科的院校学生、专业人员和广大读者有所裨益。

本套丛书的出版,还得到了清华大学王炜钰教授、北京市建筑设计研究院刘振宏高级建筑师及中央工艺美术学院罗无逸教授的热情支持,谨此一并致谢。

由于室内设计社会实践的飞速发展,学科理论不断深化,编写时间紧迫,书中肯定会存在不少不足之处,真诚希望有关专家学者和广大读者给予批评指正,我们将于今后的版本中不断修改和完善。

编委会

1996年7月

第二版前言

作为“室内设计与建筑装饰专业教学丛书暨高级培训教材”之一的《室内环境与设备》,自1996年10月面世以来,重印达8次之多,印数逾22000多册,为我国室内设计与建筑装饰事业的发展和人才的培养起到了促进作用。这是使我们倍感欣慰之事。

为了总结出书6年来的教学使用情况、读者反馈意见及响应近年来室内设计的发展与要求,及时对教材加以修订与更新,2002年6月27日在上海同济大学召开了“室内设计与建筑装饰专业教学丛书暨高级培训教材”第二版修订工作会议。本书主编之一上海交通大学的夏清教授代表本书四位编著者出席了会议。根据会议精神,编著者对本书作了认真的修订。主要修改补充内容如下:

1. 根据近年制定的有关新规范,对原书中涉及引用相关规范的内容作了修订,以体现与时俱进的精神;

2. 增加了若干室内声环境和光环境设计实例的彩色照片,更加体现图文并茂、理论联系实际的特色;

3. 根据21世纪学科的新发展,对某些章节、段落作了若干修改和补充,增加了若干插图和图表,体现立足前沿和适当超前的意识;

4. 对原书中少数数据引用不当或笔误、校对失误等差错予以改正。

相信经过这次修订后再版的《室内环境及设备》,能够更好地为广大读者服务。希望广大读者继续对本书提出要求、期望和批评指正,以使本书更臻于完善。

最后,感谢赵越喆博士和我女儿吴蓄对修订工作的协助!

第一版前言

人有五种感觉器官和部位，即眼、耳、鼻、舌、身，分别具有视觉、听觉、嗅觉、味觉、触觉以及热、湿感觉等官能。它们同时又是人类与周围环境交流信息的通道。与之相适应，便有所谓视（光、色）环境，声环境，热、湿舒适环境以及气味环境等。从人的心理、生理角度出发，分析人们对室内环境的物质和精神要求，在室内设计中，综合运用工程技术手段和设备，为人们创造适宜的居住环境，是室内建筑师的重要职责之一。

室内环境控制正是考虑以人为对象而控制、调节室内空间物理环境的学科。就学科体系而言，它属于建筑技术科学体系，但在应用方面，它不仅能为发挥建筑空间的功能创造条件，而且有时利用环境控制技术和设备，还能协助解决建筑或环境艺术领域中的问题。室内环境与设备所包括的领域很广泛，体现了多学科交叉的鲜明特点。

据世界卫生组织估计，当今人类至少有10亿人居住在不健康的室内环境中。在不良的室内环境中居住与工作，不仅影响身、心健康，影响生活质量，影响工作与学习效率，而且会对仪器、设备造成损害，降低产品质量，并且造成能源的浪费。

《马丘比丘宪章》早就指出："要争取获得生活的基本质量以及与自然环境的协调。"1972年联合国人类环境会议宣言也指出："人类既是其环境的创造物，又是其环境的创造者。……人类在地球上的漫长和曲折的进化过程，已经到了这样一个阶段，即由于科学技术发展的迅速加快，人们获得以无数方法和在空前规模上改造环境的能力。"随着人民生活水平的提高和科学技术的进步，人们对高质量居住条件包括对室内各种舒适环境的要求将越来越高。因此，作为从事室内设计的建筑师，必须了解和掌握关于室内环境和设备方面的知识，以便与从事环境控制的工程师和设备工程师共同配合，以改造各种既有的病态的室内环境，创造良好、舒适的各种室内空间。

目前，我国已制定了高等学校建筑学专业评估标准。其中，在相关知识和技术这些智育标准中，一再强调建筑学专业学生应了解人们对其所处环境的心理及生理反应，了解人们行为与物质环境间相互关系的理论，对环境是否适合于人的行为具有辨识与判断能力，并需要掌握通过选用一定的设备及其合理布置以及建筑布局与构造措施，为人们提供一个满足使用要求与节约能源的物理环境。这些要求同样适合于室内设计专业的学生。

本书介绍有关控制室内声环境，光环境，热、湿环境以及空气洁净环境的基本原理、基本概念、计算公式、评价指标、标准规范以及主要的技术措施、控制设备、材料构造以及设计方法。光色环境是室内环境的重要方面，但本书对室内光环境设计和照明设备未作较深入的阐述和介绍，同时未涉及色彩环境的内容，主要是因为本书属于“室内设计与建筑装饰专业教学丛书暨高级培训教材”中的一种，鉴于丛书中其他分册已对这些内容作了较详细的介绍，本书对此就不再重复。

在本书写作过程中，作者考虑到本书的读者主要是室内设计与装饰专业的大学生和从事室内设计与装修业务的工程技术人员，所以尽量少涉及数理公式与推导，而是用深入浅出的语言阐明基本原理和物理概念，便于广大读者接受。同时由于作者多在相关领域从事多年教学、研究与实际工程设计，所以尽量介绍各自学科领域的新发展、新经验，使本书的内容具有先进性和实用性。

本书室内环境部分由吴硕贤主编，室内设备部分由夏清主编，全书最后由吴硕贤统稿。各章具体写作分工如下：吴硕贤：前言、第一、二章；张三明：第三、四、五章；葛坚：第六、七、八、九、十章；夏清：第十一、十二、十三、十四章。作者中除夏清为上海交通大学制冷工程研究所成员外，其余均为浙江大学建筑系建筑环境物理研究室成员。

在本书写作过程中，由于时间紧迫，加之作者水平所限，书中不妥之处还望广大读者指正。

目　录

第一篇　室内声环境

第二篇　室内光环境

第三篇 室内热环境与空调供暖设备

第四篇 室内空气洁净环境与通风净化设备

第一篇　室内声环境

第一章　室内声学原理

第一节　室内声学基本计量

一、室内声学基本物理量

声音是在气体、液体或固体等弹性介质中以波动形式传播的机械振动。在室内声学中，主要涉及声音在空气中的传播。声音在空气中的传播速度，当空气为22℃时，等于344m/s，在常温条件下，空气中的声速为340m/s。

声音是由声源的振动引起的。声源在1s内完成的全振动次数称为频率。它决定了声音的主调，符号为f，单位是赫〔兹〕(Hz)。频率的倒数，即声源完成一次全振动的时间称为周期，符号为T，单位是秒(s)。

在声波传播途径上，两相邻同位相质点之间的距离称为波长，符号为λ，单位是米(m)。位相指的是媒质质点的振动状态，如处于压缩或稀疏状态等(图1-1)。

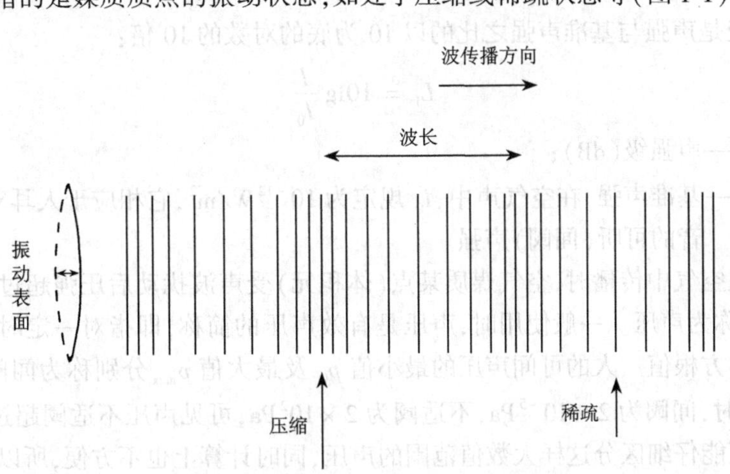

图1-1　声波的传播(图中显示交替出现的压缩与稀疏状态)

声波的传播速度 c、波长 λ 及振动速率 f 之间有如下关系：

$$\lambda = c/f \tag{1-1}$$

由此公式不难计算出各频率声音所对应的波长。在室内声学中感兴趣的声音频率通常从 63 ~ 10000Hz，相应的波长为 5.4 ~ 0.034m。

声波沿运动方向传播能量。单位时间通过垂直于声音传播方向上单位面积的平均声能通量称为声强，符号是 I。声强按下式确定：

$$I = \frac{p^2}{\rho c} \tag{1-2}$$

式中 I——声强（W/m^2）；

p——声压的均方根值（Pa）；

ρc——介质的声阻抗率，又称空气特性阻抗。

在空气中，ρc 值大约为 412Pa · s/m。

单位时间内声源向周围空间所辐射的声能量称为声功率。在自由声场中，点声源发出的球面波均匀地向四周辐射声能，因此，距离声源中心 rm 的球面上的声强为：

$$I = \frac{W}{4\pi r^2} \tag{1-3}$$

式中 I——声强（W/m^2）；

W——声源声功率（W）。

由式（1-3）可看出，I 与离开声源的距离 r 的平方成反比地衰减，这称为几何衰减。这种衰减并未考虑空气对声能的吸收，是由于球面波波阵面的扩大所引起的声强的减少（图 1-2）。

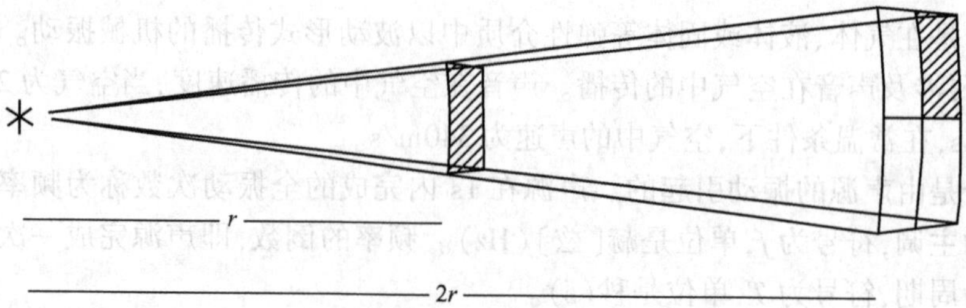

图 1-2 声强的几何衰减：声强与距离的平方成反比

声强级是声强与基准声强之比的以 10 为底的对数的 10 倍：

$$L_I = 10\lg \frac{I}{I_0} \tag{1-4}$$

式中 L_I——声强级（dB）；

I_0——基准声强，在空气声中，I_0 规定为 10^{-12} W/m^2，它相应于人耳对 1000Hz 声音的可听（闻阈）声强。

声波在空气中传播时，空气媒质某点（体积元）受声波扰动后压强超过原先大气静压强的值，称为声压。一般使用时，声压是有效声压的简称，即指对一定时间间隔取瞬时声压的均方根值。人的可闻声压的最小值 p_0 及最大值 p_{max} 分别称为闻阈和不适阈。在 1000Hz 时，闻阈为 2×10^{-5} Pa，不适阈为 2×10^{2} Pa，可见声压不适阈超过闻阈达 10^7 倍。人耳不能仔细区分这样大数值范围的声压，同时计算上也不方便，所以通常采用对数标度，用分贝为单位来评价这个巨大的声压值范围。这就是采用声压级和声强级的原因。

声压级是声压与基准声压之比的以 10 为底的对数的 20 倍：

$$L_p = 10\lg\frac{p^2}{p_0^2} = 20\lg\frac{p}{p_0} \tag{1-5}$$

式中　L_p——声压级（dB）；

p_0——基准声压，对于空气声，基准声压规定为 2×10^{-5}Pa。

在自由声场，声压级近似等于声强级：

$$L_p \approx L_I \tag{1-6}$$

声源的声功率是单位时间内声源辐射的总声能量，单位是瓦（W）。声功率级是声源声功率与基准声功率之比的以 10 为底的对数的 10 倍：

$$L_W = 10\lg\frac{W}{W_0} \tag{1-7}$$

式中　L_W——声功率级（dB）；

W_0——基准声功率，规定为 10^{-12}W。

表 1-1 给出室内一些典型声源的声功率。

典型声源的声功率　　**表 1-1**

声　源	声功率	声　源	声功率
钢　琴	0.4W	女高音	100 ~ 200000μW
小　号	0.3W	男高音	200 ~ 30000μW
小提琴最轻声	3.8μW	平均语声	20 ~ 50μW
		耳语	10^{-9}W

几个声源总声级的计算，如果声源相同，则叠加后总声压级为：

$$L = L_1 + 10\lg n \tag{1-8}$$

式中　L_1——一个声源单独作用时的声级；

n——声源数目。

声级为 L_1 及 L_2（$L_1 > L_2$）的两个声源共同作用时的叠加声级为：

$$L = L_1 + \Delta L \tag{1-9}$$

式中　ΔL——与声级差有关的修正值，按表 1-2 选用。

与声级差有关的修正值（dB）　　**表 1-2**

两个声源声级差	0	1	2	3	4	5	6	7	8	9	10
较大声级 L_1 的附加值 ΔL	3	2.5	2.1	1.8	1.5	1.2	1.0	0.8	0.6	0.5	0.4

二、计权网络和频谱

通常用声级计来测量声压级。由于人耳对中高频声音较敏感，对低频声音较不敏感，为了得到能比声压级更好地与人耳响度判别密切相关的声级值，在声级计中加进了“频率计权网络”，这些网络改变了声级计对不同频率声波的敏感性，有 *A*、*B*、*C*、*D* 计权网络，其中最常用的是 *A* 计权网络，因为它能较好地模仿人耳的频率响应特性。用 *A* 计权测得的声级称为 *A* 计权声级，简称 *A* 声级，单位是 dBA。各计权网络的频率计权曲线如图 1-3 所示。

通常人们听到的声音可以由组成它的分音的频率和强度所构成的频谱来表示。按不同声音的特性，其频谱可以是线状谱（如乐器发出的声音）或连续谱（如大多数噪声）。

由于人耳可听频率范围大约为 20 ~ 20000Hz，实际上不可能测量这个范围中的每一频率的声压级。测量总是在某一频率区间进行的，这个频率区间称为频带，由下限频

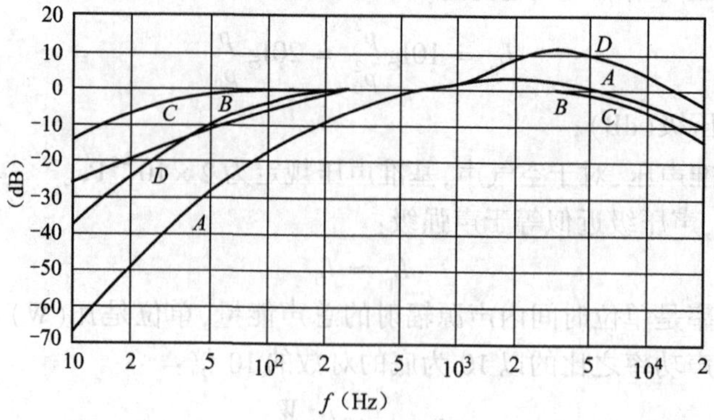

图 1-3　频率计权曲线

率 f_1 和上限频率 f_2 规定带宽。f_1、f_2 又称截止频率。声学中常用的频带宽是倍频带，或称倍频程。一个倍频带是上限频率为下限频率两倍的频带，即 $f_2 = 2f_1$。另一常用频带宽是 1/3 倍频程，即 $f_2 = \sqrt[3]{2}f_1$。通常用中心频率来指称各频率区间。中心频率是截止频率的几何平均：

$$f_m = \sqrt{f_1 f_2} \tag{1-10}$$

在室内声学中常用的倍频程与 1/3 倍频程的中心频率和截止频率见表 1-3、表 1-4。

倍频程的中心频率与截止频率(Hz)　　**表 1-3**

中心频率 f_m	下限频率 f_1	上限频率 f_2	中心频率 f_m	下限频率 f_1	上限频率 f_2
63	45	89	1000	707	1414
125	89	178	2000	1411	2822
250	178	355	4000	2815	5630
500	354	709	8000	5617	11233

1/3 倍频程的中心频率与截止频率(Hz)　　**表 1-4**

中心频率 f_m	下限频率 f_1	上限频率 f_2	中心频率 f_m	下限频率 f_1	上限频率 f_2
63	56	71	800	708	892
80	71	89	1000	891	1122
100	89	112	1250	1122	1413
125	112	141	1600	1412	1779
160	141	178	2000	1778	2240
200	178	224	2500	2238	2820
250	224	282	3150	2817	3550
315	282	355	4000	3547	4469
400	355	447	5000	4465	5626
500	447	563	6300	5621	7082
630	562	708	8000	7077	8916

三、等效声级

人们在建筑环境中常遇到两类噪声源：稳定声源和不稳定声源。一些声源稳定地发声，如其发出的噪声级随时间的变化不大于 3dBA，即可认为是稳定的。声级随时间变化大于 3dBA 的不稳定噪声通常用等效声级 L_{eq} 来评价。等效声级按下式计算：

$$L_{eq} = 10\lg\left(\frac{1}{n}\sum_{i=1}^{n} 10^{0.1L_{Pi}}\right) \tag{1-11}$$

式中　L_{eq}——等效声级(dB)；

L_{p_i}——每次测得的声级值(dB)；

n——读取声级值的总次数。

当L_{p_i}用A计权网络测量时，测得或计算求得的等效声级称为A计权等效声级，用L_{Aeq}表示。

第二节　听觉特性

一、最小和最大可听声压

人耳可以加以接受的声压变化范围很大。在中频范围，人的最小可听极限大致相当于声压级0dB。在高声压级作用下，人耳会有不舒服以至疼痛的感觉。通常，声压级在120dB左右，人就会感到不舒服；130dB左右，会引起耳内发痒；达到140dB，耳内会感觉疼痛。声压级继续升高，可引起耳内出血，甚至导致听觉器官永久性损伤。

二、最小声压可辨阈

对于频率在50~10000Hz之间的纯音，当声压级超过50dB时，人耳大致可以鉴别1dB的声压级变化。

三、哈斯效应与回声感觉

如有两个声源发出同样的声音，在同一时刻以同样强度到达人耳，则声音呈现的方向大致在两个声源之间。如果其中一个声音略微延迟5~35ms，则听起来所有声音似乎都来自第一个声源。如果延时在35~50ms之间，则延时声源可以被识别，但其方向仍在未经延时的声源方向。只有当延时超过50ms时，第二声源才被听到。人耳的这一听觉特性称为哈斯效应。据此，人耳在听到直达声后，如果存在一个延迟时间长于50ms，又具有足够强度的反射声，就会被感觉到是个回声。这种回声通常引起听闻的干扰，是应该加以避免的。

四、听觉定位

人耳的一个重要特性是能判断声源的方向和远近。人耳辨别声源的方向相当准确，但判别声源远近的准确度则较差。听觉定位是由于双耳听闻引起的，包括声波到达两耳所产生的时间差和强度差。在安静无回声的环境，当声源处于正前方时，人耳对声源方位的辨别，在水平方向上比竖直方向上要好。正常人可辨别1°~3°水平方位的变化。在水平方位角0°~60°范围内，人耳有良好的方位辨别力，超过60°就变差。对竖直方位，可能要在声源变化达10°~15°以上时才能辨别。

人耳对声源的定位还常受视觉的影响。如果人能看到声源位置，则只要声像位置偏离视觉声源位置不是很大，感觉上听觉和视觉还是一致的。

五、人耳的频率响应和等响曲线

响度是人对声音强弱的主观评价指标。影响响度感觉的客观物理量是声波的振幅。但响度与振幅并不完全一致，原因是人对不同频率声音的响度感觉(灵敏度)不同。一般说来，人耳对2000~4000Hz的声音最敏感，频率越低，灵敏度越差，而频率很高时，灵敏度也会变差。因此，对声压级相同而频率不同的声音，人耳听起来是不一样响的。反之,不同频率的声音听起来要具有同样的响度,就必须具有不同的声压级。图 1-4 是纯音等响曲线,它表明听起来与具有某个声压级的 1000Hz 纯音同样响的其他频率纯音所应具有的各自的声压级。

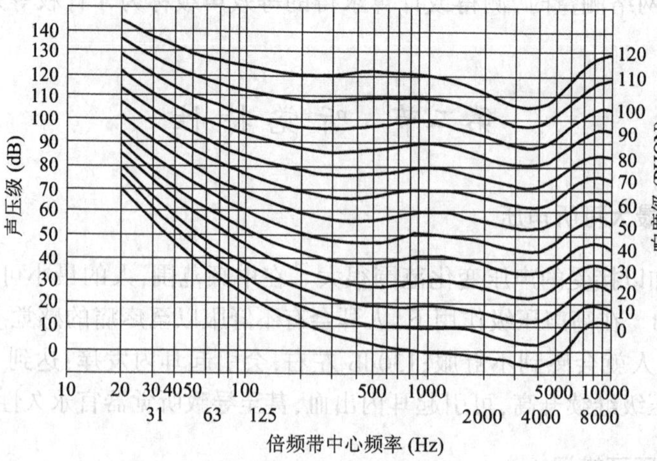

图 1-4　纯音等响曲线

六、掩蔽效应

人耳在倾听一个声音的同时,如果存在另外一个声音(称为掩蔽声),就会影响到人耳对所听声音的听闻效果,这时,对所听声音的听阈(即声音的声压级)就要提高。这种由于另一个声音的存在而使人耳的听觉灵敏度降低的现象,称为掩蔽效应。听阈提高的分贝数称为掩蔽量,提高后的听阈称为掩蔽阈。因此,在噪声环境下,一个声音要能被听到,其声压级必须大于掩蔽阈。

一个声音对另一个声音掩蔽量的大小,主要取决于两者的频谱和声压级差。一般而言,低音调的声音,当响度相当大时,会对高音调的声音产生较显著的掩蔽作用;而高音调的声音对低音调的声音则只产生很小的掩蔽作用;掩蔽声和被掩蔽声的频率越接近,则掩蔽作用越大。在室内声学中,往往要避免噪声对有用声信号的掩蔽,但有时也可利用背景噪声的掩蔽来保证语言通信的私密度。

七、人耳的音高和音色感觉

音高又称音调,是人耳对声音调子高低的主观感觉。决定它的客观物理量是声音的频率。频率增加一倍,音调的变化即提高了"八度音"。

有些收录机、扩音机面板上装有"音调控制"旋钮,其作用是把各频段声音的相对声压级进行调整,使得声音听起来有所变化,但声音的频率并无改变,因此音调并无变化,只是音色改变了,因此,称它为"音色控制"旋钮更为恰当。

人耳除对响度(音量)、音高有明显的辨别力外,还能准确地判别音色。演奏相同音高的小提琴和钢琴声听起来不同,就是因为其音色不同的缘故。音色主要是由声音的频谱所决定的。乐音中包含着基频(由它决定音调),和与之成整数倍关系的谐频,亦称为泛音。不同乐器和演员发生的声音具有不同的泛音结构,由此决定了音色的差别。

八、听觉疲劳和听力损失

人耳在高声强环境下待上一段时间,会出现听阈提高的现象,即听力有所下降。如果这种情况持续时间不长,回到安静环境中,听力会慢慢恢复。这种暂时性的听阈提高现象,称为听觉疲劳。如果听阈的提高是不可恢复的,则称为听力损失。如果人耳暴露于极强的噪声中,还会造成内耳器官组织的损害,导致一定程度的永久性听力损失,严重的甚至导致耳聋,这称为声损伤。人们由于长期在噪声环境下生活,还会出现随年龄增长听力逐渐衰退的现象。

暂时性听阈提高值随声压级提高和暴露时间增加而增大。不至于产生听阈提高的倍频带噪声,在低频(250 ~ 500Hz 倍频带)时,应小于 75dB;在中、高频(1000、2000 和 4000Hz 倍频带)时,应小于 70dB。国际标准化组织建议以 85 ~ 90dBA 的等效声级值作为不致产生永久性听力损失的噪声级上限。如果长期处于超过 90dBA 的强噪声环境中,听觉疲劳难以消除,就可能造成永久性听力损失。

第三节 室内几何声学

一、声线概念

声源在自由空间(指无任何反射面存在的空间)传播时,人们听到的只有来自声源的直达声,而当声源在室内空间传播时,声波在边界面将经历反射、散射、吸收、干涉等现象。人们在室内听到的除了直达声外,还有来自顶棚、墙壁和地板各界面反射一次乃至多次的反射声。这些反射声的总和称为混响声。因此,室内声传播要复杂得多(图 1-5)。

图 1-5 声波在室内的传播

描述室内声传播可以采用波动声学、统计声学和几何声学的方法。其中,几何声学是对中、高频声波传播规律的近似描述,但因为它具有简明直观的优点,故常为室内声学所乐于采用。本书主要介绍几何声学的方法。

在几何声学中常用声线的概念来代替声波的概念。声线代表点声源发出的球面波的一小部分,它具有明确的传播方向,携带有声能,并且以声速前进,沿直线传播。碰到界面时,声能被部分吸收,其余按反射角等于入射角的规则反射(碰到界面凹凸不平时,还有散射的现象发生)。因此,几何声学不考虑声波因位相关系引起的干涉,也不考虑声波的衍射(绕射)。几何声学一般适用于当声波传播的距离和界面尺度远大于波长的场合,在一般室内声学中,它是足够好的近似。

二、虚声源法

几何声线作图法有两种,其本质都是一样的。一种是利用反射角等于入射角,分处于界面法线两侧的规则作图;一种是利用虚声源法,将界面用相应的虚声源来代替,因此,来自界面的反射声线被认为是由虚声源发出的声线。为了阐明这一点,我们先来看看点声源位于一刚性界面的情况。由于界面是理想刚性的,故认为界面不吸收声能(图 1-6)。

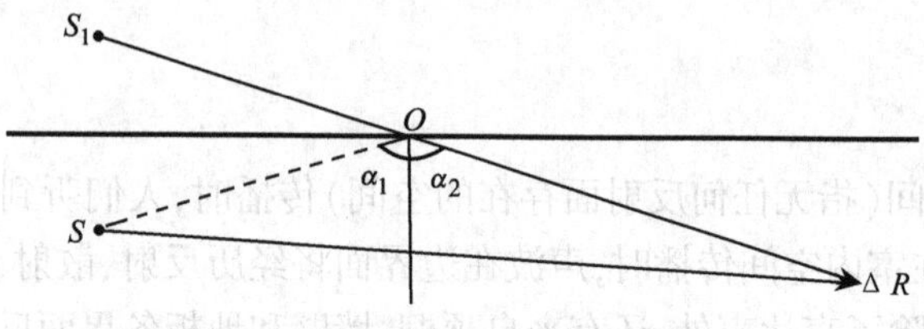

图 1-6　位于刚性界面前的点声源

从图 1-6 可看出,受声者 R 接收到的,除了直达声 SR 外,还有经由墙面的反射声 SOR。反射角 α_2 与入射角 α_1 分处于墙面法线的两侧,并且 $\alpha_2 = \alpha_1$。另外,反射声线 SOR 也可以认为是由声源 S 的虚声源 S_1 发出的。S_1 位于墙面外侧,与 S 形成镜像对称的关系。引入虚声源 S_1 是由于要满足刚性界面在声压作用下不动的边界条件,所以必须有一对称的虚声源 S_1,在另一侧对墙辐射相同的声压,以抵消 S 的作用。换言之,引入虚声源 S_1,墙就可以被移走,其作用完全可由 S_1 的作用所等效。

我们再来看看点声源被置于一对平行刚性墙间的情形(图 1-7)。

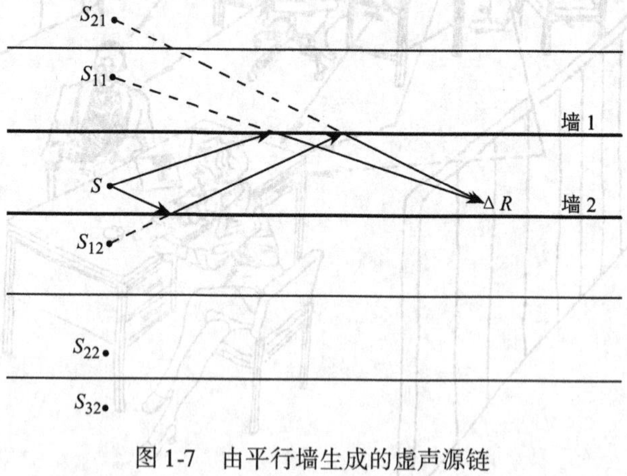

图 1-7　由平行墙生成的虚声源链

由图 1-7 可看出,引入墙 2 以后,声场更为复杂了,这时,不仅增加了与墙 2 相应的另一个一阶虚声源 S_{12},而且为了满足墙 1 边界不动的条件,由于墙 1 下方除了声源 S 外,还有虚声源 S_{12},而上方只有虚声源 S_{11},不构成对称关系,所以尚需补充与 S_{12} 关于墙 1 对称的二阶虚声源 S_{21}。但这时,墙 2 的边界条件又得不到满足,所以尚需在墙 2 下方补充二阶虚声源 S_{22} 和三阶虚声源 S_{32},余类推。继续延长这种虚声源的形成系列,就交替地得到在一个墙上满足边界条件而在另一个墙上不满足边界条件的情形。仅当虚声源系列为无穷多时，两个墙上的边界条件方才都被满足。因此，当声源被置于一对刚硬墙面内部空间时，若引入一无穷多的虚声源链，则这时这对墙就可以被移去，其对声场的作用可由这一虚声源链所等效。当然，随着虚声源阶次的提高，其离开受声者的距离越来越远，由于几何衰减，其对受声者的声能贡献就越来越小。通常对三阶以上虚声源的作用就可以略去不计了。从图 1-7 还可看出，二阶虚声源的作用相当于二次反射声的作用，同样，n 阶虚声源的作用相当于 n 次反射声的作用。

类似地，如果在一个由三对平行刚性界面构成的矩形房间中引入一个点声源，则矩形房间的作用可被三维的虚声源点阵所代替，见图 1-8。图 1-8 中仅画出二维平面的虚声源点阵。

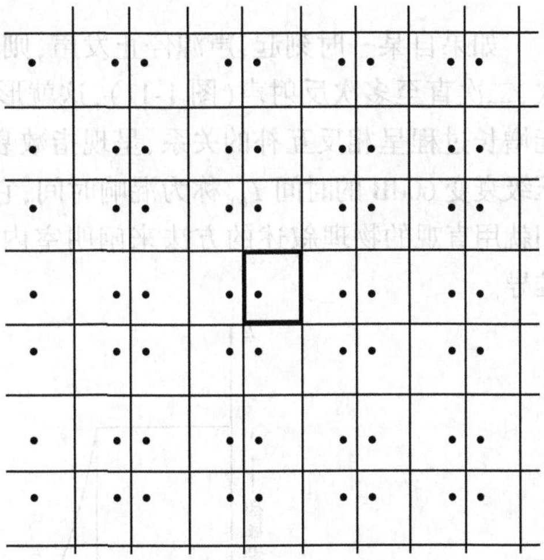

图 1-8　矩形房间的虚声源点阵

第四节　室内声增长和声衰变

一、室内声增长

由图 1-8 可看出，室内的听众除了接收到来自声源的直达声外，还接收到来自一阶、二阶乃至高阶虚声源的一次、二次和多次反射声。由于这些虚声源离听众的距离越来越远，其到达听众的时间将迟于直达声，又由于几何衰减的缘故，其相应的声强和声压级也越来越小。将直达声和各次反射声依次到达时间（和声压级）排列起来，就构成了所谓脉冲响应图，见图 1-9。

图 1-9 中，t_0 表示直达声到达时刻，t_1、t_2……t_n 依次表示一次、二次及 n 次反射声到达时刻（各同次反射声有时不止一个），纵坐标表示相应的声压级。

如果声源稳定地发声，则自 t_0 时刻起，直达声就一直被听者所接收，从 t_1 时刻起，又叠加上一次反射声的声能量，从 t_2 时刻起，则将叠加上二次反射声的声能量，余类推。到一定时刻，由于来自高阶虚声源的反射声声能越来越弱，其叠加影响可以忽略不计。这时，室内声压级就达到一个稳定值，称为稳态声压级。这就是室内声能增长的过程（图 1-10）。

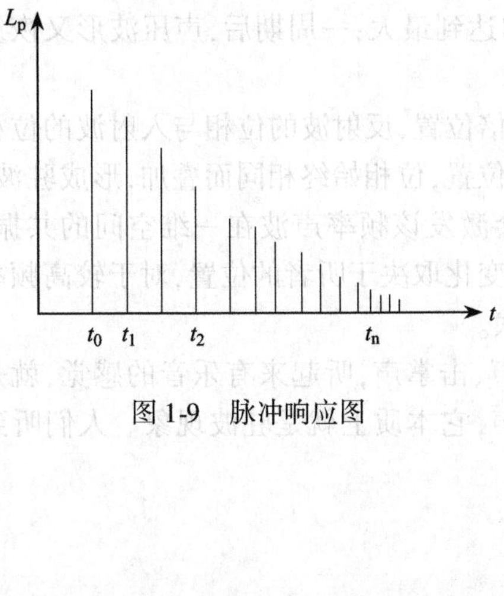

图 1-9　脉冲响应图

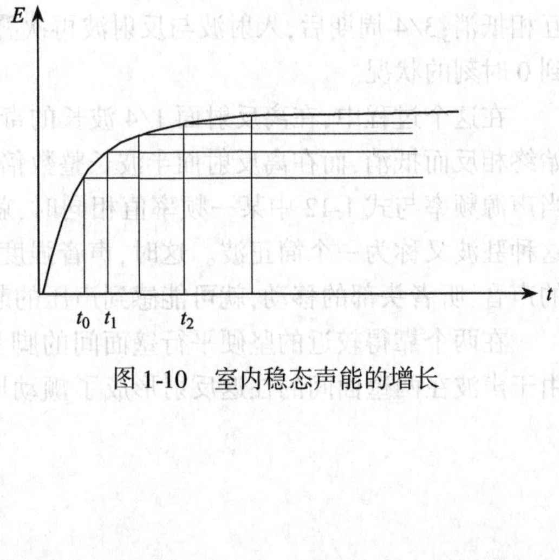

图 1-10　室内稳态声能的增长

二、室内声衰变

如果自某一时刻起,声源停止发声,则首先消失的是直达声,然后依次消失的是一次、二次直至多次反射声(图 1-11),这就形成了声衰变过程。可以看出,它正好是与声能增长过程呈相反互补的关系,呈现指数衰变的规律。我们将声源停止发声后,稳态声压级衰变 60dB 的时间 T_{60} 称为混响时间,它是室内音质的一个重要物理指标。这样,我们就用直观的物理叙述的方法来阐明室内声能增长和衰变的过程,避免了复杂的数学推导。

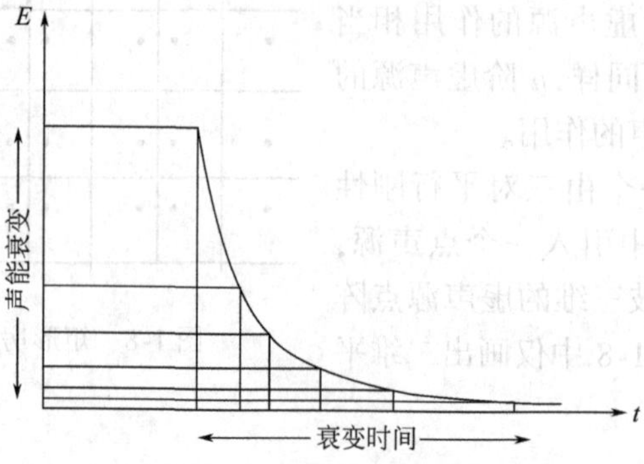

图 1-11 室内声衰变过程

第五节 驻波与房间共振

一、驻波与颤动回声

为了了解声波在一对平行界面间产生的驻波现象,我们需要暂时离开几何声学,而用波动声学的观点,因为这时需要考虑由于声波的位相关系引起的干涉现象。

当单频率平面波在两平行界面之间垂直传播时,由于要在两个反射面上都满足声压为极大值(位移为零)的条件,因此只有波长 λ 与反射面间距离 l 满足 $l=\frac{n}{2}\cdot\lambda$ 的那些频率才能形成满足边界条件的驻波。相应的频率是:

$$f_n=\frac{nc}{2l} \tag{1-12}$$

为了阐明这一点,我们来看看图 1-12。在图 1-12 中,折线代表入射波,虚线代表反射波,实线代表合成声压波形。在 0 时刻,反射波与入射波抵消,这就是声压瞬时消失的情况;1/4 周期后,入射波与反射波叠加达到最大;1/2 周期后,入射波与反射波再次互相抵消;3/4 周期后,入射波与反射波再次叠加达到最大;一周期后,声压波形又恢复到 0 时刻的状况。

在这个过程中,在离反射面 1/4 波长的奇数倍位置,反射波的位相与入射波的位相始终相反而抵消,而在离反射面半波长整数倍的位置,位相始终相同而叠加,形成驻波。当声源频率与式 1-12 中某一频率值相同时,就会激发该频率声波在一维空间的共振。这种驻波又称为一个简正波。这时,声音强度的变化取决于听者的位置,对于较高频率的声音,听者头部的移动,就可能感到声压的起伏。

在两个靠得较近的坚硬平行壁面间的脚步声、击掌声,听起来有乐音的感觉,就是由于声波在两壁面间的往返反射形成了颤动回声,它本质上就是驻波现象。人们听到的乐音频率是各简正波的基频。可见颤动回声会引起声压分布不均,还会发生某些频率声音被增强,某些频率声音被减弱的现象,使声音产生失真,所以在室内设计中应加以避免。

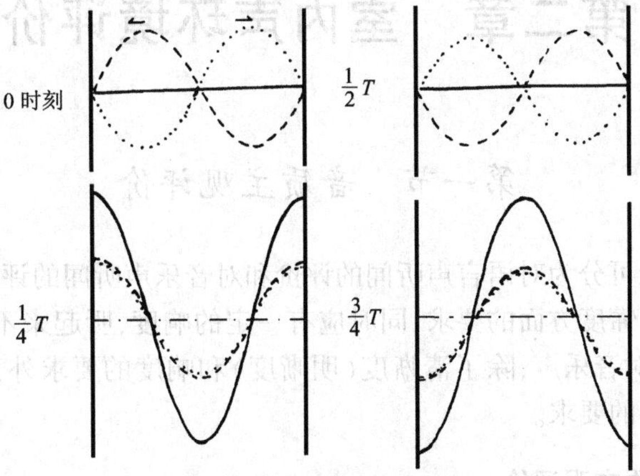

图 1-12　平行界面间驻波的形成

二、三维室内空间的简正波与房间共振

一个封闭的室内空间,在声波激发下也会产生驻波。对于如图 1-13 所示的矩形空间,不仅存在上述一维空间在三个方向上的简正波的总和,还有与轴线不平行的简正波,但可以分解为 x、y、z 三个方向上的分量来考虑,其简正频率可以由式 1-12 推广得到:

$$f_n = \frac{c}{2}\sqrt{\left(\frac{n_x}{l_x}\right)^2 + \left(\frac{n_y}{l_y}\right)^2 + \left(\frac{n_z}{l_z}\right)^2} \tag{1-13}$$

式中　l_x、l_y、l_z——房间的三个边长(m);

n_x、n_y、n_z——任意正整数(也可以是零,但不能同时为零)。

可以看出,只要 n_x、n_y、n_z 不同时为零,就可以计算出一种简正频率,代表一种房间的共振方式。且不难看出,某些振动方式会有相同的简正频率。尤其是当三个边长有两个相等或全相等时,会有许多简正频率相同,称为简正频率的兼并。其结果,会使那些与简正频率(或称房间的共振频率)相同的声音被大大增强,使得声音失真。尤其当房间尺寸较小时,简正频率的数量少,这种情形更加严重。因此,在设计房间形状时,特别是在小尺度播音室、琴房等房间设计中,应避免房间边长相同或形成简单整数比。当房间体积大于 $700m^3$ 时,房间比例的影响就较小。

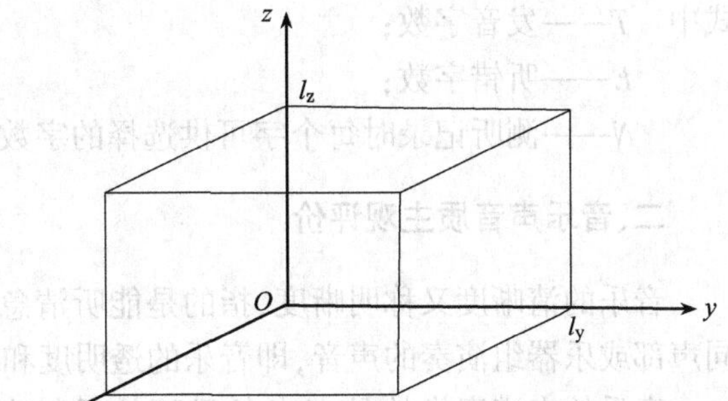

图 1-13　矩形室内空间

第二章 室内声环境评价

第一节 音质主观评价

室内音质评价可分为对语言声听闻的评价和对音乐声听闻的评价两类。对语言声主要是清晰度和可懂度方面的要求，同时应有一定的响度，听起来不费力，也要求频谱的均衡，不失真。对音乐声，除了清晰度（明晰度）和响度的要求外，还有丰满度、平衡感和空间感等方面的要求。

一、语言声音质主观评价

语言的可懂度是指对有字义联系的发音内容，通过房间的传输，能被室内听众正确辨认的百分数。清晰度则指对无字义联系的发音内容，能被听众正确辨认的百分数。对于有字义联系的发音内容，听者可从前后连贯的意义上加以推断，所以可懂度往往高于清晰度。

室内语言清晰度的主观评价测试通常是用20个由不同韵母的汉字组成的发音字母，由口齿清楚、发音较准的人念，然后听众在相应的判别字表上（由20×5个汉字组成，对应每个韵母，有5个汉字可供选择，如对应于发音字表上的庄字，有窗、汪、庄、光、双5个汉字供听者判断选择）选择打钩。测试完毕，算出每位听者听对字数占20个字的百分比，加上猜测修正，即得到每位听者的清晰度百分数。所有听者测听结果的平均值，即代表该室内语言清晰度百分数。猜测修正项为：

$$\frac{1}{N-1}\left(\frac{E}{T}\right)\times 100\% \tag{2-1}$$

式中 T——发音字数；

E——听错字数；

N——测听记录时每个字可供选择的字数，一般 $N=5$。

二、音乐声音质主观评价

音乐的清晰度又称明晰度，指的是能听清急速连贯演奏的旋律以及同时能分清不同声部或乐器组演奏的声音，即音乐的透明度和层次感。

音乐的丰满度指的是室内各界面的反射声，尤其是50ms（对音乐还可以放宽至80ms）以内的早期反射声对直达声所起的增强和烘托的作用。人们在无回声的旷野里听到的只是直达声，因此声音听起来较干涩，而在反射声丰富的室内，如浴室、教堂等场所，听到的声音则显得饱满、浑厚而有力。这种由于室内反射声的支持而获得的有别于在旷野里听闻的声音音质上的提高程度，称为丰满度。有时还把低频反射声丰富的音质称为具有温暖度，而把中高频反射声丰富的音质称为具有活跃度。

音乐的平衡感指的是各声部之间的平衡协调，有的亦称为融合、整体感等。

音乐的空间感含义较广泛。它可以包括声源的轮廓感、立体感以及声源在横向和纵向的拓宽感、延伸感；还包括音乐的环绕感，即听众被音乐声所包围的感觉以及听众对厅堂的听觉印象等。

第二节　音质评价物理指标

固然音质的好坏最后是由听众的主观评价来判定的，但是为了指导室内音质设计，还必须探讨何种可测量计算的物理参量与良好的音质有关以及它们的最佳值和允许值是多少。

一、混响时间

第一个与音质有关的物理指标就是混响时间，即室内稳态声压级衰变60dB所经历的时间。它是由美国著名声学家W. C. Sabine（1868～1919）于1898年确定的。他还由实验确定了计算混响时间的公式，即著名的赛宾公式：

$$T_{60}=\frac{0.161V}{A} \tag{2-2}$$

式中　T_{60}——混响时间（s）；

V——室内容积（m^3）；

A——室内总吸声量，$A=S\bar{\alpha}$，S 为界面总表面积，$\bar{\alpha}$ 为室内各界面平均吸声系数。

混响时间还可用伊林公式计算：

$$T_{60}=\frac{0.161V}{-S\ln(1-\bar{\alpha})+4mV} \tag{2-3}$$

式中　T_{60}——混响时间（s）；

$4m$——空气吸声系数，仅对1000Hz以上高频计算，且仅当室内体积较大时计算。

上述公式中的平均吸声系数 $\bar{\alpha}$，按下式计算：

$$\bar{\alpha}=\frac{\alpha_1 S_1+\alpha_2 S_2+\cdots\cdots+\alpha_n S_n}{S_1+S_2+\cdots\cdots+S_n} \tag{2-4}$$

式中　S_1、S_2……S_n——室内不同材料的表面积；

α_1、α_2……α_n——不同材料的吸声系数。

二、早期侧向反射声能比

60年代以来，声学家们研究发现，早期侧向反射声能与良好的音质空间感有关。此后，人们对侧向反射声开始予以特别注意，据此提出若干评价指标，可以以侧向效率为代表。侧向效率定义为：

$$LE=\frac{\text{早期侧向声能}(25\sim80\text{ms})}{\text{早期总声能}(0\sim80\text{ms})} \tag{2-5}$$

三、声压级与响度指标

为了使语言和音乐听起来清晰、不费劲，甚至有快感，就必须有一定的响度，即必须有一定的声压级和信噪比。所谓信噪比，指的是语言或音乐声信号的声压级高出背景噪声级的值。一般而言，对语言声声压级要求较低，而对音乐声声压级要求高一些，听起来才过瘾。共同的要求是背景噪声级要低。

四、混响时间频率特性

为了使音乐各声部声音平衡，音色不失真，还必须照顾到低、中、高频声音的均衡。这就要求混响时间的频率特性要平直。由于人耳对低频声音的宽容度较大，同时室内的装饰材料和构造通常对中、高频声音的吸收较大，所以低频混响时间允许有 15% ~ 20% 的提高。因此，房间较理想的混响时间频率特性应符合图 2-1 的要求。

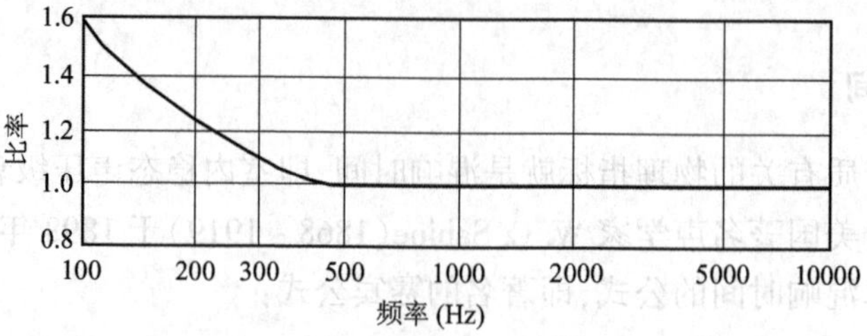

图 2-1 混响时间频率特性

第三节 音质物理指标与主观评价的关系

要搞清楚音质主客观评价参量之间的关系是一项困难的课题。一个世纪以来，声学家为此作了许多研究，取得了不少成果，但这仍是一个跨世纪的研究领域。

通过一系列研究，现在声学界比较一致的看法是，良好的音质感受主要有以下几个方面：

(1)在混响感(丰满度)和清晰度之间有适当的平衡；

(2)具有适当的响度；

(3)具有一定的空间感；

(4)具有良好的音色，即低、中、高音适度平衡，不畸变，不失真。

与第一音质感受密切相关的物理指标为混响时间。这是因为如果房间的混响时间过长，则前面音节的混响声会遮蔽后面的音节，特别是强的音节会遮蔽其后的弱音节，导致清晰度下降，但是混响时间过短，则表明界面反射声过弱，声吸收过大，就会影响丰满度。一般来讲，对以听语言声为主的房间，如教室、演讲厅、话剧院，混响时间不可过长，以 1s 左右为宜，而对听音乐为主的房间，如音乐厅等，则希望混响时间较长些，如达到 1.5 ~ 2s。最佳混响时间，还跟音乐的类型和题材有关。比如对古典音乐，以莫扎特的第 41 交响曲为代表，最佳混响时间为 1.54s；对于浪漫音乐，以勃拉姆斯第 4 交响乐为代表，最佳混响时间为 2.07s；而对于现代音乐，以斯特拉文斯基的一些作品为代表，则最佳混响时间为 1.84s。总之，必须针对具体房间的主要用途选择最佳混响时间，就可以达到丰满度和清晰度之间的适当平衡。对不同房间推荐的中频(500Hz 与 1000Hz 倍频程的平均值)混响时间见表 2-1。

与第二音质感受密切相关的是声压级。对语言声和音乐声可以选择不同的声压级标准。对于语言声，一般要求 50 ~ 55dB，信噪比要达到 10dB。如房间大部分座位处的声压级达不到此要求，就要考虑用扩声系统来弥补声压级的不足或提高信噪比。对于音乐声，一般要求声压级在 75 ~ 96dB 之间。声压级和信噪比还与可懂度和清晰度有关。当声压级很低时，只有全神贯注地听，才能听清听懂，比较费劲。但如果声压级过高，也会影响清晰度。图 2-2 表明了英语音节清晰度与声压级的关系。

混响时间推荐值(500Hz与1000Hz平均值)　　**表 2-1**

房间类型	T_{60}(s)	房间类型	T_{60}(s)
音乐厅	1.5~2.1	强吸声录音室	0.4~0.6
歌剧院	1.2~1.6	电视演播室　语言	0.5~0.7
多功能厅	1.2~1.5	音乐	0.6~1.0
话剧院、会堂	0.9~1.3	电影同期录音棚	0.4~0.8
普通电影院	1.0~1.2	语言录音室、电话会议室	0.3~0.4
立体声电影院	0.65~0.9	琴　室	0.4~0.6
体育馆(多功能)	<2.0	教室、讲演室	0.8~1.0
音乐录音室(自然混响)	1.2~1.6	视听教室　语言	0.4~0.8
		音乐	0.6~1.0

与第三音质感受有关的物理参量主要是早期侧向声能与早期总声能之比以及双耳听闻的相干性指标。对音乐厅音质设计而言，就是要求观众厅的侧墙距离不要过大，侧墙宜修建成坚硬的声反射面或布置专用的反射板，最好使反射声在垂直于听众两耳连线的中面成±(55°±20°)的角度范围内到达听众。在室内聆听立体声的音响效果时，由于这时立体声的空间感是由扬声器组经立体声技术处理后提供的，所以对建筑声学的要求就有所不同。

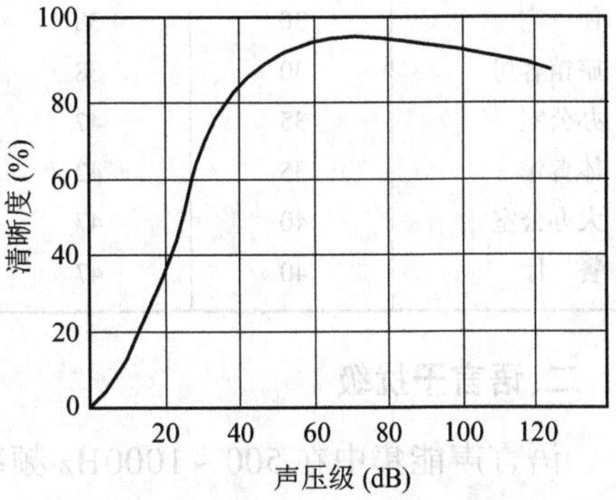

图 2-2　英语音节清晰度与声压级关系

与第四音质感受有关的物理参量主要是混响时间的频率特性。关于音乐厅的混响时间频率特性要求，如图 2-1 所示。

应当指出，客观指标与主观音质感受之间的关系并非一一对应的简单关系。尽管我们可以找出几个相互独立的音质物理指标，但并不意味着它们与主观音质感受的作用是单一的。如前所说，声压级同时关系到响度感和清晰度，就是一个例子。同时，研究表明，在音乐厅中，要达到良好的空间感，声级要求在 90dB 以上，因此，不仅侧向效率，而且声压级与空间感也有关系。

第四节　室内声环境标准与规范

一、室内允许噪声级

在室内音质设计与噪声控制设计中，常需对背景噪声进行频谱分析。根据人的听觉特性以及噪声对语言声的掩蔽特性，对不同频率的噪声可以限制在不同的声压级水平上。因此，在某些情况下，需要针对不同频率规定不超过某一声压级要求的噪声标准曲线。

1971 年，国际标准化组织(ISO)采用 *NR* 曲线来评价室内噪声环境(图 2-3)。不同使用要求的房间，可采用不同的 *NR* 评价数作为背景噪声标准。

求噪声评价数 *NR* 的方法是：先测量各倍频程背景噪声级，再把所测得的噪声频谱叠合在 *NR* 曲线图上，以频谱与 *NR* 曲线在任何地方相切的最高 *NR* 曲线表示该室内背景噪声的 *NR* 数。换言之，室内噪声控制设计时，应使各频带噪声值均不超过相应 *NR* 曲线对相应频带的规定值，由此确定各频带噪声级的控制值。

表2-2是我国各类主要民用建筑室内允许噪声 *NR* 评价数（我国广播电影电视部制定的“广播电教中心技术用房”标准中规定广播剧、电视剧录音室的允许噪声为 *NR*-10）。达到某一 *NR* 数的噪声，其声级约不超过的相应的 *A* 声级值，也于表中列出。

部分民用建筑的允许噪声级　表2-2

类　别	*NR* 评价数	*A* 声级（dBA）
播音、录音室	15	25
音乐厅	20	30
电影院	25	35
教　室	25	35
医院病房	25	35
图书馆	30	38
住　宅	30	38
旅馆客房	30	38
办公室	35	42
体育馆	35	42
大办公室	40	47
餐　厅	40	47

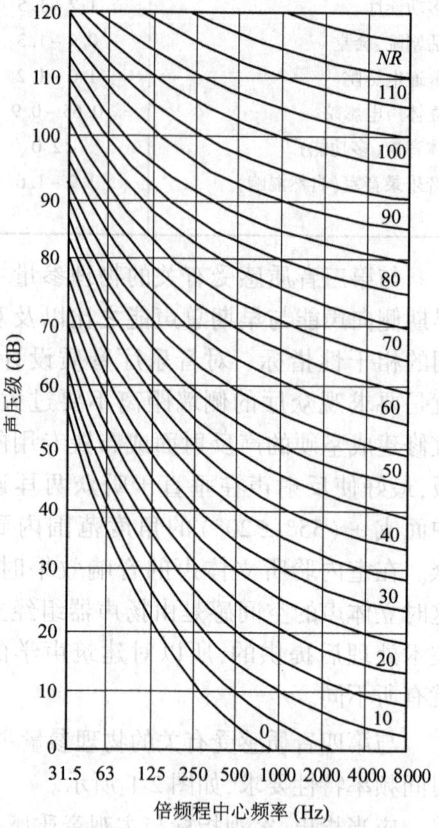

图2-3　噪声评价 *NR* 曲线

二、语言干扰级

语言声能集中在500～1000Hz频率范围内，但频率成分以中、高频为主的辅音对语言清晰度也非常重要，所以在控制室内噪声对通话的干扰时，国际上通常以500Hz、1000Hz、2000Hz、4000Hz四个倍频带的背景噪声声压级的平均值定义为语言干扰级SIL。测量得出SIL值后，就可以对照图2-4来评价不同语言干扰级下的通话效能。由图2-4可看出，当两人相距1m以正常语音交谈时，当室内SIL声级为58dB时，可以彼此听清；若SIL为65dB，则需要提高嗓门交谈。在一般房间，为保证在一定距离范围内，彼此可以轻松地交谈，要求室内SIL声级应控制在35～40dB以下。

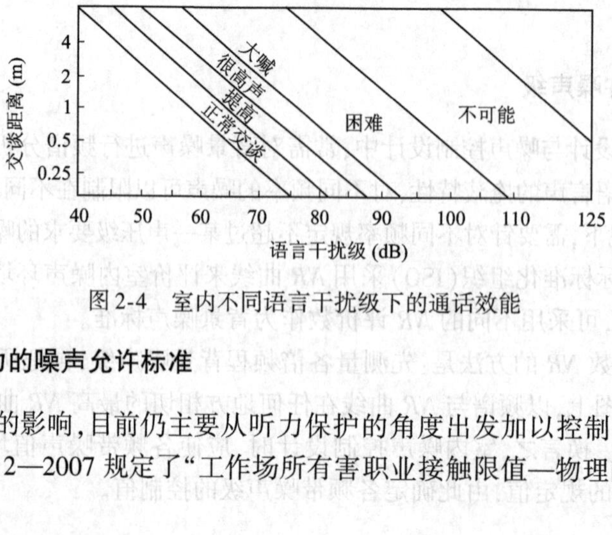

图2-4　室内不同语言干扰级下的通话效能

三、保护听力的噪声允许标准

噪声对健康的影响，目前仍主要从听力保护的角度出发加以控制。我国职业卫生标准中的GB Z2.2—2007规定了“工作场所有害职业接触限值—物理因素”，对噪声接触限值的规定是:每周工作五天,每天工作八小时,稳态噪声限值为85dBA,非稳态噪声等效声级的限值为85dBA。脉冲噪声职业接触限值为:工作日接触脉冲次数小于或等于100,声压级峰值为140dBA;工作日接触脉冲次数小于或等于1000,声压级峰值为130dBA;工作日接触脉冲次数小于或等于10000,声压级峰值为120dBA。

四、环境噪声允许标准

我国《声环境质量标准》(GB 3096—2008)规定了环境噪声允许标准,见表2-3。

环境噪声限值　单位:dB(A)　**表2-3**

声环境功能区类别		时段	
		昼间	夜间
0类		50	40
1类		55	40
2类		60	50
3类		65	55
4类	4a类	70	55
	4b类	70	60

0类声环境功能区,指康复疗养区等特别需要安静的区域。

1类声环境功能区,指以居民住宅、医疗卫生、文化教育、科研设计、行政办公为主要功能,需要保持安静的区域。

2类声环境功能区,指以商业金融、集市贸易为主要功能,或者居住、商业、工业混杂、而要维护住宅安静的区域。

3类声环境功能区,指以工业生产 、仓储物流为主要功能,需要防止工业噪声对周围环境生产严重影响的区域。

4类声环境功能区,指以交通干线两侧一定距离之内,需要防止交通噪声对周围环境产生严重影响的区域,包括4a类和4b类两种类型。4a类为高速公路、一级公路、二级公路、城市快速路、城市主干路、城市次干路、城市轨道交通(地面段)、内河航道两侧区域;4b类为铁路干线两侧区域。

测点距离任何反射物至少3.5m,距地面高度1.2m以上。

在噪声敏感建筑物外,距墙壁或窗户1m处,距地面高度1.2m以上。

五、隔声标准

我国制定了新的《民用建筑隔声设计规范》(GB 50118—2010),规定分户墙、分户楼板及分隔住宅和非居住用途空间楼板的空气声隔声标准,应符合表2-4的规定。

分户构件空气声隔声标准　**表2-4**

构件名称	空气声隔声单值评价量+频谱修正量(dB)	
分户墙、分户楼板	计权隔声量+粉红噪声 R_w+C 频谱修正量	>45
分隔住宅和非居住用途空间的楼板	计权隔声量+交通噪声频谱修正 R_w+C_{tr} 量	>51

该规范还规定,卧室、起居室(厅)的分户楼板的撞击声隔声性能应符合表2-5的规定。

分户楼板撞击声隔声标准 **表 2-5**

构件名称	撞击声隔声单值评价量(dB)	
卧室、起居室(厅)的分户楼板	计权规范化撞击声压级 $L_{n,w}$(实验室测量)	<75
	计权标准化撞击声压级 $L_{nt,w}$(现场测量)	≤75

对学校建筑、医院建筑、旅馆建筑、办公建筑及商业建筑的隔声标准也作了相应的规定。关于计权隔声量、计权规范化撞击声压级、计权标准化撞击声压级等评价量及相应修正量的规定和评价方法,详见第三章第二节。

第三章　建筑材料及结构的吸声与隔声

第一节　吸声材料和吸声结构

一、概述

在室内声环境设计中，吸声材料和吸声结构用途广泛，主要用途有：用于控制房间的混响时间，使房间具有良好的音质；消除回声、颤动回声、声聚焦等声学缺陷；室内吸声降噪；管道消声。材料和结构吸声能力大小通常用吸声系数表示，符号为α。吸声系数定义为：

$$\alpha = \frac{E_0 - E_r}{E_0} \tag{3-1}$$

式中　α——吸声系数；

E_0——入射到材料或结构表面的总声能；

E_r——被材料或结构反射回去的声能。

根据声波入射角度不同，吸声系数分为垂直入射吸声系数α_0和无规入射吸声系数α_T。垂直入射吸声系数常用驻波管测得，故又称为驻波管法吸声系数；无规入射吸声系数在混响室测得，故也称混响室法吸声系数。在实际工程中，入射到房间墙面的声波近似无规入射，因此，工程计算中吸声系数取值应取无规入射吸声系数。

吸声材料和吸声结构的种类很多。根据吸声机理，常用吸声材料和结构可分为两大类，即多孔性吸声材料和共振吸声结构。由多孔吸声材料和共振吸声结构单独或两者结合还可派生出其他吸声结构。

二、多孔吸声材料

多孔吸声材料是工程中使用最普遍的吸声材料。其特征是具有大量内外连通的微小空隙和气泡。多孔吸声材料包括各种纤维材料和颗粒材料。纤维材料有玻璃棉、超细玻璃棉、岩棉等无机纤维及其毡、板制品，棉、毛、麻等有机纤维制成的吸声毡板及家具服饰。颗粒材料有膨胀珍珠岩、陶粒等及其板、块制品。

1. 多孔吸声材料吸声机理

由于多孔吸声材料具有大量内外连通的微小空隙和气泡，当声波入射时，声波能顺着微孔进入材料内部，引起空隙中的空气振动。由于空气的黏滞阻力及空气与孔壁的摩擦和热传导作用等，使相当一部分声能转化为热能而被吸收。

2. 多孔吸声材料吸声特性及其影响因素

多孔吸声材料，一般中高频吸声系数大，低频吸声系数小。多孔吸声材料的空气流阻和表观密度对其吸声能力有直接的影响，流阻太大，声波难于进入材料层内部，吸声性能会下降；如流阻过小，声能因摩擦力、黏滞力小而损耗的效率就低，吸声性能也会下降。所以，多孔材料存在最佳流阻。材料的表观密度与空气流阻一般有较好的对应关系，表观密度增加，材料密实，引起流阻增大，导致吸声系数下降；表观密度降低，材料稀疏，流阻过小。因此，多孔吸声材料表观密度也存在一个最佳值。图 3-1 为 50mm 厚超细玻璃棉不同表观密度时的吸声系数。

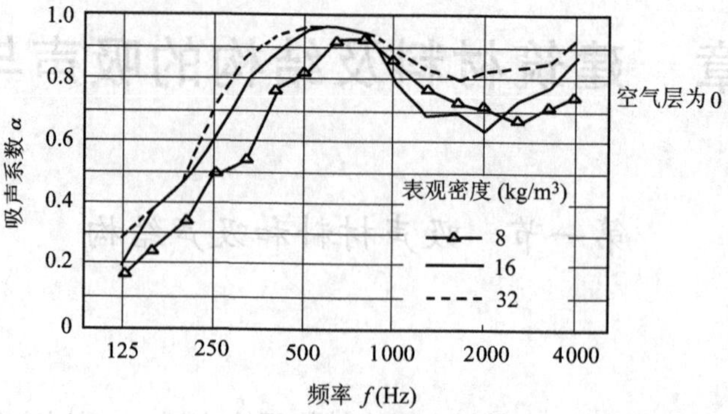

图 3-1　50mm 厚超细玻璃棉不同表观密度时的吸声系数

多孔吸声材料的结构因子和有效孔隙率对其吸声系数也有影响。有效孔隙率定义为与外部连通气泡和空隙的容积的百分比。某些材料内部含有的封闭气泡无助于吸声性能的改善。

多孔吸声材料吸声性能还与厚度及材料背后空气层的大小有关，厚度增加，吸声系数增大，尤以中低频吸声系数的增大最为显著。材料背后留有空气层也能增加吸声，与增加厚度有相似的作用。图 3-2 为超细玻璃棉不同厚度时的吸声系数。图 3-3 为背后空气层变化时的吸声系数。

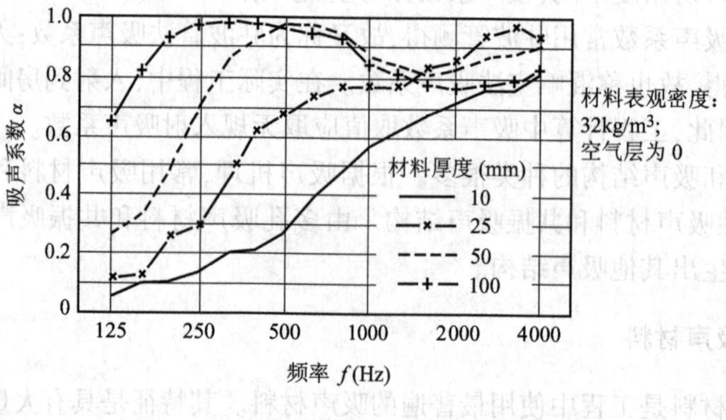

图 3-2　超细玻璃棉不同厚度时的吸声系数

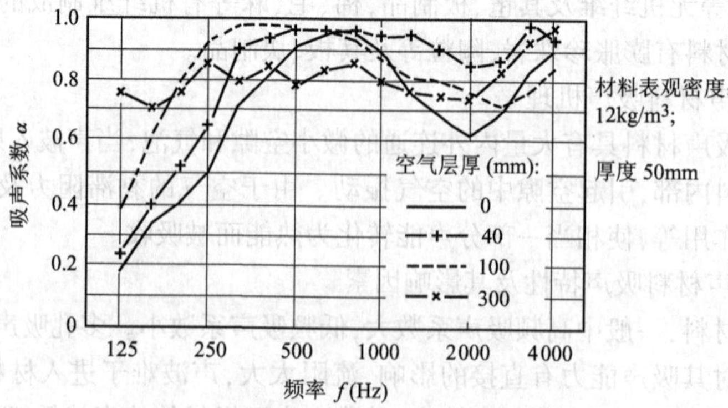

图 3-3　背后空气层变化时的吸声系数

多孔吸声材料如超细玻璃棉、岩棉等，使用时需加防护面层，以便施工安装，满足装饰要求及防止纤维逸出。面层采用钢板网、织物等完全透气材料时，吸声性能可不受影响。用穿孔薄板作面层，穿孔率大至30%以上时，吸声性能可基本不受影响；穿孔率降低，中高频，尤其是高频吸声性能将降低；穿孔率更小时，就成为共振型吸声结构。在多孔吸声材料表面喷刷油漆或涂料，将使材料表面气孔受堵，降低中高频吸声性能。

另外，多孔吸声材料吸湿受潮，使材料内部一部分孔隙或气泡被水充满，导致吸声性能下降。当吸湿不大时，首先是高频吸声系数变小；吸湿很大时，中频甚至低频吸声也受到影响。

三、共振吸声结构

1. 穿孔板吸声结构

穿孔板是声环境控制中常用的材料之一。穿孔板与其背后的封闭空气层共同构成穿孔板吸声结构。穿孔板吸声结构的吸声原理可通过亥姆霍兹共振器来说明。图3-4是穿孔板吸声原理图。从图中可以看出，穿孔板上每个孔与其对应的空气层均可看成一个亥姆霍兹共振器。共振器孔颈中的空气柱可以看作是质量块。封闭空腔的体积比孔颈大得多，起着空气弹簧的作用。空气柱与封闭空腔相当于一个弹簧振动系统，有其固有振动频率f_0。当入射声波的频率f与系统固有振动频率f_0相等时，孔颈中的空气柱发生剧烈共振，并和孔颈侧壁摩擦而使声能转变成热能。

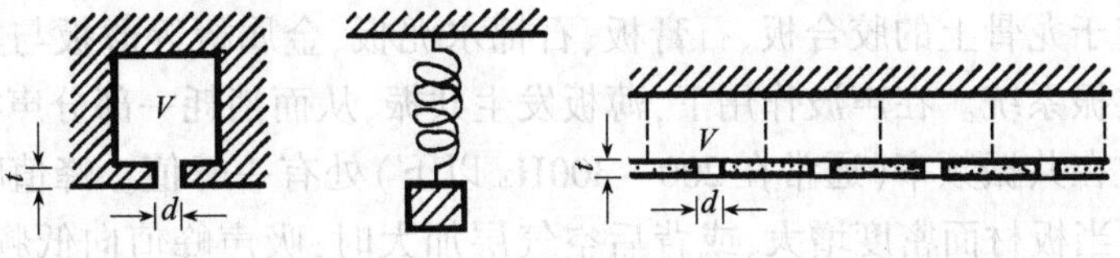

亥姆霍兹共振器　　弹簧振动系统　　穿孔板吸声结构

图3-4　穿孔板吸声原理图

穿孔板吸声结构在共振频率处吸声系数有一峰值，离共振频率越远，吸声系数越小。一般穿孔板共振频率在低频范围，故在工程中，穿孔板常被用来吸收某个低频段的声能。穿孔板共振频率f_0可通过下式计算：

$$f_0=\frac{c}{2\pi}\sqrt{\frac{P}{L(t+\delta)}} \tag{3-2}$$

式中　f_0——穿孔板共振频率(Hz)；

c——声速，一般取34000cm/s；

P——穿孔率，即穿孔面积与总面积之比；

L——板后空气层厚度(cm)；

t——板厚(cm)；

δ——孔口末端修正量(cm)。

因为颈部空气柱两端附近的空气也参与振动，故对t要进行修正，对于直径为d的圆孔，其修正量可近似取$\delta=0.8d$。

为了使穿孔板吸声结构在较宽的频率范围内都有较大的吸声，可在穿孔板背后紧贴板面衬一层多孔吸声材料。如多孔吸声材料离开穿孔板放置，吸声效果要差一些(图3-5)。在穿孔板表面贴一层织物或一层透气纸，同样会增加空气运动的阻力，也可取得增大吸声系数、展宽吸声范围的结果。当穿孔板孔径小于1mm时，称为微穿孔板。由于孔小则周边面积与截面面积之比就大，孔内空气与孔壁摩擦阻力就大，同时，微孔中空气黏滞性损耗也大。微穿孔板板后不衬多孔吸声材料也可在很宽的频率范围内获得较大的吸声系数。微穿孔板常用金属薄板制成,也有用玻璃布制成的微孔布,用有机玻璃做成微孔板还可获得透明的吸声结构。

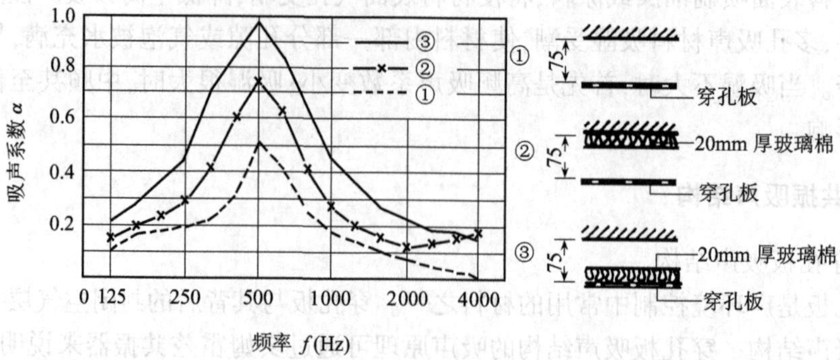

图 3-5 穿孔板板后空腔内多孔吸声材料不同放置位置时的吸声特性(穿孔板穿孔率 $P=9\%$)

2. 薄板与薄膜吸声结构

人造革、皮革、塑料薄膜等材料本身具有不透气、柔软、受拉时具有弹性的特性。当它们背后设置封闭空气层时,膜和空腔就形成了一个共振系统。薄膜吸声结构共振频率通常为 200 ~ 1000Hz,最大吸声系数约为 0.30 ~ 0.40。

周边固定于龙骨上的胶合板、石膏板、石棉水泥板、金属板等薄板与其背后的空气层构成薄板共振系统。在声波作用下,薄板发生共振,从而消耗一部分声能。薄板吸声结构吸声系数在共振频率(通常在 200 ~ 300Hz 以下)处有一峰值。峰值吸声系数约为 0.20 ~ 0.50。当板材面密度增大,或背后空气层加大时,吸声峰值向低频偏移;板后空气层内设置多孔吸声材料时,可使吸声系数峰值明显增大;板越薄越容易振动,其吸声系数也越大;板面涂刷油漆或涂料对其吸声无影响;如用多孔吸声材料做成薄板,则既有多孔吸声材料的吸声特性,又有薄板吸声结构的吸声特性,可取得在全频域内都有较大吸声的效果,如矿棉板就属于这一类薄板。

四、其他吸声结构

1. 间吸声体

如果不把多孔吸声材料或共振吸声结构靠墙或顶安装,而是把它们加工成一定形状,悬吊在空中,就成了空间吸声体。由于空间吸声体所有表面都能接受声波的入射,所以同样多的材料,吸声面积增大,吸声效率也相应提高。空间吸声体吸声系数按投影面积计算时,可大于 1。实用中多用单个吸声体的吸声量来表示其吸声大小。空间吸声体的形状可根据建筑形式的需要确定,可以是最简单的平板式,或用平板组合成其他形状,也可做成锥体、圆柱体等形式,如图 3-6 所示。

空间吸声体一般由多孔吸声材料外加透气护面层做成。所用多孔吸声材料常为超细玻璃棉,厚度一般取 50 ~ 100mm。护面层可用钢板网、铝板网、穿孔板等,也可在钢板网外再加一层阻燃织物。图 3-7 为一种空间吸声体的构造做法。

空间吸声体一般中高频吸声较大,低频吸声较小,因此用于控制室内中高频混响时间十分有效。空间吸声体吸声效果还与吸声体的布置有关,布置越密,单个吸声体吸声量越小。对于水平吊置的平板吸声体来说,吸声体投影面积占总面积 40% 是比较经济的。吸声体吊置高度对吸声性能也有影响,吊置过高,靠近屋面板,使吸声体上表面的吸声能力不能充分发挥,因而降低了吸声量。

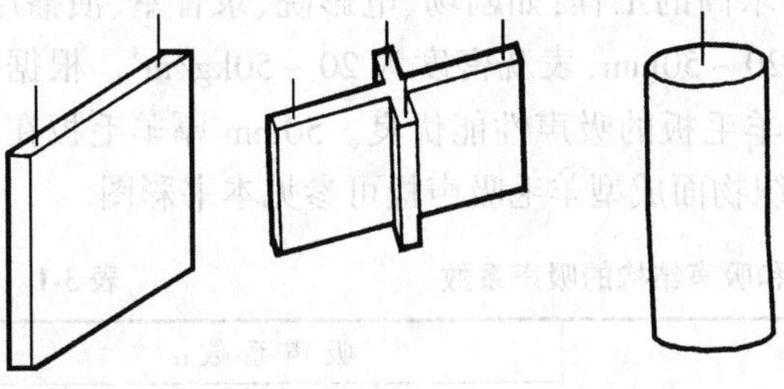

图 3-6　空间吸声体的几种形式

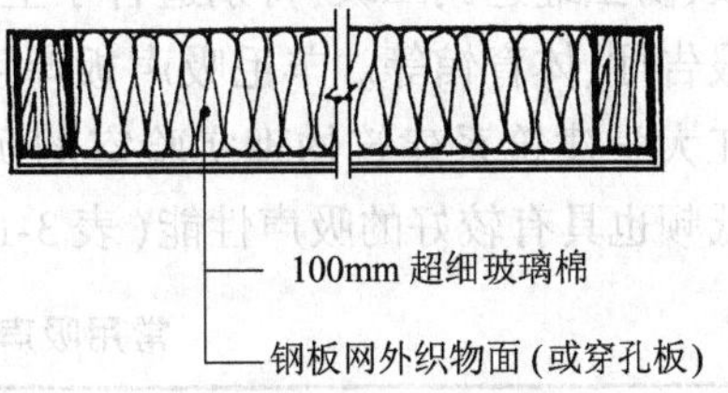

图 3-7　空间吸声体构造示例

2. 帘幕

帘幕一般有良好的透气性,因此具有多孔吸声材料的吸声特性。帘幕吸声量与其厚度或面密度有关,较厚的帘幕对高频声有较大的吸收。当帘幕离开墙面一定距离,就像多孔吸声材料背后增加空腔一样,可改善中低频吸声性能,见图 3-8。帘幕打褶也有利于吸声性能的改善,打褶越多,吸声越好。

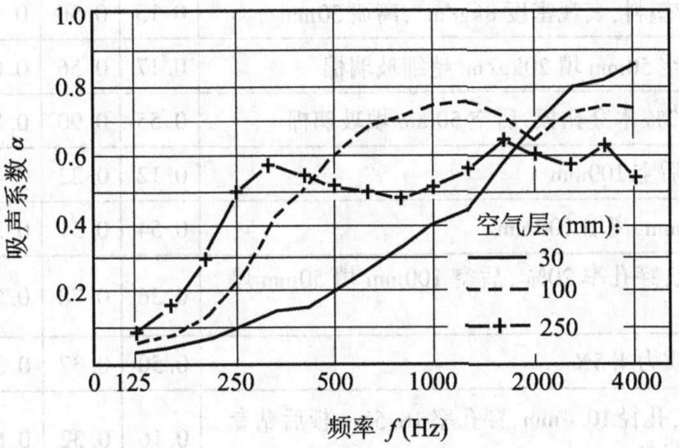

图 3-8　帘幕的吸声特性(帘幕面密度为 0.26kg/m²)

3. 洞口

当洞口开向室外,如开启的窗,从室内角度看,声波入射到洞口可完全透过,不再被反射回来,因此吸声系数为 1。

如洞口开向另外一个空间,这时情形比较复杂,声能通过洞口传入第二个空间,在第二个空间经多次反射后,部分声能又被反射回来,此时洞口的吸声决定于第二个空间的吸声量大小。剧场中的舞台口即是这种例子。根据实测,当舞台墙面不作吸声处理时,舞台口吸声系数约为 0.3 ~ 0.5;当舞台墙面作强吸声时,舞台口吸声系数约为 0.7 ~ 0.8。

4. 人和家具

人和家具都会吸收声能。人由于所穿衣服属于多孔吸声材料,故其具有多孔吸声材料的吸声特性。沙发椅、被褥、地毯等也属于多孔吸声材料。其他家具如各种橱柜、写字台等一般用薄板做成,故可视为薄板共振吸声结构。

五、新型吸声材料和结构

为满足工程上的一些特殊要求,一些新型吸声材料和结构应运而生,除具有良好的吸声性能外,还具有其他一些突出的优点。

1. 羊毛、麻竹吸声制品

羊毛吸声制品是利用羊毛下脚料制造的系列产品,有吸声板、吸声棉及织物面成型吸声板等。羊毛吸声制品突出的优点是卫生、环保,经阻燃处理后,防火性能达到 B1

级，防虫蛀达到二级，特别适合于卫生要求高的工程，如剧场、电影院、录音室、演播厅、报告厅、体育馆等。羊毛吸声板厚度为 20～50mm，表观密度为 20～50kg/m³。根据浙江大学建筑系建筑物理实验室的实测，羊毛板的吸声性能优良。50mm 厚羊毛板在中低频也具有较好的吸声性能(表 3-1)。织物面成型羊毛吸声板可参见本书彩图。

常用吸声材料和吸声结构的吸声系数 **表 3-1**

序号	吸声材料及其安装情况	吸声系数 α					
		125Hz	250Hz	500Hz	1000Hz	2000Hz	4000Hz
1	50mm 厚超细玻璃棉，表观密度 20kg/m³，实贴	0.20	0.65	0.80	0.92	0.80	0.85
2	50mm 厚超细玻璃棉，表观密度 20kg/m³，离墙 50mm	0.28	0.80	0.85	0.95	0.82	0.84
3	50mm 厚羊毛吸声板，表观密度 36kg/m³，实贴	0.31	0.80	0.82	0.90	0.94	0.93
4	50mm 厚羊毛吸声板，表观密度 36kg/m³，离墙 50mm	0.33	0.90	0.98	0.91	0.79	0.87
5	50mm 厚尿醛泡沫塑料，表观密度 14kg/m³，实贴	0.11	0.30	0.52	0.86	0.91	0.96
6	50 mm 厚密胺泡沫塑料，表观密度 8kg/m³，实贴	0.10	0.38	0.80	0.95	0.96	0.86
7	50 mm 厚密胺泡沫塑料，表观密度 8kg/m³，离墙 50mm	0.15	0.50	0.88	0.95	0.93	0.85
8	18mm 厚木丝板后空 50mm 填 20kg/m³ 超细玻璃棉	0.17	0.56	0.88	0.92	0.80	0.80
9	18mm 厚穿孔率 7.2% 木穿孔板，后空 50mm 填玻璃棉	0.55	0.90	0.85	0.80	0.50	0.35
10	8mm 厚铝泡沫板，后空 100mm	0.12	0.22	0.48	0.52	0.35	0.42
11	矿棉吸声板，厚 12mm，离墙 100mm	0.54	0.51	0.38	0.41	0.51	0.60
12	4mm 厚穿孔 FC 板，穿孔率 20%，后空 100mm 填 50mm 厚超细玻璃棉	0.36	0.78	0.90	0.83	0.79	0.64
13	其他同上，穿孔率改为 4.5%	0.50	0.37	0.34	0.25	0.14	0.07
14	5mm 厚穿孔 FC 板，孔径 10.4mm，穿孔率 18.5%，板后贴专业吸声无纺布，空腔 50mm	0.16	0.32	0.68	0.88	0.80	0.44
15	其他同上，空腔 100mm	0.32	0.80	0.98	0.88	0.48	0.48
16	其他同上，空腔 400mm	0.52	0.92	0.56	0.72	0.72	0.60
17	穿孔钢板，孔径 2.5mm，穿孔率 15%，后空 30mm 填 30mm 厚超细玻璃棉	0.18	0.57	0.76	0.88	0.87	0.71
18	9.5mm 厚穿孔石膏板，穿孔率 8%，板后贴桑皮纸，后空 50mm	0.17	0.48	0.92	0.75	0.31	0.13
19	其他同上，后空改为 360mm	0.58	0.91	0.75	0.64	0.52	0.46
20	五层胶合板，后空 50mm，龙骨间距 450mm×450mm	0.09	0.52	0.17	0.06	0.10	0.12
21	其他同上，后空改为 100mm	0.41	0.30	0.14	0.05	0.10	0.16
22	12.5mm 厚石膏板，后空 400mm	0.29	0.10	0.05	0.04	0.07	0.09
23	4mm 厚 FC 板，后空 100mm	0.25	0.10	0.05	0.05	0.06	0.07
24	3mm 厚玻璃窗，分格 125mm×350mm	0.35	0.25	0.18	0.12	0.07	0.04
25	坚实表面，如水泥地面、大理石面、砖墙水泥砂浆抹灰等	0.02	0.02	0.02	0.03	0.03	0.04
26	木搁栅地板	0.15	0.10	0.10	0.07	0.06	0.07
27	10mm 厚毛地毯实铺	0.10	0.10	0.20	0.25	0.30	0.35
28	纺织品丝绒 0.31kg/m²，直接挂墙上	0.03	0.04	0.11	0.17	0.24	0.35
29	木门	0.16	0.15	0.10	0.10	0.10	0.10
30	舞台口	0.30	0.35	0.40	0.45	0.50	0.50
31	通风口(送、回风口)	0.80	0.80	0.80	0.80	0.80	0.80
32	观众坐在织物面沙发椅(剧场用)上，单个吸声量	0.30	0.35	0.45	0.45	0.45	0.40

麻竹吸声制品与羊毛吸声制品相类似，利用麻、竹纤维经阻燃处理后加工成型，其性能也与羊毛吸声制品类似。

2. 穿孔木饰面板

穿孔木饰面板是由 10～20mm 厚密度板复合木纹饰面或木板，并在工厂穿孔或开缝后制成的成品。该产品有穿孔板、开缝板以及内侧穿孔外侧开通缝复合板等数种。板的表面形式有多种，外观十分美观，有很好的装饰性（见本书彩图）。该穿孔板具有一般穿孔板的吸声性能，特别适合于装饰要求很高的场合。

3. 穿孔板专用无纺布

穿孔板专用无纺布是针对穿孔板吸声结构开发的产品，将它贴在穿孔板后，可使穿孔板吸声结构具有十分理想的声阻抗，从而增大吸声系数。当穿孔板穿孔率在 6%～20%，并有较大空腔时，贴该无纺布，可使吸声系数在 125～4000Hz 范围内达到 0.6～0.8。穿孔 FC 板贴该无纺布后的吸声系数见表 3-1。该产品的外观与普通无纺布基本一致，厚度为 0.2mm，适用于各种穿孔板吸声结构。

4. 木丝板

利用废木材经特殊加工后制成的吸声木丝板，表面喷涂透声涂料或贴无纺布，不仅有一定的吸声性能，外观也十分美观。为获得更好的吸声性能，通常木丝板与墙体之间的空气层取 50～100mm，空腔内填充多孔吸声材料。

5. 密胺泡沫

密胺泡沫吸声材料由有机高分子材料发泡而成，可以切割成平板及其他各种形状，表观密度为 6～10 kg/m^3。密胺泡沫具有很好的中高频吸声性能，由于密度小并可直接切割成所需形状，特别适合用作空间吸声体。

6. 铝泡沫

铝泡沫是通过发泡法、渗流法等工艺生产，再用电锯加工成一定厚度的板材。铝泡沫孔隙率为 60%～80%，抗压、抗弯强度大，耐久性、耐候性好，适合用在强度要求很高的场合以及环境条件严酷的室外。

六、常用吸声材料的选用

1. 吸声材料的选择

在声环境控制设计中，选择何种吸声材料常需作多方面考虑。

从吸声性能方面考虑，离心玻璃棉、岩棉、阻燃羊毛（毛渣）、麻丝棉、聚氨酯吸声泡沫塑料等都具有良好的中高频吸声性能，增加厚度或材料层背后留有空气层还能获得较高的低频吸收，应作为首选吸声材料。有时为了吸收低频声，则选用穿孔板和薄板吸声结构。

除吸声性能外，绝大多数场合还需考虑防火要求，选用不燃或阻燃材料。在一些重要场合，如观众厅、演播室等，必须选用不燃吸声材料。随着人们对消防的重视，早期使用的可燃有机纤维吸声材料如刨花板、稻草板等早已不能使用。

由于多孔吸声材料吸湿后吸声性能降低，故在潮湿的场合不宜使用。在洁净要求特别高的房间，即使极微量的纤维逸出也不允许，这时也不应选用多孔吸声材料。上述两种环境，要获得较强的吸声效果，可用微穿孔板吸声结构。

此外，选择吸声材料时，还需考虑耐久性、力学强度、化学性质和尺寸的稳定性、装饰效果以及是否便于施工等因素。

使用多孔吸声材料时，一般需做护面层，而面层的性质直接影响其吸声性能。为充分发挥多孔材料的吸声性能，护面层应完全透气。为防止多孔材料微小纤维的逸出，一般可先用玻璃丝布覆盖或包裹，再用钢板网、铝板网等做护面层。在一些较高档的场所，尚可在钢板网外再加一层阻燃织物，这样，既美观，吸声又好。随着织物阻燃技术的发展，织物面吸声结构将会得到广泛应用。目前，市场上已有成品织物面吸声板，可直接固定于龙骨上，吸声性能良好，外形美观（见本书彩图）。在多孔吸声材料外加一层很薄的不透气的塑料薄膜，可起一定的防潮作用，并可阻止多孔材料微小纤维的飘出。实测表明，由于薄膜非常柔软，不会对其内超细玻璃棉的吸声性能有任何影响。

穿孔板吸声结构空腔内填一层多孔吸声材料后，可在中低频范围内有较高的吸声系数。随着穿孔板穿孔率的增大，中高频吸声系数也增大。穿孔率大至一定程度，穿孔板就成了多孔吸声材料的护面板。在工程设计中，由于穿孔板强度大、易清洁，故常被用作多孔吸声材料的护面板。这时，如达到30%穿孔率（如金属板），就不会影响高频吸声。一般穿孔率在15%～20%时，也可有较好的吸声性能。目前，市面上的穿孔板制品有穿孔铝合金板、喷塑穿孔钢板、穿孔石膏板、穿孔FC板等。金属穿孔板穿孔率几乎不受限制。穿孔FC板的穿孔率也可达20%。由于受强度限制，石膏板等的穿孔率通常较小。

2. 常用吸声材料和吸声结构

吸声结构可根据建筑要求做成各种形式。图3-9是吸声结构的基本做法。吸声结构龙骨间距一般为400～600mm。多孔吸声材料可固定于龙骨之间。

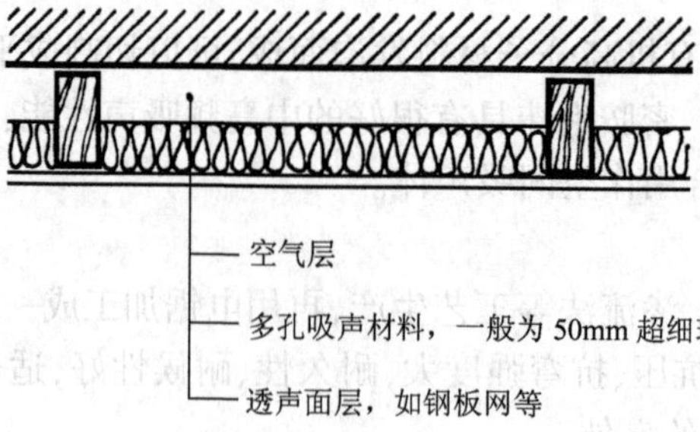

图3-9　吸声结构基本做法

吸声材料和吸声结构种类很多，表3-1列出了部分最常用的吸声材料、吸声结构以及典型建筑饰面、室内陈设等的吸声系数值，供参考选用。

第二节　构件隔声

一、传声与隔声

对室内而言，室外或相邻房间的声波激发墙、楼板、门窗等围护构件产生振动，从而向房间辐射声能，或通过开启的门、窗洞口直接将声音传入房间，这种外部声场的声音称空气声，这种声音传播过程称空气声传声。当楼板、墙等围护构件直接受到机械力的撞击产生振动而向房间辐射声能，如人走在楼板上的脚步声等，称为撞击声或固体声。撞击声可通过建筑构件传播，最后传入室内，其过程称为固体传声，或撞击声传声。围护结构对空气传声的阻隔，称为空气声隔声；若使撞击声减弱，则称撞击声隔声。

二、空气声隔声及其评价

围护构件对空气声的隔声能力用隔声量 R 来表示，单位为dB，隔声量 R 定义为：

$$R = 10\lg\left(\frac{1}{\tau}\right) \tag{3-3}$$

式中　R——隔声量(dB);

　　τ——构件的透声系数,即透过声能与入射总声能的比值。

同一构件对不同频率声波的隔声量是不同的,因此隔声量常用中心频率为 125 ~ 4000Hz 6 个倍频程或 100 ~ 3150Hz 16 个 1/3 倍频程隔声量表示。为简化和便于比较,用计权隔声量 R_w 这一单值指标来评价构件的隔声能力。

隔声评价标准在规定的 1/3 倍频程上定义了一组空气声隔声基准值,并使用 K_i 来表示频带 i 上的基准值。表 3-2 列出了该基准值。

1/3 倍频程空气声隔声基准值　　　　表 3-2

频带序号 i	中心频率(Hz)	基准值 K_i(dB)
1	100	−19
2	125	−16
3	160	−13
4	200	−10
5	250	−7
6	315	−4
7	400	−1
8	500	0
9	630	1
10	800	2
11	1000	3
12	1250	4
13	1600	4
14	2000	4
15	2500	4
16	3150	4

设频带 i 上的隔声量测量值为 R_i,我们用记号 D_i 来表示频带 i 上测量值 R_i 与基准值 K_i 之间的差,即:

$$D_i = R_i - K_i \tag{3-4}$$

当计权隔声量 R_w 取某一个数值时,该数值超出频带 i 上 D_i 值的部分会形成不利偏差。频带 i 上的不利偏差 P_i 如下式所定义:

$$P_i = \begin{cases} R_w - D_i = R_w - R_i + K_i & R_w > D_i \\ 0 & R_w \leqslant D_i \end{cases} \tag{3-5}$$

随着 R_w 拟取值的增大,其在所有频带上形成的不利偏差总和 $P = \sum_{i=1}^{16} P_i$ 也相应增大。按照标准,R_w 应取满足总不利偏差 $P \leqslant 32$ dB 条件下的最大数值(精度为 1dB)(图 3-10)。

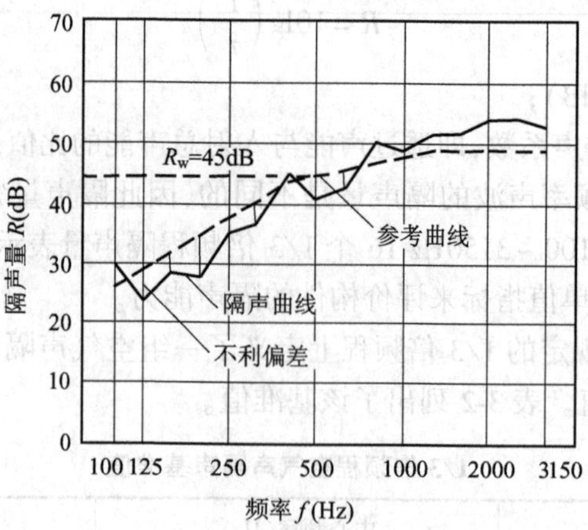

图 3-10 空气声隔声参考曲线

为体现实际隔声效果，还要考虑欲隔绝噪声的频率特性，采用计权隔声量加频谱修正量来表示，表述为 $R_w(C;C_{tr})$，其中 C 为 A 计权粉红噪声频谱引起的修正量，主要适用于建筑内部隔墙，C_{tr} 为计权交通噪声频谱引起的修正量，主要适用于建筑外墙。频谱修正量可根据《建筑隔声评价标准》(GB/T 50121—2005)确定。

三、单层匀质密实墙的隔声

单层匀质密实墙的隔声量大小主要与入射频率和其单位面积质量有关。刚度、材料内部阻尼以及墙的边界条件对隔声量也有影响。图 3-11 为单层匀质密实墙隔声频率特性，从低频开始，墙的隔声量受劲度控制，隔声量随频率升高而降低（图 3-11 中Ⅰ区）；频率继续升高，质量效应增大，隔声量总体上随频率升高而增大，由于墙的共振，在共振频率处出现隔声低谷，其大小由材料内部阻尼决定（图 3-11中Ⅱ区）；当频率高至一定范围，墙的隔声量主要由其单位面积质量（面密度）决定（图 3-11 中Ⅲ区）。此时，若把墙看成是无刚度、无内阻尼、柔顺质量，并忽视墙周边约束的影响，则隔声量随质量的增大而增大。声波无规入射时的隔声量 R 可按下式计算：

$$R = 20\lg f + 20\lg m - 48 \tag{3-6}$$

式中 f——入射声频率(Hz)；

m——墙体单位面积质量(kg/m^2)。

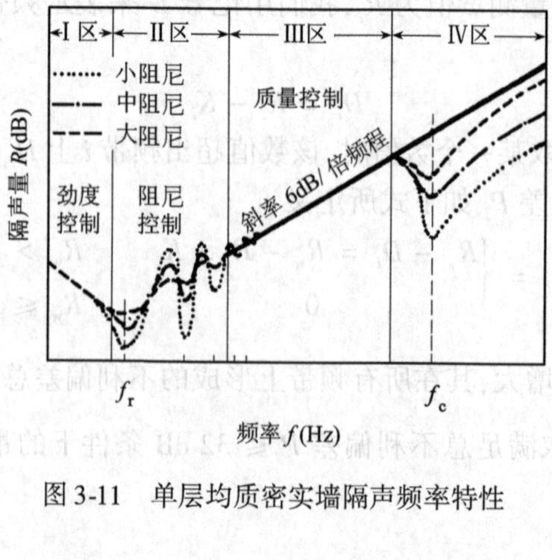

图 3-11 单层均质密实墙隔声频率特性

式(3-6)中所揭示的规律称为“质量定律”,即面密度 m 增加一倍,隔声量增加 6dB。

声波斜入射时,在一定频率范围内使墙体发生弯曲共振,亦称“吻合效应”,使隔声量明显下降,低于按质量定律计算的结果(图 3-11 中Ⅳ区)。使墙体发生弯曲共振的最低频率称吻合临界频率 f_c,在 f_c 处的隔声量低谷也称“吻合谷”。如 5mm 厚玻璃的临界频率为 3000Hz,240mm 厚普通砖墙的临界频率则为 70～120Hz。

四、双层匀质密实墙的隔声

根据质量定律,墙体厚度增加一倍,隔声量可增加 6dB。显然,靠增加厚度来增大隔声量,效果并不理想。如果把单层墙改为双层墙,则隔声量可有很大增加。双层墙中间的空气层可看成“弹簧”,当其中一层墙受到声波激发而振动时,振动能量通过空气层传至第二层墙,再由第二层墙向邻室辐射声能。由于空气弹簧具有减振作用,使传至第二层墙的声能大大减弱,从而提高了隔声能力。空气层增大,隔声量随之增大。当空气层大至 100mm 以上,继续加大空气层,隔声量增加就不明显。设计合理的双层墙与具有同样单位面积质量的单层墙相比,可有 10dB 左右的隔声增量。双层墙和中间空气层构成一共振系统,具有固有振动频率。在共振频率附近,隔声量出现低谷,故在工程中应尽可能使共振频率低于所需隔声频率范围。空气层小、墙板轻薄,则共振频率高,相反则共振频率低。如由 3mm 和 5mm 玻璃做成的双层窗,要避免共振影响,两窗间距应在 200mm 以上。对于一般由薄板加龙骨做成的轻质隔墙,空气层宜在 70mm 以上。

双层墙中间存在刚性连接时,声能很容易通过它从一侧传至另一侧。这种刚性连接称为“声桥”。设计和施工中应尽可能避免声桥的出现。

五、轻质隔墙的隔声

轻质隔墙隔声差一直是推广轻质隔墙的一大障碍。提高轻质隔墙隔声量的措施主要有:

(1)多层复合:将多层密实材料用多孔吸声材料(如玻璃棉、岩棉等)分隔,做成夹层结构。

(2)薄板叠合:多层薄板叠合在一起,可以避免板缝隙处理不好造成的漏声;如每层板减薄,可使吻合效应产生的隔声低谷上移出隔声频率范围;各层板材料不同或厚度不同,可以使各层的吻合谷错开,以减轻吻合谷的不利影响。

(3)弹性连接、双墙分立,避免声桥传声。

下面就目前工程上用得较多的轻质墙体材料以及如何改善其隔声作一分析介绍。

1. 小型砌块

常用的小型砌块有加气混凝土砌块、工业废渣加水泥砂浆制成的空心砖等。小型砌块筑成的隔墙厚度为 120～240mm。双面抹灰,单位面积质量为 100～220kg/m^2,计权隔声量在 40～50dB 之间。小型砌块隔墙,即使外表另有装修层,亦应两面抹灰。

2. 圆孔板

这种板由泥灰类材料中间抽孔制成,有菱镁圆孔板、发泡低碱水泥加玻璃纤维圆孔板、石膏圆孔板等。板厚为 60～120mm,单位面积质量为 40～100kg/m^2,计权隔声量为 30～38dB。这种隔墙由于是大块板材拼接,板缝处理应特别注意,宜用有弹性的胶泥材料填缝。

3. 夹层墙板

现有的夹层墙板用多孔吸声材料如矿棉、岩棉做芯，两侧为钢丝网面，在施工现场安装固定后，再在两侧钢丝网面各抹25mm厚水泥砂浆。这种墙板完成后，单位面积质量约为100～120kg/m^2，厚度约为100mm，计权隔声量为40～45dB。这种隔墙整体性较好。

4. 薄板加龙骨

各种薄板如纸面石膏板、水泥纤维加压板（FC板）、菱镁玻璃纤维板、胶合板等固定于轻钢龙骨或木龙骨的两面，是室内装修中最常用的隔墙。这种隔墙质量轻，通过各种改善措施还可获得很好的隔声效果。所用薄板宜有一定厚度，如12mm厚纸面石膏板。改善其隔声的方法有多层板错缝安装、空腔内填吸声材料、分立龙骨等。图3-12为石膏板隔墙及其改进方案示意图。表3-3为石膏板隔墙及各种改进方案的隔声量。

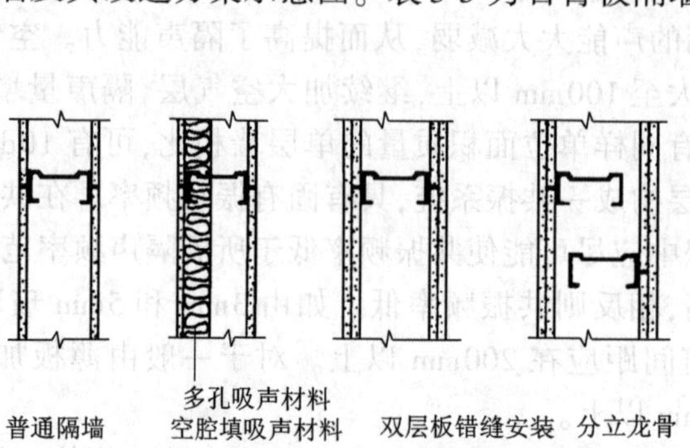

图3-12 石膏板隔墙及其改进方案构造示意图

纸面石膏板隔墙及改进方案的隔声量 **表3-3**

编号	构造简述	空腔厚度(mm)	单位面积质量(kg/m^2)	下述频率的隔声量(dB) 125Hz	250Hz	500Hz	1000Hz	2000Hz	4000Hz	计权隔声量 R_w(dB)
1	两侧各12mm厚板一层，木龙骨	80	25	27	29	35	43	42	44	38
2	两侧各12mm厚板一层，木龙骨	140	25	25	38	43	54	58	48	46
3	两侧均为12mm厚板加9mm厚板，木龙骨	80	40	34	34	41	48	56	54	45
4	两侧各12mm厚板一层，轻钢龙骨	75	21	16	32	39	44	45	36	37
5	两侧各两层12mm厚板，轻钢龙骨	75	42	28	42	47	52	60	47	49
6	两侧各12mm厚板一层，轻钢龙骨，空腔填30厚超细玻璃棉	75	22	28	44	49	54	60	46	47
7	两侧各两层12mm厚板，轻钢龙骨，空腔填40厚岩棉	75	44	40	51	58	63	54	57	52
8	一侧12mm厚板一层，另一侧12mm厚板两层，分立轻钢龙骨	95	33	29	39	46	50	54	39	44
9	同上，空腔填30厚超细玻璃棉	95	34	33	45	54	57	60	49	54

六、门窗隔声

门、窗常是隔声的薄弱环节。门的隔声量决定于门扇本身的隔声性能及门缝的密闭程度。提高门扇隔声量的措施有:多层复合,做成夹层门;如有可能,选用密实厚重的材料做门。门缝处理可做成斜口外加毛毡密封或用9字形橡胶条等。门与地面之间密封可用扫地橡胶、做门槛加密封条或设置自动启闭密封装置等方法。通常隔声门都需装压紧把手。图3-13~图3-15为三种隔声门及其密封构造做法。

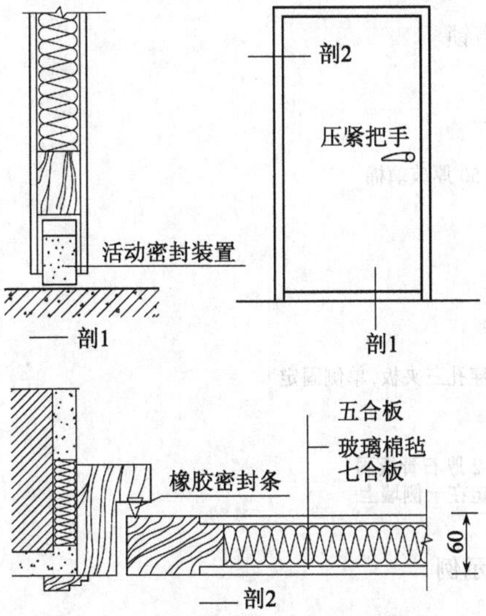

图3-13　简易无门槛隔声门构造做法

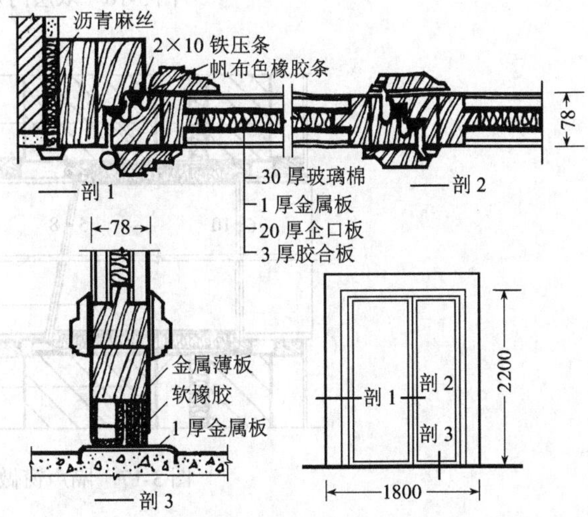

图3-14　木板与钢板复合门构造做法

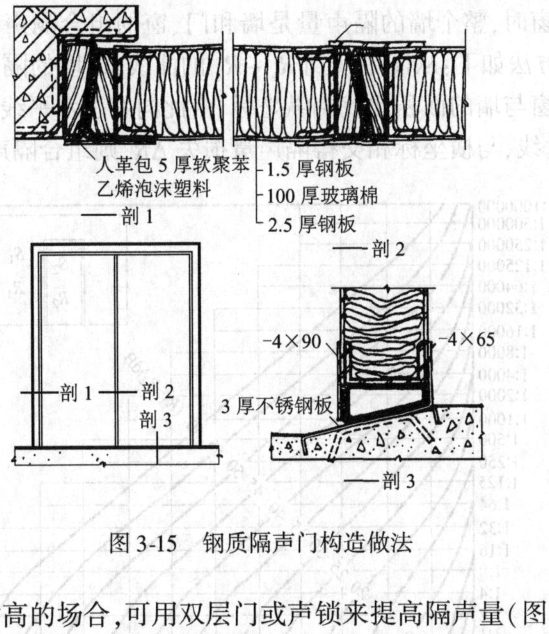

图3-15　钢质隔声门构造做法

在隔声要求非常高的场合,可用双层门或声锁来提高隔声量(图3-16)。

通常采用双层或多层窗来提高窗的隔声量。双层窗间距应尽可能大,最好能在200mm以上,一侧玻璃可倾斜安装,以尽量避免共振影响。双层窗玻璃应用不同的厚度,以错开吻合谷。要求较高的隔声窗应采用5mm以上的厚玻璃,也可由多层不同厚度的玻璃叠合而成。双层窗空腔周边需作吸声处理。图3-17为隔声窗做法示例。

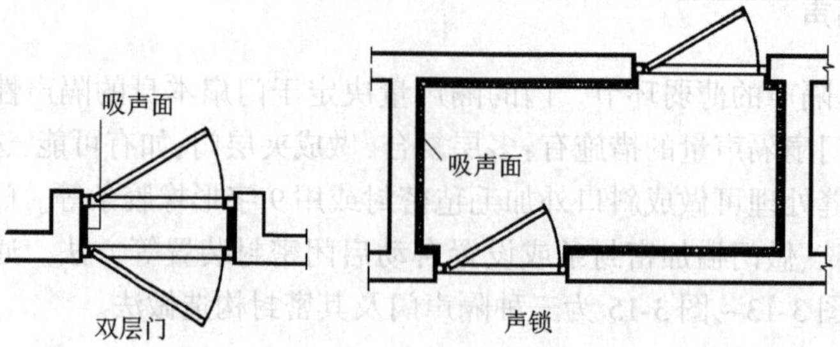

图 3-16　双层门及声锁

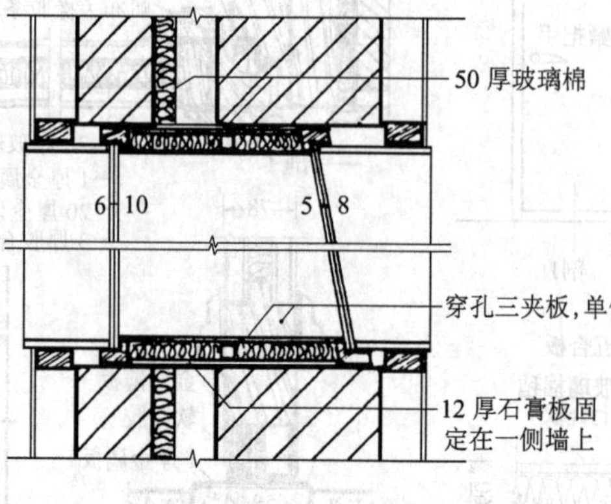

图 3-17　隔声窗做法示例

七、构件的组合隔声量

墙上开有门、窗时，整个墙的隔声量是墙和门、窗的组合隔声量。组合隔声量可利用图 3-18 查出。方法如下：从图中找到 R_1-R_2 的曲线，即墙的隔声量与门或窗的隔声量之差，根据门或窗与墙的面积比找到纵坐标，由此向右引水平线与 R_1-R_2 曲线相交，再由交点向下引垂线，与横坐标相交得隔声量损失 ΔR，则组合隔声量为$R_1-\Delta R$。

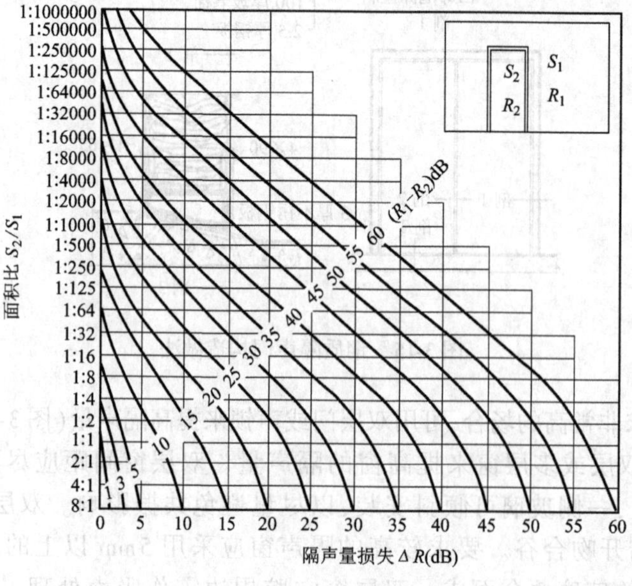

图 3-18　组合隔声量计算图

组合隔声量也可通过计算求得，假定 S_1、S_2、S_3 分别为三种构件的面积，R_1、R_2、R_3 为三种构件对应的隔声量，则通过式 3-7 可求出三种构件的透声系数 τ，由式 3-8 计算组合构件平均透声系数 $\bar{\tau}$，再由式 3-9 求得组合隔声量 $R_{组}$。

$$\tau = 10^{-\frac{R}{10}} \tag{3-7}$$

$$\bar{\tau} = \frac{\tau_1 S_1 + \tau_2 S_2 + \tau_3 S_3}{S_1 + S_2 + S_3} \tag{3-8}$$

$$R_{组} = 10\lg\left(\frac{1}{\bar{\tau}}\right) \tag{3-9}$$

式中　τ——构件透声系数；

R——构件隔声量；

τ_1、τ_2、τ_3——分别为三种构件的透声系数；

S_1、S_2、S_3——分别为三种构件的面积；

$\bar{\tau}$——组合构件平均透声系数；

$R_{组}$——组合隔声量。

由图 3-18 知，当门窗隔声量较低或墙上开洞时，组合隔声量远低于墙本身的隔声量。此时提高墙体的隔声量是不经济的，一般墙体的隔声量高出门窗隔声量 10dB 即可。要提高组合隔声量，有效的办法是提高隔声较差的构件的隔声量。

八、楼板撞击声隔声

1. 楼板撞击声及其评价

确定某楼板的撞击声，是用标准打击器在其上打击，在楼下房间测量声压级，对所测声压级根据受声室吸声量进行修正，即得该楼板规范化撞击声压级。在现场测量时，根据受声室混响时间修正测量值，得出标准化撞击声压级。工程中常用计权规范化撞击声压级来评价楼板的撞击声隔声性能。计权规范化撞击声压级的确定方法与计权隔声量类似，也是规定一条基准曲线，把楼板规范化撞击声压级与之比较，这里高出基准曲线为不利偏差，直至不利偏差的总和尽可能地大，但不超过 32dB，由此确定计权规范化撞击声压级（图 3-19）。显然，计权撞击声压级越小，楼板隔绝撞击声性能越好。楼板厚度增大，撞击声压级减小，厚度增大一倍，撞击声压级约减小 10dB。目前建筑中使用 100～120mm 钢筋混凝土板上铺 35mm 细石混凝土做成的楼板，其计权规范化撞击声压级超过 75dB，不能满足使用要求。

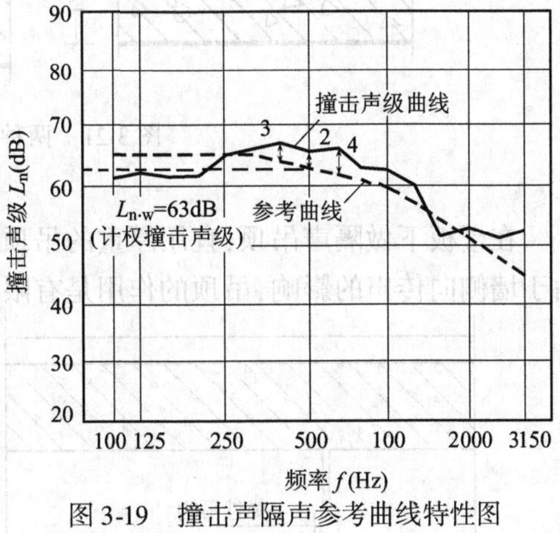

图 3-19　撞击声隔声参考曲线特性图

2. 撞击声隔绝措施

隔绝撞击声可以从三个方面进行，即铺设弹性面层、加弹性垫层和在楼板下做隔声吊顶。在楼板面铺各类地毯、橡胶等弹性面层均可降低撞击声。弹性面层对中高频撞击声改善明显，面层弹性越好，效果越好。图 3-20 是几种面层构造的撞击声改善值。

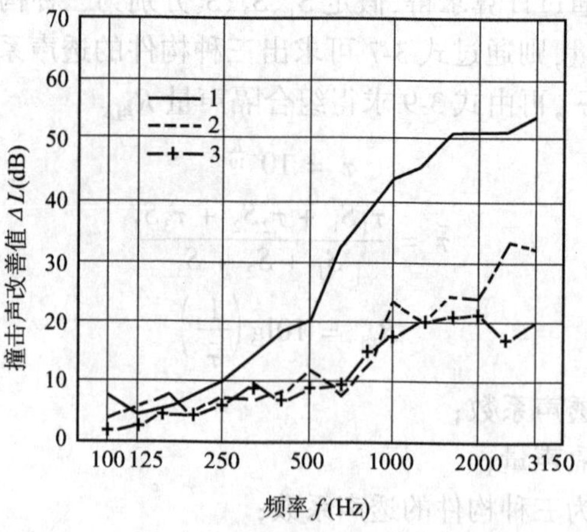

图 3-20　几种面层构造的撞击声改善值

1—钢筋混凝土空心楼板上铺厚地毯；2—钢筋混凝土楼板上铺有木龙骨的杉木地板；3—钢筋混凝土楼板实铺杉木地板

在楼板面层与结构层之间加弹性垫层，也称浮筑构造。图 3-21 为两种浮筑楼板构造做法。浮筑楼板施工时，面层不能与墙体及结构层有刚性连接。要求高的场合也有用弹簧做隔振器的。

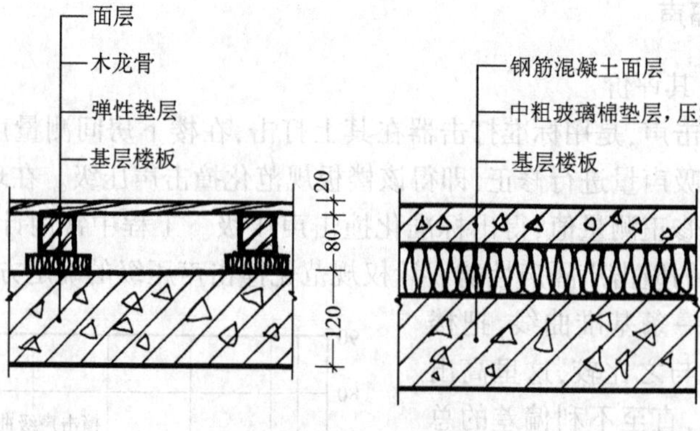

图 3-21　两种浮筑楼板构造

在楼板下做隔声吊顶，宜用厚重的吊顶，并用弹性吊钩。图 3-22 为隔声吊顶构造。由于墙侧向传声的影响，吊顶的作用是有限的。

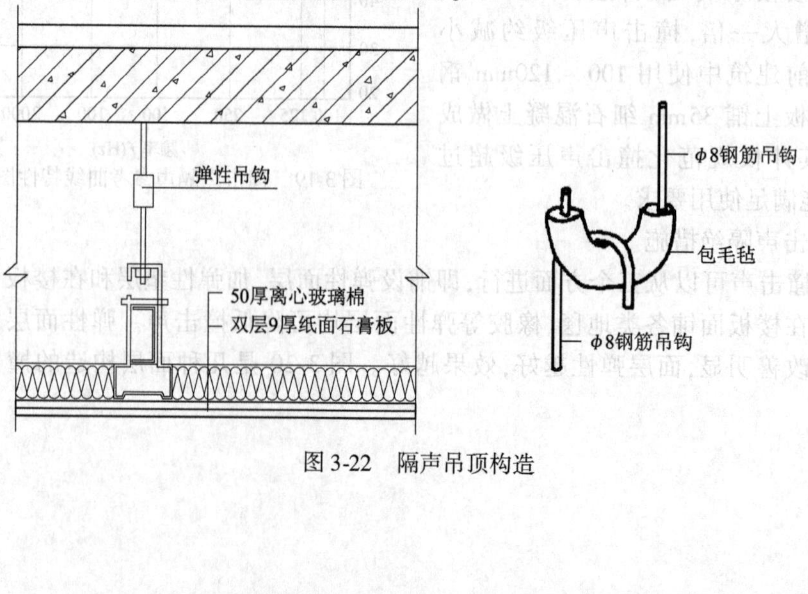

图 3-22　隔声吊顶构造

第四章　室内声环境设计

第一节　室内噪声控制

室内噪声来自以下几个方面：通过围护结构传入的室外环境噪声；建筑内部其他房间传来的噪声；室内设备产生的噪声；空调通风系统噪声以及设备振动引起的围护结构发声。室内外噪声及设备噪声可通过建筑布局、围护结构隔声、室内吸声、设备隔声等途径进行控制，下面将作详细介绍。通风系统噪声及设备振动，一般通过安装消声器以及对设备和管道采取隔振等措施加以控制。

一、建筑布局中噪声控制原则和方法

在建筑总图设计中，建筑应尽可能远离噪声源，把不怕吵的房间布置于临噪声源一侧，使要求安静的房间得到保护。建筑中，制冷机房、泵房、锅炉房等宜与主体分离独立设置，布置在建筑主体内时，与其他用房之间应有足够大的隔声量，最好把仓库等一些辅助用房布置在机房与其他用房之间，对各种设备均应作隔振处理。主要用房如客房、病房、居室等不能靠电梯布置。建筑中的歌舞厅、卡拉OK厅、电影厅、多功能厅等不仅自身要求不受噪声干扰，且使用中其高声级对其他用房将产生干扰。对这些房间的布置应特别注意，普通一层隔墙往往不能满足隔声要求，需利用走廊或辅助房间来提高隔声能力。如在同一区域内布置歌舞厅和卡拉OK厅，尤其是在老建筑中，受荷载限制只能用轻质墙隔声时，可把洗手间、消毒间、饮料库等布置在两厅之间以提高隔声量。两厅之间的隔墙应高出吊顶，做至楼板底。舞厅不宜设在主要房间之上，以避免人们在跳舞时产生的撞击声的干扰。舞池不能用铺地毯等弹性面层的方法来降低撞击声，而制作浮筑楼板又将大大增加造价。

各种机房、锅炉房、排风口、厨房排烟口、歌舞厅、卡拉OK厅、冷却塔等常常会对相邻建筑和周围环境产生噪声干扰，因此，不宜靠近相邻建筑布置。产生噪声的房间的外墙和屋顶应有较大的隔声量。各种设备宜用低噪声型，必要时还需作设备隔声处理。

二、提高围护结构隔声量

提高围护结构的隔声能力，可以减少外部噪声的传入。一般室外环境噪声不是很大时，通常的墙体（如砖墙、空心小砌块等）的隔声量已足够，主要是窗的隔声成问题，尤其是还需要开窗通风时。对于要求特别安静的房间，如录音室、演播室、音乐厅、剧场、多功能厅等，其外墙不宜开窗，并应采用混凝土或实心砖墙，必要时房间外增加一外廊或附属房间以增加隔声量。对于大多数需自然通风换气的房间，当处于高噪声环境，如交通干线两侧的住宅，建议通过封闭阳台降噪（图4-1），在阳台内外窗各开一扇换气的情况下，室内外仍可有20

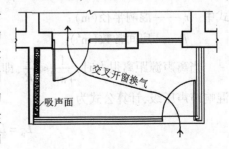

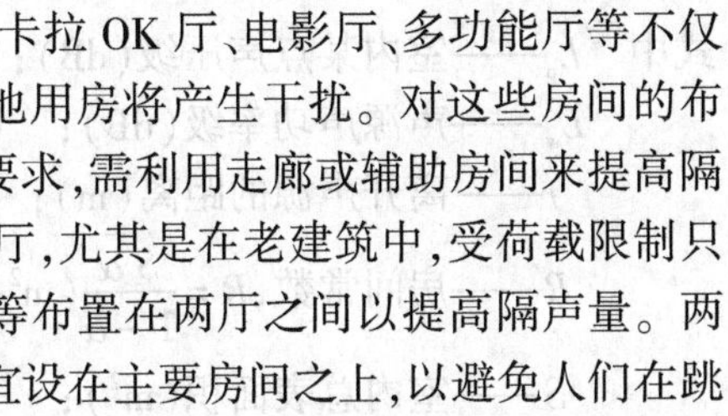

图4-1　封闭阳台降噪设计

~25dB 的声级差。

如果把窗的通风换气功能与采光功能分开，即窗平常关闭，用带换气扇的通风消声道换气（称为组合窗），则隔声效果尤佳（图 4-2）。如单层窗隔声量不够，还可用双层窗。根据在北京的对比试验，采用组合窗时，夏天室内热工性能并不比开窗时差。

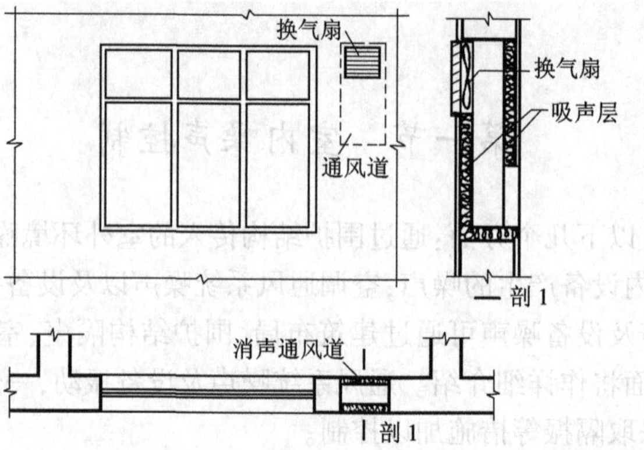

图 4-2　组合窗做法示意

三、室内吸声降噪

室内点声压级可根据式（4-1）计算。式中假设声源无指向性。

$$L_p = L_w + 10\lg\left(\frac{1}{4\pi r^2} + \frac{4}{R}\right) \tag{4-1}$$

式中　L_p——室内某点声压级（dB）；

L_w——声源声功率级（dB）；

r——离开声源的距离（m）；

R——房间常数，$R = \frac{S\bar{\alpha}}{1-\bar{\alpha}}$（$m^2$）；

S——室内总表面积（m^2）；

$\bar{\alpha}$——室内平均吸声系数。

除声源声功率级外，室内某点声压级还与离开声源的距离和房间常数有关，亦即直达声和混响声之和。当离声源较近时，主要为直达声；随着距离 r 的增大，直达声减小；当距离增大到一定值时，直达声与混响声相等。这一距离称为“混响半径”，用 r_c 表示，有时也称“临界半径”。在混响半径处应有：

$$\frac{1}{4\pi r_c^2} = \frac{1}{R} \tag{4-2}$$

从而可得：

$$r_c = 0.14\sqrt{R} \tag{4-3}$$

式中　r_c——混响半径（m）；

R——房间常数（m^2）。

当离声源距离很大时，$\frac{1}{4\pi r^2} \ll \frac{4}{R}$，即直达声相对混响声忽略，此时室内声压级即为混响声声压级，计算公式为：

$$L_p = L_w + 10\lg\left(\frac{4}{R}\right) \tag{4-4}$$

式中符号同式（4-1）。

由式(4-4)可知,室内增加吸声量,房间常数 R 增大,室内声压级减小。吸声降噪量可由下式计算:

$$\Delta L_p = 10\lg\left(\frac{R_2}{R_1}\right) \tag{4-5}$$

式中　ΔL_p——吸声降噪量(dB);

R_1、R_2——室内吸声前后房间常数(m^2)。

采用吸声降噪措施的房间,室内平均吸声系数一般较小,这样,房间常数 R 近似等于房间总吸声量 A,故吸声降噪量也可由下式计算:

$$\Delta L_p = 10\lg\left(\frac{A_2}{A_1}\right) \tag{4-6}$$

或:

$$\Delta L_p = 10\lg\left(\frac{\alpha_2}{\alpha_1}\right) \tag{4-7}$$

式中　A_1、A_2——室内吸声前后总吸声量(m^2);

α_1、α_2——室内吸声前后平均吸声系数。

由式(4-6)知,吸声量增加一倍,声压级降低 3dB。室内平均吸声系数已经很大的房间,吸声降噪效果要差一些。

在公共空间、办公室、车间等处作吸声处理,不仅可有效降低混响声,还可创造良好的环境气氛。

四、隔声屏障与隔声罩

把工作空间或噪声源(如存在噪声设备)用隔声屏障隔离,也可取得良好的降噪效果。图 4-3 为某设计事务所一角的隔声屏障布置及构造。屏障的隔声效果与其本身的构造做法、宽度及高度有关。隔声量随宽度和高度增大而增大。屏障表面吸声有利于隔声。如配以强吸声吊顶,尚可降低吊顶反射传声,隔声效果更佳。

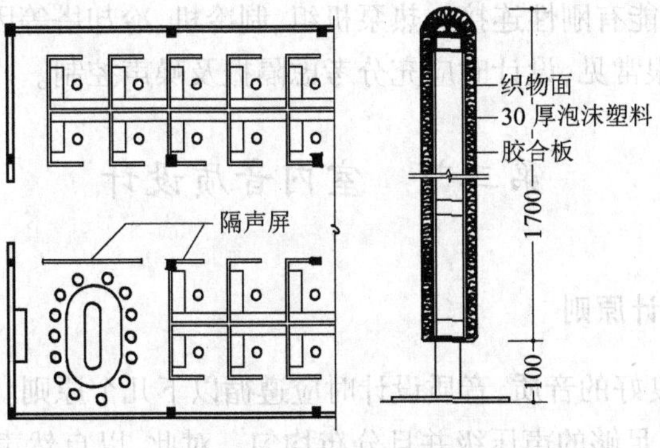

图 4-3　隔声屏布置及构造示例

对于某些高噪声设备,可用隔声小间或隔声罩隔离。隔声小间或隔声罩结构本身应有足够的隔声量。在小间或罩内应作强吸声处理。对有大量热量产生的设备,还应解决好散热问题。图 4-4 为风机隔声罩构造做法。

录播室等要求背景噪声特别低的房间,常做成"房中房"进行隔声和隔振(图 4-5)。

设计中应根据房间的允许噪声标准,来选择所用的隔声措施。各种房间允许噪声值见第二章。

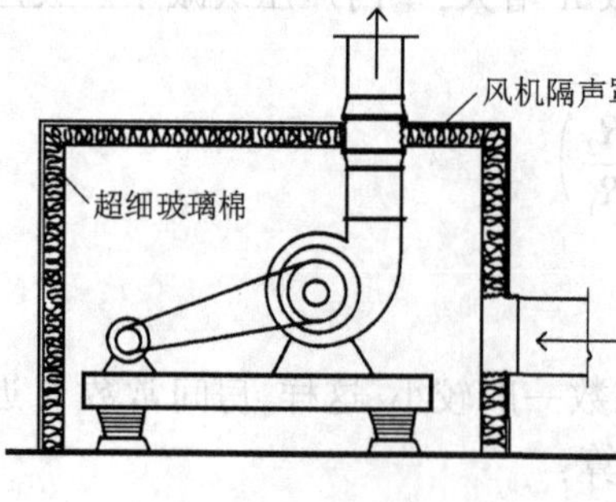

图4-4 风机隔声罩

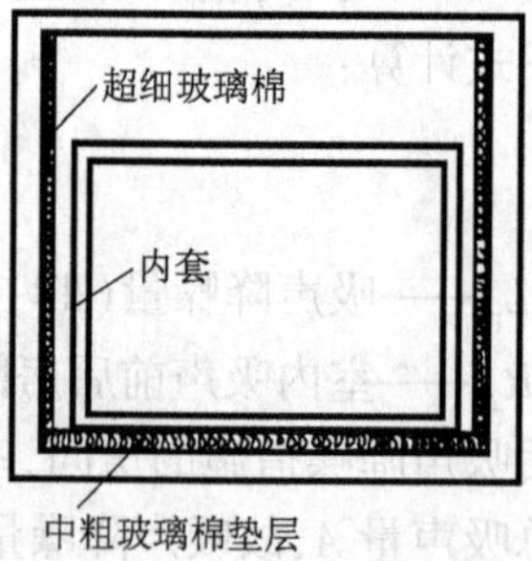

图4-5 房中房隔声、隔振结构

五、低频噪声控制与隔振

随着建筑功能越来越复杂，特别是一些综合楼，多种功能集合于一个建筑，造成相互影响。近几年，由迪斯科舞厅、酒吧引起的低频噪声干扰，已成为一个新的噪声问题。迪斯科舞厅常常设在高级宾馆内作为其配套娱乐设施，或设在闹市区大型综合楼内。迪斯科舞厅内的声级有的达到115dB(A)，甚至更高，其中包括大量低频声，使楼板、墙发生振动，然后通过建筑结构传至建筑的其他部分，并向房间发出令人难受的低频声。由于舞厅一般在晚上营业，严重影响人们的睡眠。受影响的人反映，感到床在振动。虽然用A计权测量声级不大，但影响严重。杭州某综合楼，五层设有舞厅，六层办公人员感到楼板、办公桌有明显振动，感到手脚发麻。用环境振动仪对该楼面进行实测，振动级超过80dB。因低频噪声通过结构传声，在建筑工程完成后再进行噪声控制，十分困难，因此，应在建筑设计阶段把迪斯科舞厅与主体建筑在结构上分开，以防止结构传声。

住宅区变频供水十分普遍，很多水泵房就设在住宅建筑的地下室，常常因水泵、水管安装时对隔振问题考虑不周，导致噪声干扰问题十分严重。为避免此类问题，水泵房不应设在住宅楼内，水泵基础做好隔振，水泵与水管之间用橡胶隔振连接，水管采用弹性支撑，水管穿墙不能有刚性连接。热泵机组、制冷机、冷却塔等因隔振不好，导致振动及低频噪声干扰也很常见，设计时应充分考虑隔振及噪声控制。

第二节 室内音质设计

一、室内音质设计原则

为使室内具有良好的音质，音质设计时应遵循以下几个原则：

(1)使室内具有足够的声压级并且分布均匀。对此，以自然声为主的大厅，要考虑选择适当的容积和每座容积。

(2)使室内具有与用途相适应的混响时间及其频率特性。

(3)观众厅各处都能获得丰富的早期反射声，特别是早期侧向反射声(主要适用于厅堂音质设计)。

(4)表演区有足够的早期反射声，特别是来自顶部的反射声，使演员之间有良好的相互听闻。

(5)防止出现回声、颤动回声、声影、声聚焦等声学缺陷。

(6)防止外部噪声及振动传入室内，控制好空调系统噪声，使室内的背景噪声不大于允许噪声标准。

音质设计的内容包括:确定房间容积,进行房间体形设计,进行混响设计及装修材料的选择和布置。另外,还需做好噪声控制设计。噪声控制设计已在第一节中介绍。电声系统设计将在第五章中介绍。

二、房间容积的确定

从声学角度看,房间的容积应满足自然声发声时听众区有合适的响度。表 4-1 给出了用自然声的大厅的最大允许容积。当大厅使用电声时,容积大小可不受此限制,但如果容积过大,为控制混响时间,需增加很多吸声材料。

用自然声的大厅的最大允许容积　　**表 4-1**

用　途	最大允许容积(m^3)	用　途	最大允许容积(m^3)
讲　演	2000~3000	独唱、独奏	10000
话　剧	6000	大型交响乐	20000

三、体形设计

对厅堂音质设计而言,体形设计首先应使直达声不受遮挡,能到达每一位观众。要考虑到声源的指向性。大厅不宜过宽,特别是大厅的前部不宜过宽。大厅地面应有足够升起,以避免过度掠射吸收及观众的相互遮挡。一般能满足视线要求也就能满足声学要求。

体形设计还应争取和控制早期反射声,利用几何声学作图法,可以检验大厅反射声分布及延迟时间,或进行大厅反射面设计。图 4-6 是用虚声源法检验反射声分布的一个例子。图中为一观众厅局部,声源 S 的位置一般定在舞台大幕线后 2~3m,高出舞台面 1.5m,为确定反射面 AB 的反射声分布,延长 AB 线,以 AB 延长线为对称线,求得 S 的对称点 S_1,即反射面 AB 的虚声源,从 S_1 向 A 连线并延长,与观众席平面(观众席平面高出地面 1.1m)相交于 A',从 S_1 向 B 连线并延长,与观众席平面交于 B',$A'B'$为反射面 AB 的反射声分布范围。用同样的方法可求得反射面 CD 的反射声分布范围 $C'D'$。在图 4-6 中,($SA+AA'$)为反射声经过的路程。SA'为到达 A'的直达声经过的路程。反射声与直达声的声程差除以声速,即可得出反射声延迟时间。一般要求观众接收到的第一次反射声延迟时间不能过长,最长不超过 50ms。

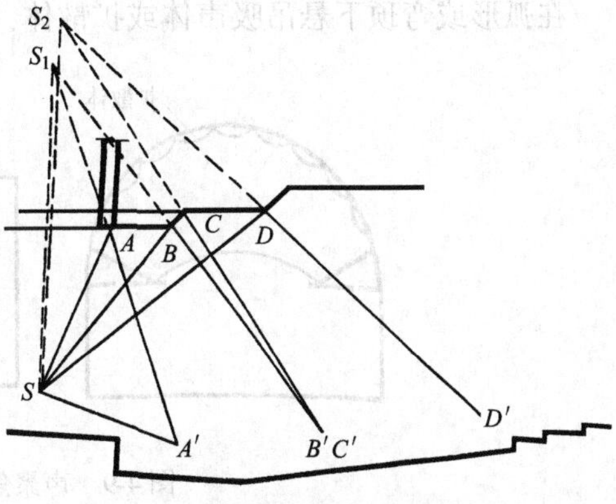

图 4-6　用虚声源法检验反射声分布

大厅平面设计不合理或大厅宽度较大时,常导致观看条件最佳的中前区缺乏早期侧向反射声。可通过改变侧墙局部角度或作扩散处理来改变反射声的分布,见图 4-7。

通常将台口附近的吊顶、墙面做成定向反射面。一方面,同样的面积靠近台口可反射更多的声能;另一方面,台口附近的反射面能把声音反射到观众厅的前区。观众厅的中后部可适当作扩散处理(扩散处理方法详见下文),或根据造型要求灵活设计,只要不造成声缺陷就可以。反射面应用较厚重、坚硬的材料,如钢板网抹灰等。尺寸应足够大,较小方向尺寸至少大于反射声波的波长,如要有效反射 200Hz 以上声波,宽度不能小于1.7m。

观众厅设计不当会造成声学缺陷。从后墙反射回的声音到达观众厅前区或舞台，延时很长，强度很大时就会形成回声。可在后墙做强吸声面或作扩散处理，也可改变后墙的倾角加以解决（图4-8）。用同样的方法可解决大片平行墙之间的颤动回声。

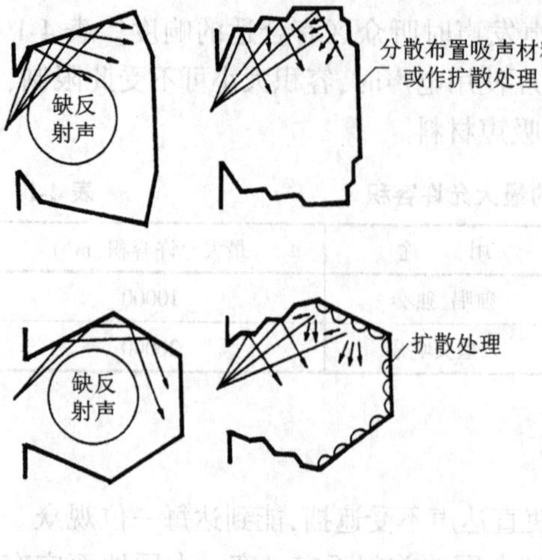

图4-7　大厅侧墙一次反射声分布及改善措施

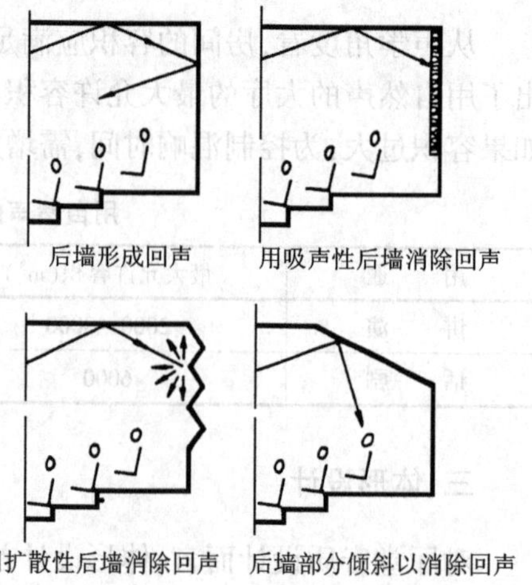

图4-8　消除回声的三种方法

观众厅后墙不宜做弧形面，吊顶不宜做穹顶或弧形面，以避免声聚焦。如出于建筑需要，可在后墙作扩散、吸声或两者兼作来解决声聚焦。

在弧形或穹顶下悬吊吸声体或扩散体，可避免声聚焦的出现（图4-9）。

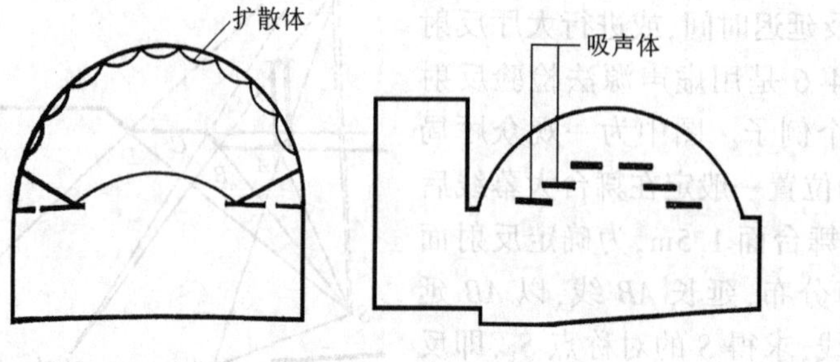

图4-9　声聚焦的消除方法

观众厅有挑台时，挑台不宜出挑过多，以避免挑台下空间过深而导致声级偏低，形成“声影”区。

室内的柱子、灯具、各种凹凸起伏的装饰对声波都有扩散效果。精心设计的扩散体应是室内装修设计的一部分，形式可根据装修效果确定。最简单的扩散体形有三角柱体、半圆柱体等（图4-10）。扩散体的宽度和厚度与声波波长比较应满足图4-10的要求。

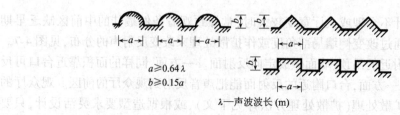

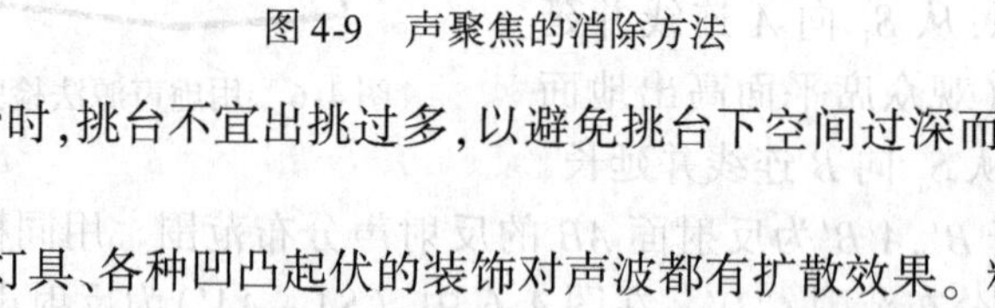

图4-10　有效的扩散体尺寸和声波波长的关系

除观众厅外，对其他房间也有类似的某些应从声学角度加以考虑的体形设计问题，以避免共振频率的简并，防止出现回声、颤动回声、声聚焦、声影区等声学缺陷，也有声扩散的要求。

四、室内混响设计及装修材料的选择

室内混响设计可按如下步骤进行：

(1)据房间的使用要求及表2-1确定混响时间及其频率特性的设计值。

(2)根据设计完成的体形，计算出房间的容积 V 和内表面积 S。

(3)根据混响时间计算公式求出房间的平均吸声系数 $\overline{\alpha}$。一般采用伊林修正公式：

$$T_{60}=\frac{0.161V}{-S\ln(1-\overline{\alpha})+4mV}$$

式中　T_{60}——混响时间(s)；

V——房间容积(m^3)；

S——房间总内表面积(m^2)；

$\overline{\alpha}$——平均吸声系数；

$4m$——空气吸收衰减系数，见表4-2，在1000Hz以下，可省略。

空气吸收衰减系数4m值(室内温度20℃)　　**表4-2**

频率(Hz)	室内相对湿度 30%	40%	50%	60%
2000	0.012	0.010	0.010	0.009
4000	0.038	0.029	0.024	0.022
6300	0.084	0.062	0.050	0.043

平均吸声系数乘以总内表面积 S，即为房间所需总吸声量。一般计算频率为125～4000Hz 6个倍频程中心频率。

(4)计算房间内固有吸声量，包括室内家具和观众的吸声量等。房间所需总吸声量减去固有吸声量即为所需增加的吸声量。

(5)查阅材料及结构的吸声系数数据，从中选择适当的材料及结构，确定各自的面积，以满足所需增加的吸声量及频率特性。一般常需反复选择、调整，才能达到要求。

混响设计也可在确定房间混响时间设计值及容积后，先根据声学设计的经验及装修效果要求确定一个方案，然后用混响时间计算公式进行验算，通过反复修改、调整设计方案，直至混响时间满足设计范围为止。表4-3为一观众厅混响时间计算表。

对观众厅而言，吸声材料首先考虑布置在后墙。通常即使大厅并不需要增加吸声，后墙也宜作吸声处理，以防可能出现的回声。除后墙外，大厅中后部吊顶、侧墙上部也是通常考虑布置吸声材料的位置。

以上是室内声环境，主要是观演空间声环境设计的原则和一般方法。由于不同的使用目的对声环境有不同的要求(各种建筑的最佳混响时间已在第二章列出)，因此具体音质设计特点也有所不同，下面就各种建筑类型的音质设计作简要介绍。

观众厅混响时间计算表（$V=5400m^3$，$\sum S=2480m^2$） **表 4-3**

序号	项目	材料及做法	面积（m^2）	吸声系数和吸声单位（m^3）											
				125Hz		250Hz		500Hz		1000Hz		2000Hz		4000Hz	
				α	$S\alpha$	α	$S\alpha$	α	$S\alpha$	α	$S\alpha$	α	$S\alpha$	α	$S\alpha$
1	观众及座椅	1000 人，按人数计算吸声量		0.19	190	0.23	230	0.32	320	0.35	350	0.47	470	0.42	420
2	吊顶	4mm 厚 FC 板，大空腔	900	0.25	225	0.10	90	0.05	45	0.05	45	0.06	54	0.07	63
3	墙面	三层胶合板，后空 50mm	150	0.21	31.5	0.73	109.5	0.21	31.5	0.19	28.5	0.08	12	0.12	18
4	墙面	9.5mm 厚穿孔石膏板，$P=8\%$，板后贴桑皮纸，空腔 50mm	100	0.17	17	0.48	48	0.92	92	0.75	75	0.31	31	0.13	13
5	墙面	水泥抹面	376	0.02	7.5	0.02	7.5	0.02	7.5	0.03	11.3	0.03	11.3	0.03	11.3
6	走道、乐池	混凝土面	340	0.02	6.8	0.02	6.8	0.02	6.8	0.03	11.6	0.03	11.6	0.03	11.6
7	门	木板门	28	0.16	4.5	0.15	4.2	0.10	2.8	0.10	2.8	0.10	2.8	0.10	2.8
8	开口	舞台口、耳光口、面光口	130	0.30	39	0.35	45.5	0.40	52	0.45	58.5	0.50	65	0.50	65
9	通风口	送、回风口	6	0.8	4.8	0.8	4.8	0.8	4.8	0.8	4.8	0.8	4.8	0.8	4.8
$4mV$												48.6		118.8	
$\sum S\bar{\alpha}$				526.1		546.3		562.4		587.5		662.5		609.5	
$\bar{\alpha}$				0.212		0.220		0.227		0.237		0.267		0.246	
$-\ln(1-\bar{\alpha})$				0.238		0.248		0.257		0.270		0.311		0.282	
T_{60}				1.47		1.41		1.36		1.30		1.06		1.06	

五、音乐厅音质设计

音乐厅是音质要求最高的厅堂类型之一。其特点是演奏席与观众厅位于同一空间，声能得到充分利用。由于交响乐队声功率较大，故大厅可有较大的容积。在音质方面，要求有很长的混响时间及很丰富的侧向反射声。因此，在音质设计中，往往要求设计人员在保证没有回声、声聚焦等音质缺陷的同时尽量少用吸声材料。古典音乐厅因具有窄厅、矩形平面、高顶棚的特点，被称为鞋盒式音乐厅。其两侧及后部有浅的挑台，一般能使观众席获得丰富的侧向反射声。这种古典音乐厅的音质一直受到很高的评价，其中最著名的有维也纳音乐厅及波士顿音乐厅（图 4-11）等。

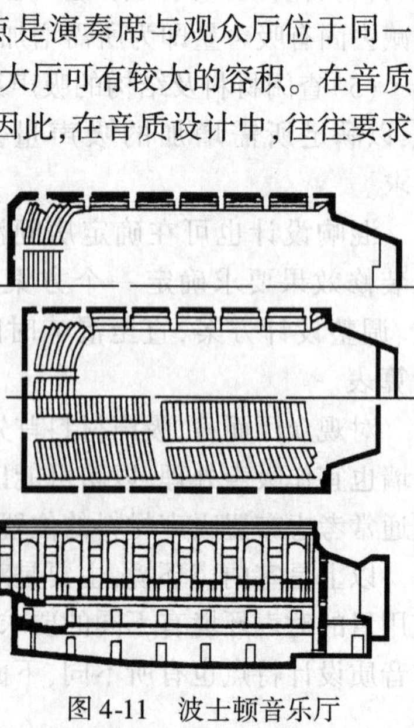

图 4-11 波士顿音乐厅

（2631 座，中频混响时间 1.8s）

为在较宽、较大的音乐厅中争取尽可能多的侧向反射声，有的在侧墙安装倾斜反射板，或将吊顶做成扩散面，使一部分声能被反射到侧墙，再由侧墙反射到观众席。美国加州奥兰治县表演艺术中心多用途剧场，在很宽的平面内错落配置四层平面，利用上一层侧板为下一层提供侧向反射声

(图4-12)。这一创造性设计,加上大厅其他的成功措施,使大厅获得了较好的音质。

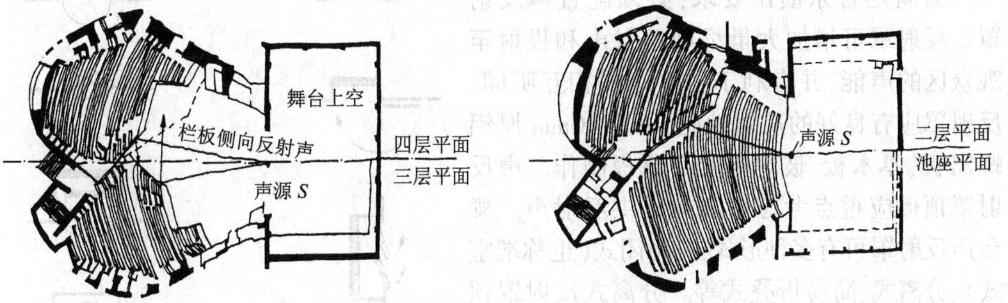

图4-12　奥兰治县表演艺术中心多用途剧场
(3002座,中频混响时间在1.4~2.2s之间可调)

六、剧院音质设计

剧院种类很多,归纳起来可分为三类,即西洋歌剧院、地方戏院和话剧院。剧院一般有很大的舞台空间。舞台上,帘幕、布景、道具等有时吸声不够,使舞台空间混响时间过长,这对音质是不利的,可在舞台后墙或顶部布置吸声材料,使舞台空间的混响时间与观众厅基本相同。

歌剧院一般以自然声演出。由于歌剧演员声功率较大,允许歌剧院有较大的容积。西方古典歌剧院大多为马蹄形平面,大厅周边设有多层包厢及柱廊,这种形式使观众与演员之间的距离缩短。大量柱廊、凸弧形包厢和各种浮雕装饰使大厅具有良好的声扩散,并且避免了弧形墙面的声聚焦。由于这些特点,使大厅获得了良好的音质。

规模较小的歌剧院,可采用简单的矩形或钟形平面,通过设置跌落包厢和扩散体来增加扩散。

歌剧院的特点之一是使用伴奏乐队,有时还有伴唱队。因此,乐池上方吊顶可做成带有弧度的反射面,将乐队的声音反射到观众席。

地方戏种类很多,一般以演唱为主,并有对白,演出时声功率较低。以自然声为主的大厅,应控制其规模。大厅可设楼座、包厢,以缩短直达声距离。在台口附近的吊顶和侧墙应做成反射面,争取尽量多的早期反射声。大厅后墙可作一些吸声或扩散处理。其他墙面及中后部吊顶可由建筑装饰要求确定,并宜有适当扩散。大厅尽量少用吸声材料,宜通过降低大厅每座容积来控制混响时间,以提高大厅内声压级。

话剧院有镜框舞台、伸出舞台、中心舞台等。话剧演出以对白为主,声功率小,故观众厅规模不宜过大。对伸出舞台和中心舞台,由于声源在观众厅内,两平行侧墙之间很容易产生颤动回声,需在侧墙作扩散或改变其倾角,使之把声音反射给观众席。话剧院设计时,应尽可能缩短最后排观众至舞台的距离。在舞台周围的吊顶、墙面宜做定向反射面,以争取一次反射声。

七、多功能剧场音质设计

我国目前大量建造的是多功能剧场。多功能剧场常用于音乐、歌舞和戏剧演出及作报告、放映电影等多种用途。多功能剧场一般都有较大的舞台,有的还配有乐池。

多功能剧场在确定混响时间时,可采用折中的办法,考虑满足其主要用途,同时兼顾其他。也可以在墙或顶设置可调吸声结构,使混响时间在某一范围内变化。图4-13

为几种形式的可调吸声结构示意。

为满足音乐演出要求,必须配置声反射罩。反射罩可增加大量早期反射声和投射至观众区的声能,并有利于乐手之间相互听闻。反射罩应有良好的反射性能,可用20mm厚铝蜂窝板、厚木板、玻璃钢实心厚板制作。声反射罩顶板应重点考虑给演员提供反射声。舞台声反射罩可有多种形式,有封闭式(也称端室式)、分离式、简易折叠式等。分离式反射罩顶板可分块固定在舞台吊杆上,不用时收藏在舞台上空,侧板、后板可用移动式结构,见图4-14。

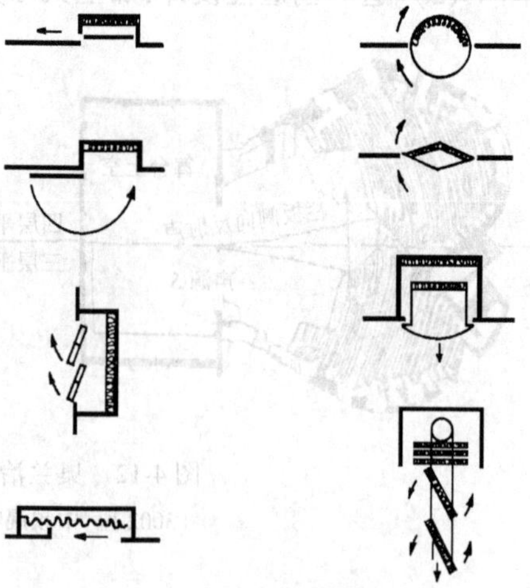

图4-13 可调吸声结构示例

目前国内的多功能剧场常常需要满足电影放映。电影还原扬声器一般固定在银幕后,与银幕一起置于舞台空间内。扬声器发出的声音一部分在舞台空间经多次反射后再到达观众区,影响了清晰度。在银幕后加一层多孔吸声材料,可吸收舞台空间的混响声,防止舞台混响声进入观众厅。实践证明,这种做法对改善电影院音质效果明显。如能在银幕前方的顶部及两侧也做上吸声隔离层,则效果更好,见图4-15。吸声层若附上一层帆布、人造革等透气性差的材料,可提高其隔声作用。银幕后吸声层可固定在银幕架上,随银幕架一起升降。两侧及顶部吸声层可悬吊在舞台吊杆上。

多功能剧场一般安装电声系统,这时,除容积不受响度要求限制外,自然声演出所需的建声条件对于用电声的演出同样需要。

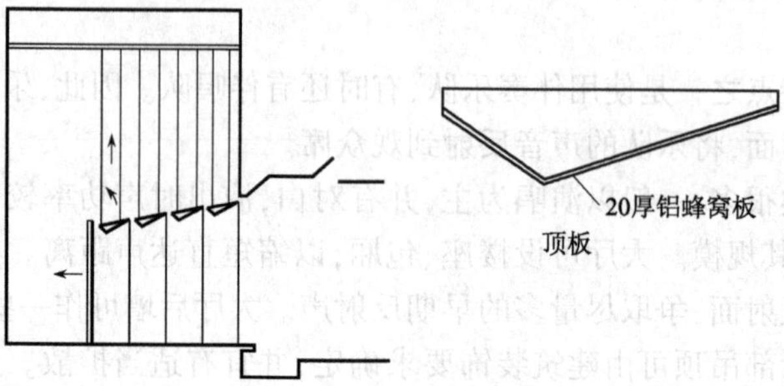

图4-14 舞台声反射罩

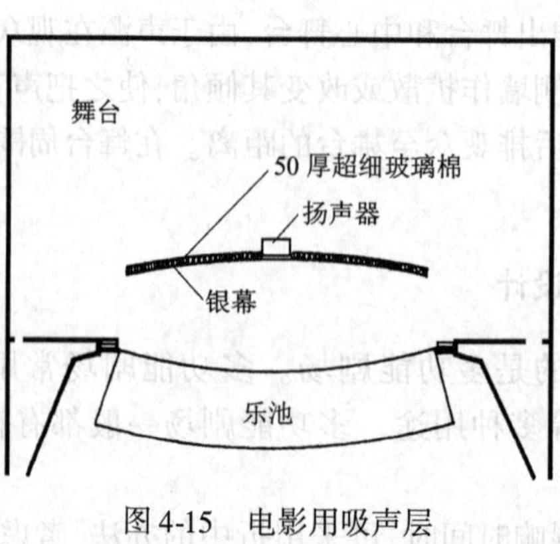

图4-15 电影用吸声层

多功能剧场往往为兼顾多种用途，导致哪一种功能都不能很好地发挥，因此，常常有人称多功能剧场为没功能剧场。但是，如果在剧场设计之初就加以充分考虑，并采取必要的技术措施，主动去适应各种用途，就可获得良好的效果，国内外也不乏其例。浙江音乐厅就是很好的实例。

浙江音乐厅是一个小型多功能剧场，观众厅与舞台合在一起为一长方形平面，宽27m，长36.5m。建筑师把舞台口两片墙面设计成活动框架，当台口墙面向舞台内移，原本为镜框式舞台形式的剧场就成为了舞台与观众厅一体的音乐厅形式（参见本书彩图）。观众厅有560座，容积（不含舞台）为3600m^3。为满足音乐演出的需要，舞台上设置了大型活动声反射板，并可根据音乐演出的需要调整倾角。在歌舞演出时，活动声反射板升至舞台塔内。反射板采用刚度很大的8mm厚防火板材，设计板后喷20mm厚水泥砂浆（施工中未实施）。观众厅墙面结合造型采用扩散反射面。为防止回声及控制混响时间，观众厅后墙部分采用阻燃织物面吸声结构。

为更好地满足多种用途，该厅采用可调混响，在观众厅顶部设置天窗式可变吸声结构，即在顶部设置可向吊顶内开启的窗扇，窗扇关闭时不吸声，开启时观众厅声能通过开口传入吊顶内部而被吸收，以此调节吸声量。在镜框舞台形式中，顶部可变吸声结构开启时处在吸声状态，观众厅中频空场混响时间为1.2s。在音乐厅舞台形式中，顶部可变吸声结构关闭，观众厅中频空场混响时间为1.55s。经使用，音乐厅音质效果很好。

八、电影院音质设计

电影院有普通电影院、立体声电影院、环幕电影院等几种。目前新建电影院大多为数字立体声电影院。电影院与演出大厅最大的区别就在于它是一个还原声音的场所。电影文件上记录的声音已经经过加工处理，还原重放时不需要室内空间来对它进行“润色”。现就立体声电影院设计作一介绍。立体声电影院的特点是除银幕后有左、中、右三组主扬声器及一组超低音外，观众厅中后部两侧墙及后墙还装有左、右环境声声道多个扬声器（图4-16）。

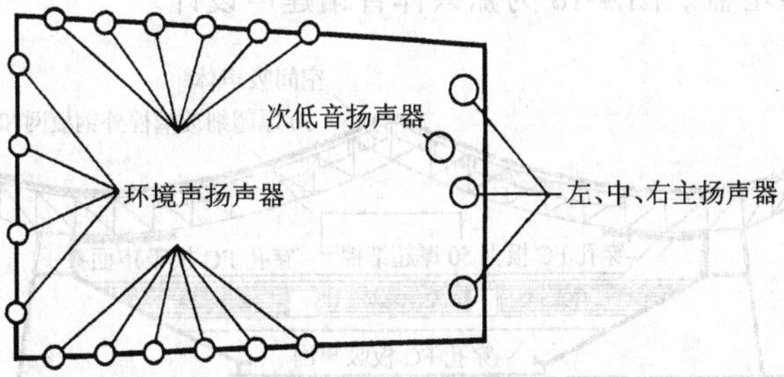

图4-16　5.1声道立体声电影院扬声器布置

为使主扬声器有良好的声像定位能力及避免舞台反射声干扰，舞台顶、后墙应做成全频域强吸声结构（图4-17）。为防止环境扬声器在两侧墙之间形成颤动回声，侧墙应作扩散或吸声处理。为使电影录音在电影院还原成一个完整声平面，立体声影院不应设楼座。电影院观众厅平面可为长方形或斜角极小的扇形。电影院中由扬声器发出的直达声已足够大，无须争取反射声来提高响度。吸声材料的用量以满足混响时间为宜，吸声过量，会使音质偏“干”。图4-17为小型数字立体声电影院设计实例。立体声影院，不论其设备还是观众厅声学条件，都可满足兼放普通电影的要求。

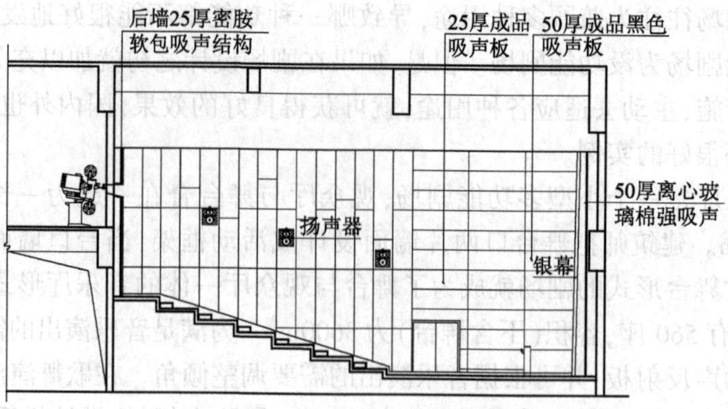

图 4-17 数字立体声电影院设计示例

九、体育馆音质设计

体育馆有综合馆和专业馆之分。这里主要介绍声学要求相对较高的综合馆的音质设计,其设计原则和方法也适用于专业馆。

综合性体育馆除举办各种体育比赛外,常被用于举办文艺演出及召开大会等,有的还被用来放映电影,成了名副其实的多功能大厅。体育馆都装有电声系统,对音质要求相对较低。只要具有良好的清晰度和一定的丰满度,且没有回声、声聚焦等声缺陷及噪声干扰即可。

体育馆的特点是容积大,座椅一般为吸声较少的夹板椅或塑料椅,可布置吸声材料的墙面又很少。从声学角度考虑,体育馆上部宜满做吊顶,这样可压缩容积,还可在吊顶上布置吸声材料。同时,由于吊顶上部的空腔作用,往往可在全频域获得较大吸声效果,以便达到合乎理想的混响时间值。目前具有网架结构的体育馆,出于造型和经济等方面的考虑,常常采用暴露结构的形式,这时仅靠墙面来吸声远不能满足要求,通常的解决办法是在网架空间内悬吊空间吸声体以增加大厅吸声量。

主席台及裁判席附近的墙面宜作吸声处理,以便减少进入话筒的反射声,有利于提高扩声系统的传声增益。图 4-18 为嘉兴体育馆建声设计。

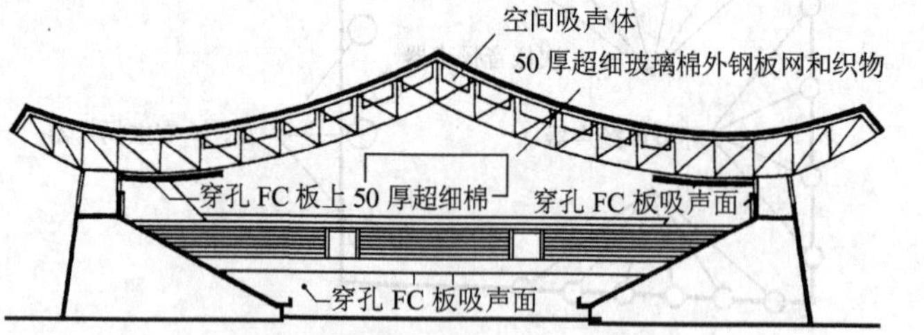

图 4-18 嘉兴体育馆建声设计

目前,体育馆屋面板普遍采用钢质复合板,即双层钢板之间加一层保温层。复合板中间的保温层如用超细玻璃棉、岩棉等既保温又能吸声的材料,则只要在复合板的内侧钢板上钻孔形成穿孔板吸声结构即可用来吸声。这样可大大降低工程造价。对于具有采暖要求的大厅,为防止水汽进入保温层引起结露,可

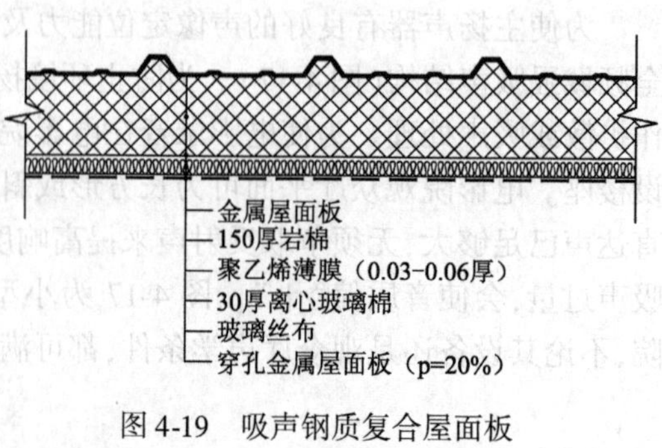

图 4-19 吸声钢质复合屋面板

在保温层外加一层塑料薄膜(图4-19)。

十、录播室、演播室音质设计

录播室一般规模较小。设计不当很容易产生低频共振频率的“简并”。为此,房间的长、宽、高应避免彼此相等或成整数比。表4-4给出了录播室三维尺寸的推荐比例。录播室也可采用不规则形,但不得出现凹面墙、穹形顶。

矩形录播室的推荐比例　　表4-4

录播室	高	宽	长	录播室	高	宽	长
小录播室	1	1.25	1.60	低顶棚录播室	1	2.5	3.20
一般录播室	1	1.6	2.50	细长型录播室	1	1.25	3.20

录播室吸声材料的布置应符合“分散、均匀”的原则。录播室内不应出现大面积平行相对的声反射面,以避免颤动回声等音质缺陷。

在音乐录音室中,可用吸声屏风将打击乐器隔离,或设隔声小室供打击乐器专用,其面积为$10m^2$左右。小室内应进行强吸声处理。音乐录音室内应布置扩散体。

录播室要求背景噪声非常低,因此在噪声控制方面应特别注意,一般做成“房中房”隔声、隔振结构。录播室的出入口做声锁,进出录播室的管线都需进行隔振处理。

为满足多声轨录音时各声道具有高隔离度的要求,可在录音室内划分一个个小室,每个小室对应一种乐器。小室内都作强吸声处理。这种录音室称为强吸声多室式录音室(图4-20)。

演播室的用途是制作电视和录像节目。一般录音和录像同时进行,故也有一定的声学要求。大的演播室如中央电视台大演播室面积达$1000m^2$。录制新闻、教育节目的演播室面积一般只有几十平方米。演播室中由于演员、观众和道具的移动变换,吸声量变化很大,故混响时间较难控制。一般演播室的顶棚及四壁应作吸声处理。由于演播室内布置有大量灯光,故要求采用非燃性吸声材料,如中央电视台大演播室墙面就采用吸声陶粒砖。图4-21为一综合用演播室实例。

图4-20　强吸声多室式录音室实例

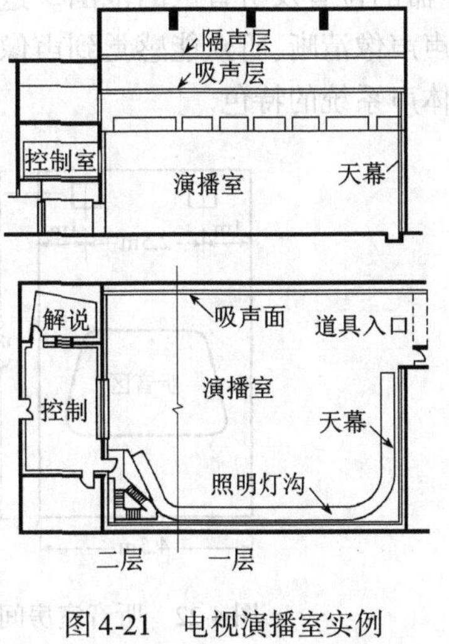

图4-21　电视演播室实例

录播室、演播室都带有控制室。控制室供录音师录音,并作监听和调整之用。控制室通过观察窗与录播室、演播室相连。观察窗应具有高的隔声量。普通控制室的音质要求与录播室基本相同。强吸声多室式录音室的控制室声学要求较高,因为强吸声条件下录制的声音缺乏丰满度,需通过录音设备进行加工处理,并对多声轨下录制的声音进行合成和立体声声道的分配。这种控制室采用立体声监听,要求房间基本对称,并要求有较大的空间。监听扬声器周围应为强吸声构造。房间混响时间要求较短,可控制在0.25~0.4s之间。

十一、歌舞厅、卡拉OK厅音质设计

歌舞厅有乐队伴奏、演唱、音乐播放等活动。卡拉OK厅主要供观众自娱自乐演唱并播放伴奏音乐。从使用性质看,歌舞厅、卡拉OK厅具有观演大厅的性质,只是对音质的要求相对要低得多。歌舞厅、卡拉OK厅都用电声,除需达到合适的混响时间外,在舞台后墙作吸声处理,有利于防止电声系统的"啸叫"。歌舞厅、卡拉OK厅一般注重装饰效果,常常因薄板的大量使用引起对低频声的过度吸收。有时软包面太多,导致中高频吸声过多,也可能因弧形墙面或穹顶产生声聚焦。这些问题只要在装修设计中加以注意是不难解决的。歌舞厅、卡拉OK厅不仅要控制外部噪声的传入,而且由于其自身声级较高,又常常在晚上甚至在深夜营业,故需防止其对周围环境的噪声影响。歌舞厅的低频声很强,激发楼板及墙体振动,使声音通过建筑结构传遍整个建筑,引起低频噪声干扰,因此,这类场所不能设置在宾馆、住宅等要求安静的建筑内部,或在结构上与客房、住宅部分脱开。

十二、听音室、家庭影院音质设计

听音室要求在重放各种音质的节目时都有较好的音质效果,因此,听音室不应对所放声音有过度影响。通常听音室混响时间可取0.3~0.4s,并可根据房间容积大小作适当调整。听音室设计时,音箱背后应布置强吸声材料。两侧墙可一侧或交叉进行吸声处理。地板和顶棚也应进行相应的吸声处理。听众背后宜做扩散反射面,可作少量吸声。扬声器与侧墙宜有1m的间距。双声道立体声两扬声器之间宜有2.5m的间距,这是一般制作立体声节目的模拟条件。试验表明,只有在扬声器前方的一定范围内,才能获得良好的立体声效果,因此,听音室面积不可过小。图4-22示出了听音室的推荐尺寸、扬声器的位置及听音区的范围。这样,通过试听室音质设计及扬声器合理布置,可使立体声声像清晰,听众能感觉到声像的移动,体会到临场感、方向感和远近感,真正发挥出立体声系统的特色。

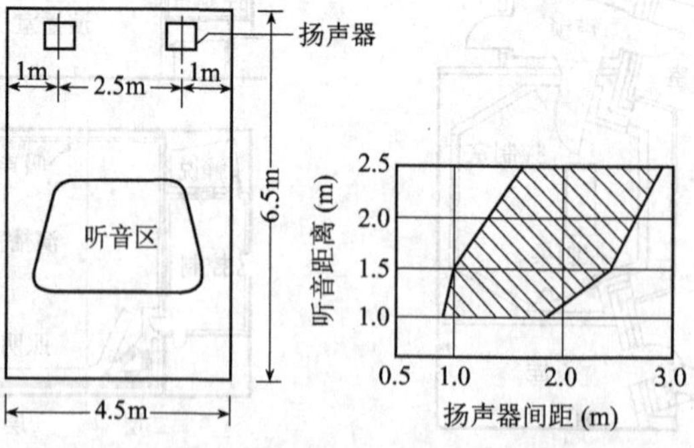

图4-22 听音室房间尺寸、扬声器布置及听音区范围

家庭影院系统一般由左、中、右三个主扬声器外加两个环绕声扬声器组成。环绕声扬声器置于房间后墙。听音位置处于房间中央离各扬声器都有一定距离的一个范围内。因此,家庭影院要求比双声道立体声听音室具有更大的面积。

目前我国城镇住宅居室面积一般为 10～20m^2，虽然比理想的听音室要小，但通过合理的布置，也可获得良好的听音效果。一个布置有沙发、地毯、窗帘以及其他家具的居室，其混响时间大约在 0.4～0.5s 之间，与听音室混响时间相差不多。对于家庭影院或立体声音乐欣赏，可在主音箱后的墙面作吸声处理。吸声材料可用 50mm 厚麻丝绵或密胺泡沫，外覆一层透声织物。如果在居室唱卡拉 OK，则在座椅背后的墙面（话筒指向的墙面）作吸声处理，将有利于防止"啸叫"的产生。

第五章　室内音响设备

从剧场、会堂中的扩声系统，到车站、空港、宾馆等的有线广播，再到普通住宅中的对讲门铃、电话、家用音响，音响设备无处不在，成为了建筑中满足其使用功能要求的不可缺少的一个部分。同时，它也要求建筑设计为其创造一个适宜的建筑声学环境，并提供必需的安装、使用空间。一般建筑中的音响设备系统可分为以下几类：

(1)广播通信系统：包括有线广播、灾害报警、避难诱导系统以及有线和无线电话等。其用途是远距离通信。特点是对信号只要求清晰度，不要求高的保真度。

(2)扩声系统：将语言、音乐等信号通过传声器拾音，放大器放大，再由扬声器发声。主要用途是在房间较大、声源声功率级较小的情况下将声音放大。它要求有较大的声功率，并有较高的保真度。

(3)重放系统：将录制在磁带、电影胶片、激光唱片等录音介质上的声音信号经过还音、放大再由扬声器发出，如电影回音系统以及宾馆、饭店背景音乐系统等。一般剧场、体育馆等扩声系统都配备录音机、激光唱机等还音设备。

(4)音质主动控制系统：由传声器拾音，声处理设备加工(如延时、加混响)，放大器放大，再由扬声器在所需位置和方向发声。其作用在于弥补建筑声学的不足。

重放系统、音质主动控制系统所用大部分设备与扩声系统相同，并且扩声系统一般兼有重放功能，故这里主要介绍扩声系统。

第一节　扩声系统

一、扩声系统的组成

最简单的扩声系统包括传声器、带前置放大和电压放大的功率放大器、扬声器三种设备(图 5-1)。小型会堂使用这样的系统即能满足扩声要求。

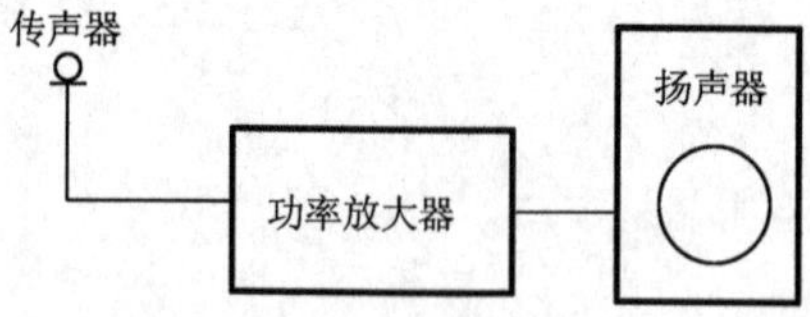

图 5-1　最简单的扩声系统

剧场、多功能厅、综合性体育馆的扩声系统一般以调音台为中心。信号源除传声器外，还有各种数字播放设备、收音机等。从调音台输出的信号在到达功率放大器前，由频率均衡器、延时器、混响器、分频器等设备作进一步加工处理。图 5-2 为一套较为完善的扩声系统框图示例。由于电声行业是一个迅速发展的行业，新的设备不断出现，高度集成的音频信号处理设备可使扩声系统变得简化。本书中仅对扩声系统基本原理作介绍。

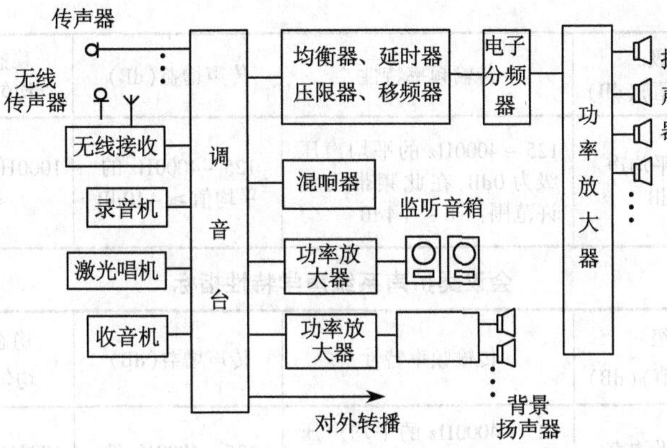

图 5-2　较完善的扩声系统

二、扩声系统评价指标及标准

扩声系统评价指标有以下几个：

(1)传声增益：指传声器离测试声源一定距离(语言扩声为 0.5m，音乐扩声为 5m)拾音，扩声系统逐渐增加音量，在刚达到产生自然啸叫状态后再降 6dB，即达到最高可用增益。此时，观众席上的平均声压级与传声器处的声压级差值即为传声增益。

(2)传输频率特性：扩声系统达到最高可用增益时，观众席上的平均声压级对于传声器处声压级的频率响应。

(3)最大声压级：扩声系统达最高可用增益状态，调节扩声系统的输入，使扬声器输入功率达到设计功率的 1/4，此时观众席声压级平均值加 6dB 即为最大声压级。

(4)声场不均匀度：扩声时，观众席各处声压级差值。

(5)总噪声级：扩声系统达最高可用增益，但无有用声信号输入时，听众席处噪声声压级平均值。

我国《厅堂扩声系统设计规范》(GB 50371—2006)分别就文艺演出类、多用途类及会议类规定了扩声系统声学特性指标，表 5-1 ~表 5-3 为其主要内容，适用于各类厅堂的扩声系统。

文艺演出类扩声系统声学特性指标　　表 5-1

等级	最大声压级(空场稳态准峰值)(dB)	传输频率特性	传声增益(dB)	稳态声场不均匀度(dB)	总噪声级
一级	80 ~ 8000Hz 平均声压级≥106dB	以 80 ~ 8000Hz 的平均声压级为 0dB，在此频带内允许范围：-4dB ~ +4dB	100 ~ 8000Hz 的平均值≥ -8dB	100Hz：≤10dB；1000Hz：≤6dB；8000Hz：≤8dB	≤*NR*20
二级	100 ~ 6300Hz 平均声压级≥103dB	100 ~ 6300Hz 的平均声压级为 0dB，在此频带内允许范围：-4 ~ +4dB	125 ~ 6300Hz 的平均值≥ -8dB	1000Hz、4000Hz：≤8dB	≤*NR*20

多用途类扩声系统声学特性指标　　表 5-2

等级	最大声压级(空场稳态准峰值)(dB)	传输频率特性	传声增益(dB)	稳态声场不均匀度(dB)	总噪声级
一级	100 ~ 6300Hz 平均声压级≥103dB	以 100 ~ 6300Hz 的平均声压级为 0dB，在此频带内允许范围：-4 ~ +4dB	125 ~ 6300Hz 的平均值≥ - 8dB	1000Hz：≤6dB；4000 Hz：≤8dB	≤*NR*20

续表

等级	最大声压级（空场稳态准峰值）(dB)	传输频率特性	传声增益(dB)	稳态声场不均匀度(dB)	总噪声级
二级	125～4000Hz 平均声压级≥98dB	125～4000Hz 的平均声压级为 0dB，在此频带内允许范围：-6～+4dB	125～4000Hz 的平均值≥-10dB	1000Hz、4000 Hz：≤8dB	≤*NR*25

会议类扩声系统声学特性指标 **表 5-3**

等级	最大声压级（空场稳态准峰值）(dB)	传输频率特性	传声增益(dB)	稳态声场不均匀度(dB)	总噪声级
一级	125～4000Hz 平均声压级≥98dB	125～4000Hz 的平均声压级为 0dB，在此频带内允许范围：-6～+4dB	125～4000Hz 的平均值≥-10B	1000Hz、4000 Hz：≤8dB	≤*NR*20
二级	125～4000Hz 平均声压级≥95dB	125～4000Hz 的平均声压级为 0dB，在此频带内允许范围：-6～+4dB	125～4000Hz 的平均值≥-12dB	1000Hz、4000 Hz：≤10dB	≤*NR*25

除上述指标外，早后期声能比也经常作为扩声系统评价指标。早后期声能比是指扬声器发出猝发声衰变过程中，厅堂内各测点 80ms 以内与 80ms 以后的声能之比的以 10 为底的对数再乘以 10，单位：dB。

观演场所舞台扩声同样十分重要，甚至比观众厅要求更高。舞台上，演讲人、演员需要获得良好的声支持，因此，舞台需要足够的返听声。由于扩声系统传声器位于舞台区，舞台返听需要防止反馈啸叫。

三、常用电声设备

1. 传声器

传声器的作用是把声信号转换成电信号。常用的传声器有动圈式传声器、电容式传声器、铝带式传声器和驻极体电容式传声器等。电容式传声器在很宽的频带范围(30～20000Hz)内有平直的灵敏度响应，性能最好，但价高易损，主要用于专业音乐演出。动圈式传声器价廉耐用。好的动圈式传声器能够满足高质量的语言传输要求。铝带式传声器的最大特点是具有较强的 8 字形的指向特性。驻极体电容传声器，有的很便宜，如一般录音机上的内配式传声器就十分简单。好的驻极体电容传声器具有与电容传声器相似的特性。

传声器的主要技术性能如下：

(1)灵敏度：灵敏度是表明传声器声电转换本领的重要指标。当传声器接收到一定的声压时，其输出端的开路电压与输入声压之比称为灵敏度，单位为毫伏/帕(mV/Pa)。一般电容传声器的灵敏度在 50mV/Pa 左右；动圈式传声器的灵敏度在 1mV/Pa 左右。

(2)频率响应：传声器灵敏度随频率变化的情况称为频率响应，简称“频响”。它是反映电声设备或系统在电声信号转换或放大过程中对频率特性改变程度的一个重要指标。一般未指明的频率响应都是声波 0°入射时的频响。普通圈式传声器中频段(大约 300～3000Hz 范围)比较平直，低频和高频灵敏度逐渐下降。电容传声器的频响可以从低频到高频很宽的频率范围内都很平直。频响一般用频响曲线表示，如图 5-3 所示，或用频率范围加上不均匀度表示，如某传声器为 20～16000Hz ±2dB。一般要求传声器频响曲线在使用频率范围内尽量平直，即不均匀度小些。

(3)指向特性:传声器灵敏度随声波入射方向而变化的特性称为传声器的指向特性。指向特性与频率有关。频率越低,指向特性越弱,频率越高,指向特性越强。一般用指向性图(图 5-4)或正背差(传声器正面与背面灵敏度之差)表示。

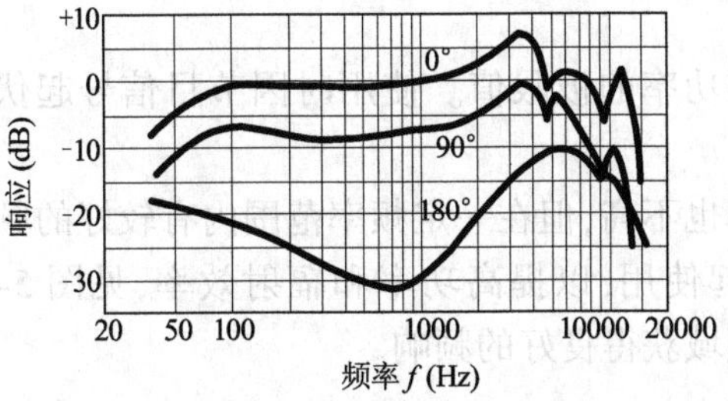

图 5-3 传声器频响曲线示例

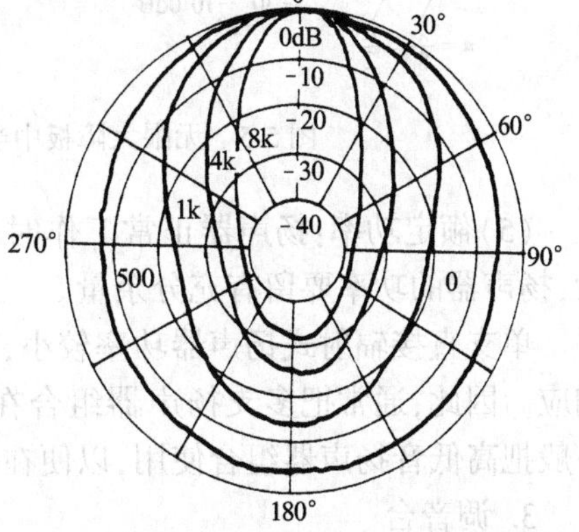

图 5-4 传声器指向性图示例

传声器的选择,应根据使用要求和传声器特性确定。一般的语言扩声并不需要使用过分昂贵的传声器,可选用动圈式传声器;音乐扩声或录音,要求传声器有很好的频率响应,可选用频率范围宽的电容传声器。会议扩声或大厅混响时间过长时应用强指向性传声器,以减少声反馈,防止啸叫。音乐扩声和录音,除指向性传声器外,还需要无指向性传声器,以拾取整体效果。

2. 扬声器

扬声器的作用是把电信号转化为声信号。扬声器主要有两类:一种是直射式扬声器,它通过振动膜片直接把声波辐射到空气中。另一种是号筒式扬声器,其膜片的振动经过号筒的耦合再把声波辐射到空气中。一般直射式扬声器需安装在某种形式的箱体内做成音箱,以提高声辐射效率。直射式扬声器音质柔和,低音丰满,频带较宽,常用在室内。号筒式扬声器音量大,但频带窄,音质较差,常用于户外广播。

扬声器或音箱的主要技术特性如下:

(1)灵敏度:给扬声器输入一定的粉红噪声(倍频带或 1/3 倍频带声能相等的连续噪声)信号电功率,在轴线上一定距离处测定声压级,换算到输入为 1W、测试距离为 1m 时所得的声压值,称为特性灵敏度,单位为帕/瓦(Pa/W)。工程中为便于计算,常用输入为 1W 时,1m 处的声压级来表示灵敏度大小。灵敏度越大,从电能转换成声能的效率就越高。

(2)频率响应:当扬声器输入电压保持不变时,在扬声器轴线方向上一定距离处声压级随频率的变化情况。频率响应一般用频响曲线表示,或用频率范围加上不均匀度表示。

(3)指向特性:扬声器输入功率不变时,离扬声器相同距离的不同方向上声压级的变化情况。指向特性与频率有关。扬声器指向性一般用指向性图表示,或用辐射角加上指向性因素 Q 来表示。辐射角是以灵敏度最大的方向(通常是 0°方向)向两侧衰减 6dB 的角度,分水平辐射角和垂直辐射角。图 5-5 为无限大障板中半径为 a 的圆形振膜的辐射指向性。

(4)额定阻抗:指馈给扬声器音圈的电压与音圈中的电流之比。在扩声系统设计中,扬声器额定阻抗要求与功效放大器输出阻抗相匹配。

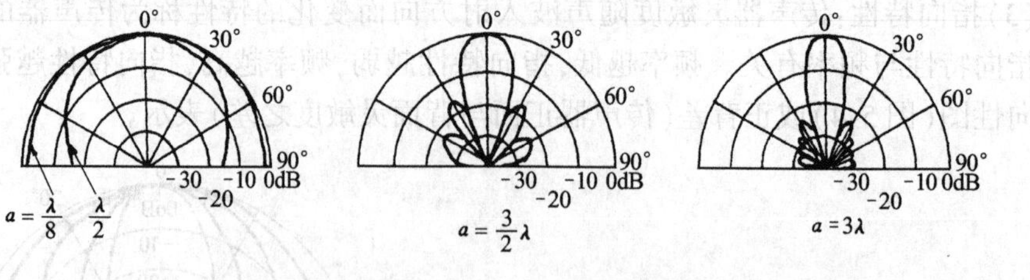

图 5-5　无限大障板中半径为 a 的圆形振膜的辐射指向性

(5)额定功率:扬声器正常工作时平均功率的极限值。使用时因节目信号起伏很大,扬声器的功率要留有充分余量。

单支直接辐射式扬声器功率较小,效率也不高,但在一定频率范围内有较好的频率响应。因此,通常把多支扬声器组合在一起使用,以提高功率和辐射效率,见图 5-6。一般把高低音扬声器组合使用,以便在全频域获得良好的频响。

3. 调音台

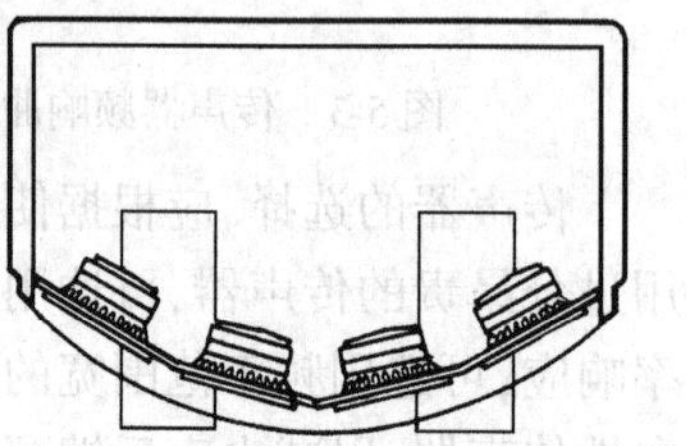

图 5-6　某音箱中扬声器的组合

调音台也称扩声控制桌,是扩声系统的控制中枢。调音台由传声器放大器、中间放大器及末级放大器三部分组成。

一个调音台有多个传声器放大器,一般有 4 路、6 路、16 路、24 路等。其主要作用是接收一路传声器信号或线路信号,控制音量,调节频率特性,加混响、延时,进行声音混合以及调整声像等。它主要由以下 6 个部分组成:

(1)衰减器:由于传声器灵敏度不同,工作时的声级也不同,传声器的输出电平也不同,为了达到电平匹配,在传声器输入端装衰减器对电平进行调整。衰减器可以是步进式或连续式。现在常见的有一档 -20dB 固定衰减器和一个连续式的衰减器,衰减量约 -50dB。

(2)耦合电路:作用是把衰减后的信号输出到主放大电路。

(3)放大电路:对信号进行放大,一般增益为 50dB 左右。

(4)均衡电路:对不同频段信号分别进行调整,调整量一般为 ±15dB。

(5)分音量电位器:调音台是把多路信号进行混合放大,经均衡电路后的信号由分音量电位器进行调整,使各路信号之间达到平衡。

(6)输出电路:输出电路包括左、右声道平衡网络,监听输出,返听输出及编组输出等。

另外,传声器放大器还有幻像供电电路、相位切换、高低通滤波器、哑音控制等电路。

中间放大器的作用是把混合后的信号再进行放大,然后由总音量电位器调整电平后送往下一级放大器。

末级放大器除了进一步放大信号外,还担负着与下一级设备(主要是功率放大器)接口的任务,所以要求输出阻抗小,负载能力强。

调音台基本特性包括以下几个方面:

(1)输入阻抗:输入端子之间的内阻抗。

(2)过载源电动势:调音台在额定正常工作条件下,输出端产生额定谐波失真时的最大电源电动势。

(3)输出阻抗:输出端子之间的内阻抗。

(4)最大电动势增益:通道中各音量电位器均置于增益最大位置时的电动势增益。

(5)增益—频率响应:调音台对不同频率的增益与参考频率的增益的比值,以分贝(dB)表示。

(6)相位频率特性:调音台在额定正常工作条件下输出电压与源电动势之间的相位差与频率的关系。

(7)总谐波失真:当输入信号为单频信号时,输出信号中包含有原频率整数倍的新的信号。各次谐波电压的有效值与基波(原频率信号)电压之比的百分数称谐波失真系数。

4. 功率放大器

功率放大器的主要作用是把信号放大。功率放大器特性指标主要包括输入阻抗、输入电平、输出功率、额定负载阻抗、频率响应、总谐波失真、信噪比等。

5. 辅助设备

辅助设备的主要作用是对信号进行加工处理。常用的辅助设备有:

(1)频率均衡器:用于调整扩声系统的频率响应,使某些频率的声音大于或小于其他频率,还可用来抑制啸叫。

(2)延时器:使信号延迟一段时间后再发出。在扩声系统中对某些辅助扬声器的信号进行延时处理,可避免声像的改变。

(3)混响器:给信号加入混响声。在某些混响时间偏短的大厅,可改善声音的丰满度。

(4)压缩限幅器:相当于一个音量控制器,是一种增益随着输入电平的增大而减小的放大器。当通过的信号峰值电平首次超过门槛电平后,超出部分就被自动削去;而当信号电平超出门槛电平持续十几毫秒后,整个信号电平被压低,使信号不致产生失真。

(5)激励器:通过程序控制的方法,给信号加入丰富的高次谐波,以改善音质。

目前辅助设备种类很多。它们一般在一个方面或几个方面对信号进行加工处理。随着人们对室内音质认识的深化和电子技术的发展,各种音响辅助设备越来越多。

四、电声设备之间的连接

扩声系统中,前后设备连接应满足阻抗匹配。一般要求后级设备的输入阻抗等于或大于前级设备的输出阻抗。目前许多设备均采用600 Ω的阻抗匹配。

设备之间还应满足电平匹配。多数设备采用"零电平"匹配。"零电平"是指在600 Ω负载上消耗1mW的电压值,即0.775V为0dB。

设备间的连接有平衡式和非平衡式两种。非平衡式是两根信号线中一根接地,并可兼作屏蔽线。这种连接最为简单,但容易受到干扰。平衡式连接时,两根信号线都不接地,而在负载的中间点接地,如变压器的中间抽头接地,可以使两根导线上的感应噪声相互抵消。一般要求高的系统都采用平衡式连接。

五、家庭视听系统

目前有不少家庭购买音响设备组合成家庭视听系统,基本组成见图5-7。

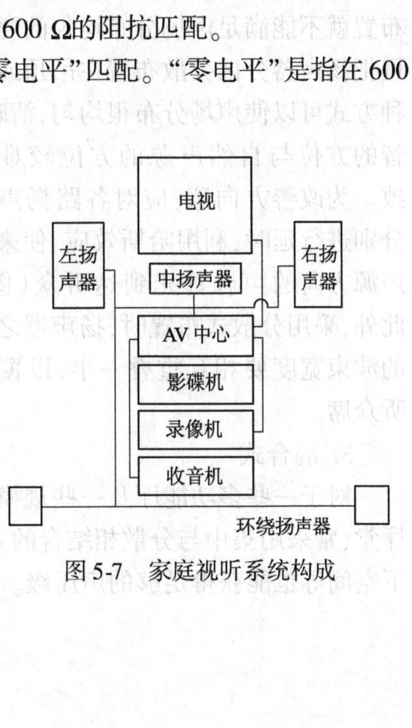

图5-7 家庭视听系统构成

功率放大器是系统的核心，一般有多组音频和视频输入插孔，可分别接受来自录像机、影碟机、激光唱机、收音机等的视频和音频信号。输出端通常有1路视频输出接电视机，5路音频输出分别接左、中、右及后部两路环绕声扬声器。具备上述功能的功放又称AV(Audio and Video)中心。这种环绕声系统优于普通的立体声系统，因为它可以产生逼真的具有空间感、纵深感与临场感的声场。有的功放还带有收音、卡拉OK等功能；有的还可模拟剧场、音乐厅、教堂等的音质效果。

第二节　扩声系统设计与建筑的关系

一、扬声器的布置与安装

扬声器布置直接影响扩声声环境的质量。室内扬声器布置的要求是：

(1)使整个观众席声压级分布均匀。

(2)观众席上的声源方向感良好，即观众听到的来自扬声器的声音应与看到的讲演者、表演者等声源的方向一致。

(3)控制声反馈以防止啸叫，并避免产生回声和颤动回声。

扬声器布置应根据使用性质、室内空间的大小和形式来决定，一般分为集中式、分散式及混合式三种。

1. 集中式

把扬声器集中布置在观众席前方靠近自然声源的地方，如剧场、报告厅的台口上方或两侧，体育馆比赛场地中央上方(图5-8)。一般可使扬声器产生的声压级比自然声源发出的声压级高5~10dB，而时间比自然声级延迟10~15ms，可使听众感到声音仍来自自然声源。这种布置的优点是声源方向感好，清晰度高。

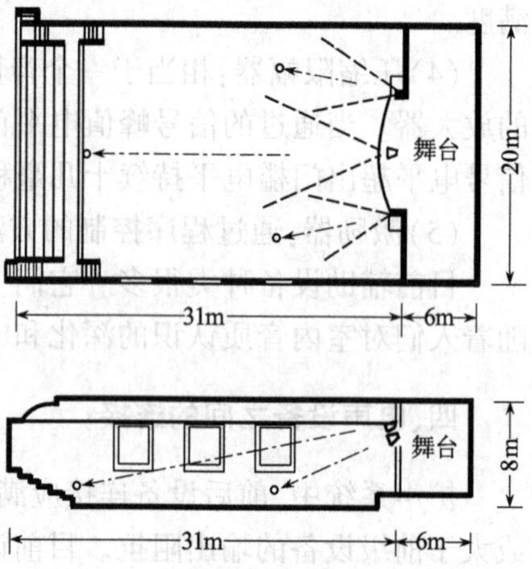

图5-8　扬声器集中式布置

2. 分散式

当房间面积很大，顶棚又低时，采用集中式布置就不能满足声场分布均匀的要求了。这时可把扬声器分区分散布置在吊顶或侧墙上。这种方式可以使声场分布很均匀，清晰度高，但声音的方位与自然声源的方位较难取得一致。为改善方向感，应对各路扬声器信号分别进行延时，利用哈斯效应，使来自自然声源方向的声音首先到达听众(图5-9)。此外，采用分散式布置时，扬声器之间辐射的波束宽度要相互重叠一半，以覆盖整个听众席。

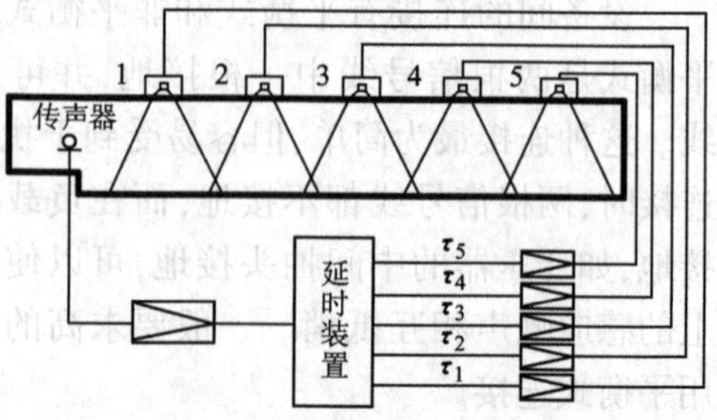

图5-9　扬声器分散布置

3. 混合式

对于一些多功能厅及一些规模很大的厅堂，常采用集中与分散相结合的方式布置扬声器。这样可使大厅的后部、较深的挑台下空间等也能获得足够的声压级。这时，辅助扬声器的音量要调小一些，并且宜有一定的延时。扬声器布置在台口上方，使前排观众感到声音来自头顶，产生压顶感。为此，可同时在台口两侧和舞台边增加扬声器，以改善前区观众席的方向感。图5-10为一多功能厅扬声器布置图。

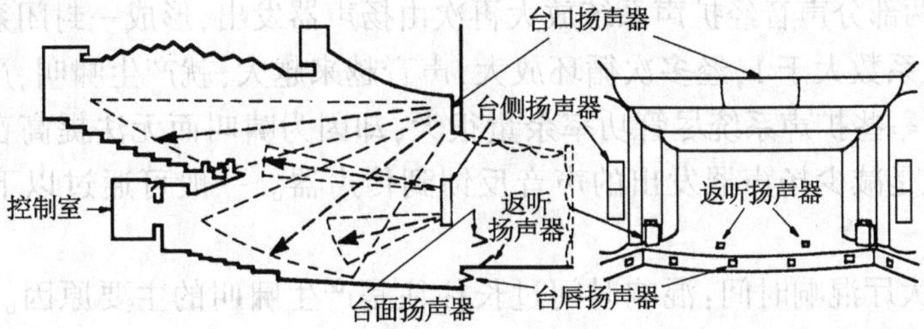

图5-10　扬声器混合式布置示例

扬声器的安装有暗装和明装两种。扬声器暗装时，开口应足够大，外部罩面应用金属板网或喇叭布等透声材料。扬声器四周宜封闭，背后宜放置吸声材料（图5-11）。扬声器安装宜牢固、稳定，以免箱体发生振动。扬声器，特别是低频扬声器体积较大，建筑设计时应预留扬声器安装空间。

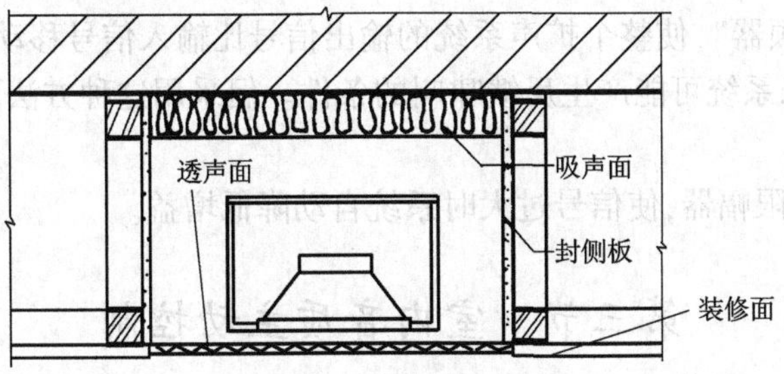

图5-11　扬声器暗装方式

二、扩声控制室设计

控制室用于对扩声系统进行控制和监听。除扬声器和传声器外，扩声系统所有设备都布置在控制室内。一般扩声控制室的尺寸及布置见图5-12。控制室地面应做成架空活动地面或设带活动盖板的电缆沟以便连接电缆。为利于功率放大器散热，室内应有独立空调或有良好通风。控制室与观众厅之间应设置可开启的观察窗，观察窗下边高出控制室地面宜为800mm，窗高宜大于1200mm，窗宽宜在2000mm以上。

控制室应具有较短的混响时间，根据房间大小，混响时间可取0.3～0.5s，混响时间频率特性基本平直，为此，墙面、吊顶宜作吸声处理。大型场馆控制室最好布置在观众厅的后部。对于小报告厅等，控制室也可布置在舞台边上。

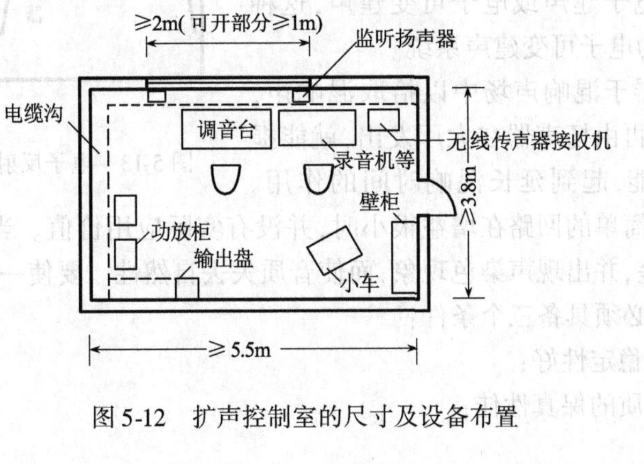

图5-12　扩声控制室的尺寸及设备布置

三、反馈啸叫的抑制

扩声时，扬声器发出的声音一部分直接传至传声器，一部分经过房间的反射后反馈到传声器，这两部分声音经扩声系统放大再次由扬声器发出，形成一封闭系统。如果某一频率的放大系数大于1，经多次循环放大，声音越来越大，就产生啸叫，严重时还会导致设备损坏。一些扩声系统尽管功率余量很大，却因为啸叫而无法提高音量。抑制啸叫的根本措施是减少扬声器发出的声音反馈到传声器。一般可通过以下方法来控制啸叫。

(1)控制大厅混响时间：混响时间过长往往是产生啸叫的主要原因。把混响时间控制在合适的范围，可有效减少反射声反馈进入传声器，使扩声系统比较容易达到所要求的传声增益。

(2)选用强指向性传声器和扬声器：调整传声器和扬声器的相对位置，使两者互相避开灵敏度高的方向。控制易反馈扬声器的音量，例如在体育馆扩声系统布置中，将直射主席台的扬声器音量进行单独控制，必要时可降低该扬声器的音量。

(3)使用窄带均衡器，降低某些易产生啸叫的频率信号的增益。

(4)使用“移频器”，使整个扩声系统的输出信号比输入信号移动几个赫兹（一般为1～4Hz），破坏原来系统可能产生反馈啸叫的条件。但采用这种方法可能降低系统的保真度。

(5)采用压缩限幅器，使信号过大时系统自动降低增益。

第三节　室内音质主动控制

早期的扩声系统功能比较单一，主要作用是把房间内的声压级提高。随着电声技术的发展，扩声系统的保真度已非常高，并有众多辅助设备可对信号进行加工处理。因此，目前扩声系统的功能已不单是把声音扩大，还有改善音质的作用。用电声设备对室内音质进行改善或创造某种特定的声学效果都可认为是音质主动控制。

音质主动控制分两个方面：一是增加早期反射声，并改善反射声分布；其次是增加房间混响声能，延长混响时间。增加反射声的方法非常简单：在声源附近布置传声器拾取直达声，将声信号经过放大以及根据所需要的时间进行延时处理后，再由扬声器在特定位置按所需方向发出即可（图5-13）。这一系统可称为电子反射声系统。采用电声技术改善建筑声学条件也称电子建声或电子可变建声，这种电声系统被称为电子可变建声系统。

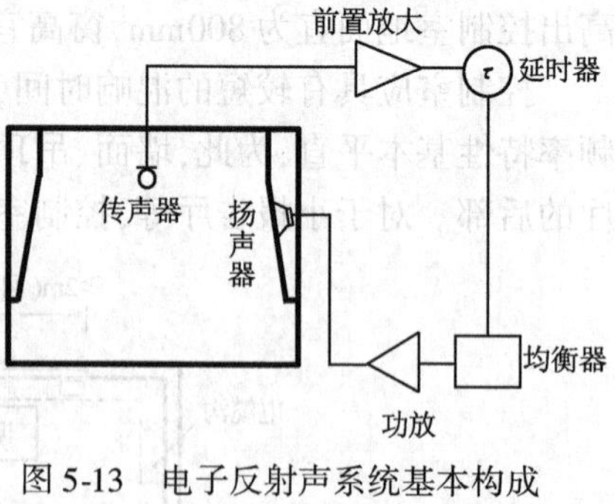

图5-13　电子反射声系统基本构成

若置传声器于混响声场中以拾取混响声，经放大、延时后再由扬声器在大厅发出，就能提高室内混响声能，起到延长混响时间的作用。当然，这样一个简单的回路在增益很小时，并没有实际应用价值。当增益提高时，将使系统稳定性变差，并出现声染色现象，而使音质失去自然性。要使一个混响延长系统能被人们所接受，必须具备三个条件：

(1)系统的稳定性好；

(2)系统音质的保真性佳；

(3)系统的可控性强。

最早在厅堂中使用人工混响系统(称为受援共振系统)的是20世纪50年代英国皇家节日音乐厅。英国皇家节日音乐厅建成后发现混响时间比预计的短很多,为获得较长混响时间,想利用电声设备来实现。当时,采用了包括传声器、放大器、滤波器、移相器和扬声器在内的电声回路多达172路。每一回路对应一极窄的频段。在低频段,两相邻频率的间隔仅为1~2Hz,通过分别控制各个回路的增益来避免声染色。为防止各路交叉,在每个回路上使用特性陡峭的滤波器,并将各回路的传声器分别装在对应的亥姆霍兹共振腔内。通过这些措施达到良好的音质效果。

用于延长混响的电子设备很多,如早期的日本雅马哈公司的受援音响系统AAS(Assisted Acoustic System)。它通过内部电路,可产生一个反射声系列,不仅能提高混响声能,还能用于增加前次反射声。AAS采用四个一组的传声器阵,根据实际需要决定所使用的传声器阵组数,一般为1~4组。当用以提高混响声能时,传声器应布置在混响声为主的区域内。当用以增加前次反射声时,传声器与声源的距离应小于混响半径。图5-14为某多功能厅应用实例。

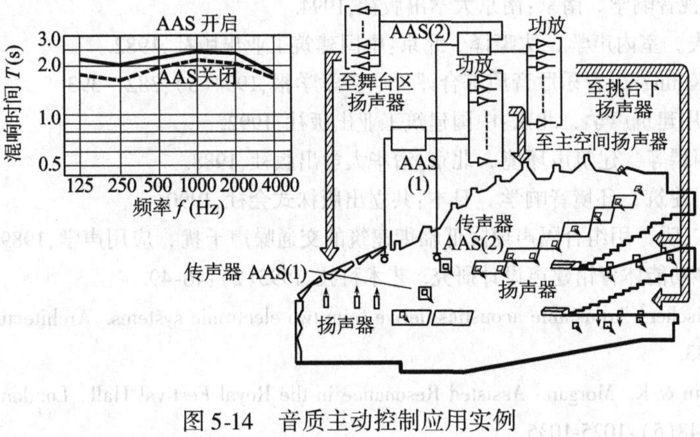

图5-14　音质主动控制应用实例

该多功能厅主要用途为会议及古典音乐演奏,容积为23610m^3,3012座,内表面积为7998m^2。该厅采用两套AAS受援音响系统,一套面向池座观众区,另一套面向挑台下空间及舞台。图5-14中还可看到该厅在AAS开启和关闭两种情况下的混响时间。

1997年,在浙江音乐厅曾经尝试过电子反射声系统,虽然系统简单,但经主观听音测评,对音质有明显改善。为使可变建声系统让人听起来自然,必须在装修设计时作充分考虑,使扬声器有很好的隐蔽性,不被人看到。

随着电子技术飞速发展,可变建声系统的实现变得更加容易。目前,国际上,电子可变建声系统已经有很多,系统设备构成包括传声器、传声放大器、数字信号处理设备、功放及扬声器。电子可变建声系统还与传统扩声系统结合,创造各种演出效果。国内也有音响公司研究开发电子可变建声系统,并有应用,取得了较好的效果。根据原理,电子可变建声系统可分三种:

(1)一致性系统:传声器在舞台上或舞台口拾取直达声,把直达声与人工构造的反射声或预先在厅堂测得的脉冲响应序列卷积,得到具有混响的声音,再经过放大器及扬声器放回观众厅。这种系统要求的设备相对较少。一致性系统有:RODS、LARES、ACS、SIAP、Vivace、VAP。

(2)非一致性系统:传声器在观众厅拾取混响声,对信号进行处理后,经过放大器及扬声器放回观众厅。非一致性系统有:Ambiophonics、AR、MCR。

(3)混合系统:既有传声器在舞台上拾取直达声,又有传声器在观众厅拾取混响声,直达声用于增加早期反射声,混响声用于增长混响时间。混合系统有:Constellation、CARMEN。

音质主动控制设备系统的应用很多,包括:扩展多功能厅的功能,使其满足多种使用要求;增加扇形或矩形宽厅的侧向反射声以改善音质空间感;在观众厅创造各种效果声,作为效果声系统;在琴室中创造可调音响环境以满足音乐教学要求等。某些情况下,使用该系统可在保留既有建筑内部装修的前提下改善其音质。它还可用于改善深挑台下空间的音质,并代替舞台反射板,来改善演出区的听音条件,在剧场中改善声像定位以及在露天剧场创造反射声及混响声等。

参 考 文 献

1 柳孝图．建筑物理．北京:中国建筑工业出版社,1991.

2 孙广荣,吴启学．环境声学基础．南京:南京大学出版社,1995.

3 中国建筑科学研究院建筑物理研究所．建筑声学设计手册．北京:中国建筑工业出版社,1987.

4 吴硕贤．音乐厅音质物理指标．台湾建筑学报(8),1993:103-109.

5 刘万年．影视音响学．南京:南京大学出版社,1994.

6 H·库特鲁夫．室内声学．沈嚎译．北京:中国建筑工业出版社,1982.

7 吴硕贤,E. Kittinger. 音乐厅音质综合评价．声学学报,1994(5):382~393.

8 项端祈．实用建筑声学．北京:中国建筑工业出版社,1992.

9 车世光,王炳麟等．建筑声环境．北京:清华大学出版社,1988.

10 前川纯一．建筑．环境音响学．日本:共立出版株式会社,1990.

11 车世光,张三明．用组合隔声窗降低临街建筑的交通噪声干扰．应用声学,1989(3).

12 张三明．多功能体育馆建声设计研究. 艺术科技,1995(2):46-49.

13 Rober E. Fischer. Adjustable acoustics derive from two electronic systems. Architectural Record, 1983 (5):130-133.

14 P. H. Parkin & K. Morgan. Assisted Resonance in the Royal Festival Hall, London:1965~1969. J. S. A 1970, 48(5):1025-1035.

15 Fukushi Kawakami & Yasushi shimizu. Active Field Control in Auditoria. Applied Acoustics 1990, 31: 47-75.

16 Vivace 系统介绍材料,SALZBRENNER STAGETEC MEDIAGROUP ,2010.

第二篇　室 内 光 环 境

第六章　室内光环境基本计量

第一节　光与基本光度单位

一、光的本质

“光”这个概念,从不同的角度,不同的层次可以有不同的理解。从纯粹的物理意义上讲,光是电磁波,是所有形式的辐射能量。这是一种广义的理解。通常,人们却是把对光的感觉,即光刺激眼睛所引起的感觉叫做光,或更通俗一点,这种感觉就是“亮”。确实,并不是所有的辐射都能引起人们这种“亮”的感觉。因此,在很多情况下,人们所说的“光”或“亮”,指的是能够为人眼所感觉到的那一小段可见光谱的辐射能,其波长范围是 380 ~ 780nm($1nm = 10^{-9}m$)。长于 780nm 的红外线、无线电波等,以及短于 380nm 的紫外线、X 射线等,都不能为人眼所感受,因此就不属于“光”的范畴了。然而,即便是可见的辐射光谱部分,作用于人眼的效果也是不同的。有的光谱段作用较强,使人们的视感觉比较明显;而有的光谱段则对人眼的作用较弱,甚至有的让人很少察觉到或察觉不到。可见,光不仅是一种客观存在的能量,而且与人们的主观感觉有着密切的联系。由此,“光”的本质包含了三层含义:一是可见的辐射波;二是视觉器官的视觉特点;三是两者作用所引起的感觉效果。换句话说,光是一定种类和数量的、能对健康的视觉器官起作用的辐射能。

二、基本光度单位

在光环境设计中需用一些物理量来进行计算,以保证满足光环境质量的要求。这些物理量以光通量为基础,形成一个光度量的体系,其中最基本的有光通量、发光强度、亮度及照度等。

1. 立体角

从任意一点出发在平面上展开的角度称作弧度角,而在三维空间展开的角度称作立体角(steradian),如图 6-1 所示,用 Ω 表示,单位是球面度,以 sr 表示。一个球面度是指划定的球面积与该球半径的平方相等,即当 $A = r^2$ 时在球心处形成的立体角 $\Omega = A/r^2 = 1\mathrm{sr}$。立体角的大小与球的半径无关,也与立体角形状无关。一个完整球面的球面度为 $4\pi\mathrm{sr}$。

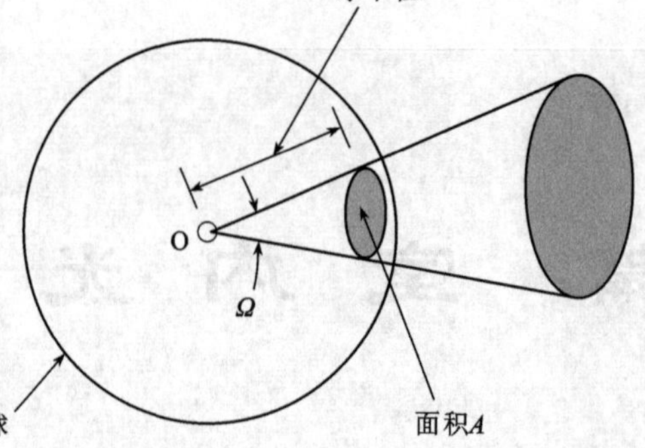

图 6-1　立体角示意图

2. 光通量

辐射体以电磁波的形式向四面八方辐射能量。在单位时间内辐射的能量称为辐射功率 ϕ_e,其单位为瓦(W)。一辐射体可能在各个波长均辐射能量,如果在某一波长 λ 的辐射功率(或称在波长 λ 的辐射通量)记为 $\phi_{e,\lambda}$,那么该辐射体总的辐射通量就是各个波长的单色辐射通量的叠加。同样,在所有的波长范围内,只有可见光部分才能引起视感觉,并且人眼对不同波长的可见光也有不同的敏感度,故我们不能直接用物体的辐射功率或辐射通量来衡量光能量,于是,就定义在辐射通量中有视感觉的那一部分称为光通量 ϕ,单位为流明(lm),由下式表示:

$$\phi = K_m \int_{380}^{780} V(\lambda)\phi_{e,\lambda} d\lambda \tag{6-1}$$

式中　$\phi_{e,\lambda}$——波长为 λ 的单色辐射通量(W);

$V(\lambda)$——相对光谱光效率,详见本章第二节;

K_m——最大光谱光视效能,对明视觉而言,在 $\lambda = 555\mathrm{nm}$ 处,其数值为 683lm/W。

在建筑光学中,常用光通量来表示光源发出光能的多少。它成为光源的一个基本参数。

3. 发光强度

光源在某一方向的发光强度是光源在该方向单位立体角内所发出的光通量,也就是光通量的空间密度。发光强度常用符号 I 来表示。若光源在某一方向的一个立体角 $d\Omega$ 内发出的光通量为 $d\phi$,则该方向的发光强度 I 即为:

$$I = \frac{d\phi}{d\Omega} \tag{6-2}$$

式中　光通量 ϕ 的单位是 lm,立体角单位是球面度(sr),发光强度 I 的单位是坎德拉(cd)。

若取平均值,则有:

$$I = \frac{\phi}{\Omega} \tag{6-3}$$

40W 的白炽灯泡在其正下方具有 30cd 的发光强度。

4. 照度

光源落在单位被照面上的光通量叫做照度。它是用来衡量被照面被照射程度的一个基本光度量,即被照面的光通量密度,常用符号 E 来表示。设被照面的一个面积微元 dS 上接收到的光通量为 dϕ，则该处的照度为：

$$E = \frac{\mathrm{d}\phi}{\mathrm{d}S} \tag{6-4}$$

若取平均值，则有：

$$E = \frac{\phi}{S} \tag{6-5}$$

式中 光通量单位是 lm，面积单位是 m^2，照度单位是勒克斯（lx）。

常见的情况，如：40W 白炽灯下 1m 处的照度为 30lx。晴天室外中午阳光下的照度可达 80000～120000lx。

lx 是照度的国际通用单位，还有其他的一些使用单位，如英制中的英尺烛光（fc），1fc＝10.76lx，辐透（phot），1phot＝104lx 等。这些单位在某些国家以及一些早期的书籍中常可见到。

5. 亮度

在所有的光度量中，亮度是唯一能直接引起眼睛视感觉的量。虽然在照明及采光标准中，常用照度来衡量采光或照明设计的优劣，但就整个视觉过程而言，眼睛并不能直接感受照射到物体上的照度的作用。由于物体的反射，人眼只能感受到一定的亮度作用。于是就出现了这样的情况：有时几个物体的照度相同，但由于它们的反光系数不同，人眼感觉到它们的明亮程度也不相同，比如黑白两种照度完全相同的物体，人们会感觉到白色的物体亮得多。亮度定义为发光体在视线方向单位面积上的发光强度。由于一个发光体在视网膜上成像所形成的视感觉与视网膜上物像的照度成正比，物像的照度越大，我们就会感觉越亮。该物像的照度与发光体在视线方向的投影面积成反比，与发光体在视线方向的发光强度成正比。故亮度 L 可表示为：

$$L_\alpha = \frac{\mathrm{d}I_\alpha}{\mathrm{d}S\cos\alpha} \tag{6-6}$$

对于平均值，则有：

$$L_\alpha = \frac{I_\alpha}{S\cos\alpha} \tag{6-7}$$

由于物体的表面亮度在各个方向上不一定相等，因此常在亮度符号的右下侧注明角度 α，它是指物体表面的法线与光线之间的夹角。亮度的国际通用单位是坎德拉/平方米（cd/m^2），也称尼脱（nt）。此外，还有一些其他单位，如熙提（sb），1sb＝10^4nt；阿（波）熙提（asb），1asb＝$\frac{1}{\pi}cd/m^2$ 等。为了对亮度有一个直观的印象，下面列举一些常见的物体亮度值：荧光灯管，约 $0.1 \sim 0.6\times10^4 cd/m^2$；白炽灯，约 $0.15\times10^4 cd/m^2$；蜡烛光，约 $0.5cd/m^2$。

三、基本光度单位间的关系

1. 发光强度与照度

假定有一点光源，在 Ω 立体角内发出的光通量为 ϕ，发光强度为 I，则它们之间有如下关系：

$$\phi = I\Omega \tag{6-8}$$

同样，在离此点光源 rm 处的平面中，对应相同的立体角 Ω 的面积 S 上，也获得光通量 ϕ，且有：

$$S = \Omega r^2 \tag{6-9}$$

按照照度的定义可知，在面积 S 上获得的照度为：

$$E=\frac{\phi}{S} \tag{6-10}$$

把式 6-8，式 6-9 代入式 6-10 即得：

$$E=\frac{I\Omega}{\Omega r^2}=\frac{I}{r^2} \tag{6-11}$$

此式即为发光强度与照度的关系式。它表明，某光源在离之 rm 的平面上所形成的照度与它的发光强度 I 成正比，而与光源至该平面的距离 r 的平方成反比，此即距离平方反比定律。

应该指出，距离平方反比定律适用于点光源形成的照度。当然，这里所说的点光源，是指光源本身的尺寸相对于光源到被照面的距离非常小，一般当光源尺寸小于该距离的 1/5 时，就可以看作是点光源，距离平方反比定律就能适用。

上述定律，是在被照平面与入射光线相垂直的情况下得出的。若光线斜射到平面上，那么照度就要打一个折扣，即 $\cos\alpha$。此处，α 指的是入射光线与该平面法线间的夹角，即入射角。因此，对于任一入射角 α 的入射光线，被照面的照度可以写成：

$$E_{\alpha}=E\cos\alpha \tag{6-12}$$

于是，距离平方反比定律为：

$$E=\frac{I}{r^2}\cos\alpha \tag{6-13}$$

如果有多个点光源同时对某一被照面形成照度，那么计算点的照度即为这些点光源单独形成的照度的算术和。

2. 照度与亮度

光源的亮度和该光源在被照面上所形成的照度之间，由立体角投影定律来定量。该定律适用于光源尺寸比它到被照面的距离大的场合。

设有一均匀发光的发光面 S_1，及一被照面 S_2，如图 6-2 所示，在 S_1 上取一微元 dS_1，由于它的面积相对于它到被照面的距离小，故可应用点光源的距离平方反比定律：

$$dE=\frac{I_{\alpha}}{r^2}\cos\theta \tag{6-14}$$

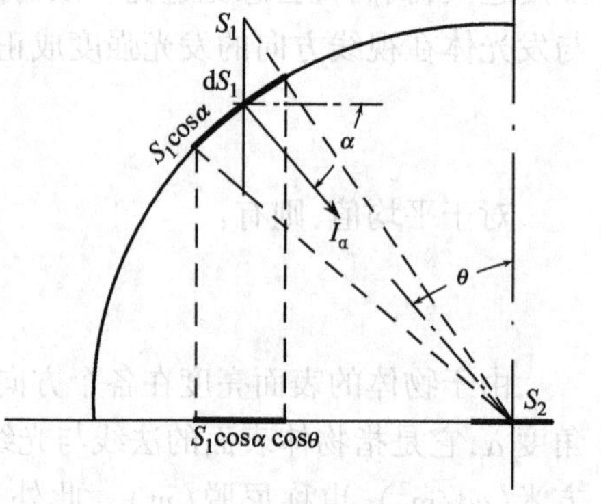

图 6-2　立体角投影定律

式中　I_{α}——微元与平面法线成 α 角度的发光强度；

θ——光线与被照面法线的夹角。

由亮度的定义可知，该微元的亮度为：

$$L_{\alpha}=\frac{I_{\alpha}}{dS_1\cos\alpha} \tag{6-15}$$

将上式代入式 6-14 可得：

$$dE=\frac{L_{\alpha}dS_1\cos\alpha}{r^2}\cos\theta \tag{6-16}$$

式中　$\frac{dS_1\cos\alpha}{r^2}$是微元 dS_1 在 α 方向上所张的立体角 $d\Omega$。故式 6-16 可改写为：

$$dE=L_{\alpha}d\Omega\cos\theta \tag{6-17}$$

对整个发光面积 S_1 在 α 方向所张的立体角 Ω 积分，即为整个发光面对被照面所形成的

照度 E:

$$E = \int_{\Omega} L_\alpha \cos\theta \mathrm{d}\Omega \tag{6-18}$$

因为光源在各个方向的亮度是均匀的,所以有:

$$E = \Omega L_\alpha \cos\theta \tag{6-19}$$

式 6-19 即为立体角投影定律。它表示某一亮度为 L_α 的发光表面在被照面上形成的照度,与其本身的亮度 L_α 以及该发光面的立体角在被照面上的投影的乘积成正比,而与发光面的面积无关。如果对被照面的立体角投影相同,那么这些发光面的被照面上形成的照度也就相同。

第二节 人眼的视觉特性

光入射到人眼内发挥刺激作用产生视知觉的综合。人的视知觉只能通过眼睛来完成。人眼的构造,决定了人眼有下列视觉特性:

一、明暗视觉

人眼的感光细胞位于视网膜的外侧,分为锥状细胞和杆状细胞两种。锥状细胞分布在视网膜的中心附近,在明视觉的状态下(约 1.0cd/m² 以上的亮度水平),锥状细胞对光色刺激发挥作用。这时,人眼具有颜色的感觉,而且对外界亮度变化的适应能力强。在暗视觉的状态下(约 0.01cd/m² 以下的亮度水平),杆状细胞发挥作用。这时,人眼几乎不能识别物体的颜色或细部,且对外界亮度变化的适应能力低。

二、颜色感觉

人眼具有感觉颜色的能力,称为色觉。在明视觉时,人们对 380 ~ 780nm 范围内的可见光产生不同的颜色感觉,随着波长的不同,可区分出红、橙、黄、绿、青、蓝、紫等颜色,见表 6-1。

颜色及相应波长范围(nm) **表 6-1**

紫	蓝	青	绿	黄	橙	红
380 ~ 424	424 ~ 455	455 ~ 492	492 ~ 565	565 ~ 595	595 ~ 640	640 ~ 780

上述把颜色分为七段是一种习惯的方法,但较粗略。实际上,在整个可见光谱范围内,光的颜色是连续过渡的。颜色的数量可以说是无穷的。

人眼的这种颜色感觉主要是由锥状细胞引起的。因此,它只存在于明视觉中,而且在视野的中心比周围要强。

三、光视效能

尽管在可见光谱区域内,人眼可区分出不同波长的光有不同的颜色,但人们对不同波长的光的感受的敏感程度却是不相等的。也就是说,人眼对能量相同,但波长不同的光所感觉到的明亮程度是不一样的。例如一个绿光和一个紫光,当它们的辐射功率相同时,人们会感觉到绿光比紫光亮许多。人眼的这种特性,常用相对光谱光效率曲线 $V(\lambda)$ 来表示,如图 6-3 所示。在明视觉时,人眼对波长为 555nm 的黄绿光的感受性最强,相对光谱光效率最大,其值为 1,越远离这个波长,人眼的感受性越差,相对光谱光效率就越小。在暗视觉时,人眼对507nm的青绿光最敏感。这时,整个相对光谱光效率曲线向短波方向移动。

根据人眼在明暗视觉条件下感受性的差别,如果在光谱特性保持不变的情况下,各波长的光按相同的比例减少,当由明视觉向暗视觉转变时,人眼的敏感波长也会向短波方向移动,于是蓝光逐渐鲜明,红光逐渐暗淡。这就是普尔钦效应(Purkinje Effect)。我们在黄昏时常会看到这种现象。

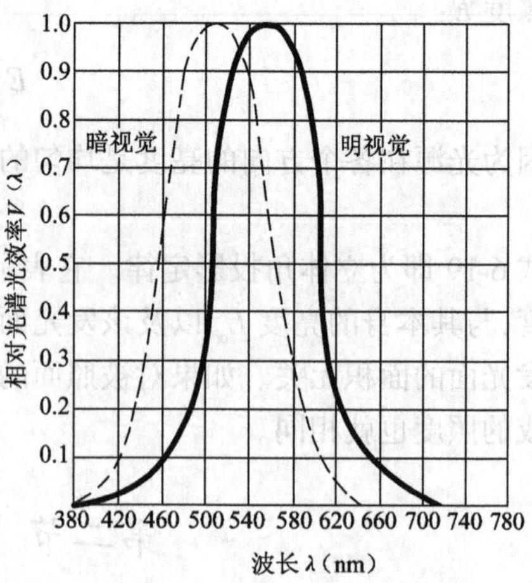

图6-3　相对光谱光效率

四、视力

人们的眼睛辨认物体形状细部的能力称为视觉敏锐度,在医学上或称为视力。它存在着个人的差异。在通用的国际眼科学会兰道尔环测量标准中,规定在5m的视距上能辨别1′的开口时,视力为1.0。

五、视野

人的头部和双眼不移动时可察看到的空间范围称为视野。由于感光细胞在视网膜上的分布状况以及脸部其他部分的妨碍,视野的上下左右是不均等的,通常是视野的下部和右部较大。在视轴1°~1.5°范围内,能清晰地看到对象的细部,具有最高的敏锐度,称为中心视野;往外30°范围内,是视觉清楚区域,也是观看物体总体的最有利位置;再偏离该区域,视力会迅速减小,称为环境视野。这一区域内的物体看得不太清楚。

第三节　影响视度的因素

人眼看物体的清晰程度称为视度。它不仅受人眼本身视觉特性的制约,还受到下列环境因素的影响:

一、亮度

人们能看见的最低亮度或称最低亮度阈,约为10^{-5}asb。随着亮度的增加,人眼看得越清楚,即视度增加。就亮度和感觉的关系而言,亮度L增加ΔL时,感觉S的增量ΔS与$\Delta L/L$成比例:

$$\Delta S = K\Delta L/L \tag{6-20}$$

式中,K是比例常数。该式是韦伯定律。把式6-20积分,并假定亮度阈为L_0作初始值,则得:

$$S = K\lg(L/L_0) \tag{6-21}$$

它表示,当亮度按等比值增加时,感觉S按等差值增加。但是,亮度增加到一定的数值时,反而会超过眼睛的适应范围而引起灵敏度的下降,甚至是疲劳、刺痛,就像在阳光下看书会感到刺眼,不能坚持下去。一般认为,当物体亮度超过16asb时,人就会感觉到刺眼,不能坚持工作。可见,对于人眼视度而言,存在着最佳亮度,所以在设计中,并不是越亮越好,而是要亮得合理。

二、物件的尺寸

这里说的尺寸，是指相对尺寸。不仅是绝对尺寸，而且眼睛至物件的距离都会影响人们观看物体的视度。我们常用视角 α 来表示这个相对尺寸：

$$\alpha = \frac{d}{l}3440 \tag{6-22}$$

式中　α——视角（′）；

d——物件需辨别的尺寸；

l——眼睛至物件的距离。

由此可知，对大而近的物件，视角大，看得清楚，反之则视度下降。

三、亮度对比

视野内视觉对象和背景之间的亮度差异，称为亮度对比 C，由下式表示：

$$C = \frac{|L_0 - L_b|}{L_b} \tag{6-23}$$

式中　C——亮度对比；

L_0——对象的亮度；

L_b——背景的亮度。

当亮度对比极小时，在一定的界限以下，眼睛就感觉不到这个亮度差。这个亮度差的界限称为视觉的识别阈限。亮度对比越大，视度越高，所以提高亮度对比，是改善视度的有效方法之一。

四、识别时间与面积

眼睛观看物体时，只有当物体发出足够的光能，形成一定的刺激时，才能产生视知觉，即需要一定的识别时间和面积。在一定条件下，识别时间与亮度之间，遵循邦森—罗斯科定律：亮度 × 时间 = 常数，亦即对象呈现的时间越少，越需要高亮度才能引起视知觉，而物体越亮，则察觉它所需的时间就越短。因此，在采光及照明规范中规定，如果识别对象是活动的，识别时间短促，就需要按照采光及照明标准范围中的高值来进行设计。

对象的识别面积与亮度之间，遵循里科定律：亮度 × 面积 = 常数。这表明，视觉对象越小，所需的亮度就越高，反之亦然。这也是按识别物件的尺寸把视觉工作分类而选择适当的采光系数及照明标准的理由。

五、适应

当外界光环境的亮度发生改变时，人眼需要调节入射光量，改变视网膜的感光度。该视网膜感光度的变化过程称为适应。当人从亮环境进入暗环境或相反时，会感到原来看得清，一下子突然看不清，经过一段时间后又逐渐看得清了，这个变化过程即适应。从明到暗的适应称为暗适应，视网膜的感光度重又达到最大，需要经历 10 ~ 35min；由暗到明的适应称为明适应，时间较暗适应短，仅需 1min 左右。

在室内光环境中，可能会遇到许多明暗变化的部位，健康的人眼对此是能够适应的。但如果环境亮度变化过大，应考虑在变化区段内设置必要的过渡空间，使人眼有足够的适应时间。

六、眩光

在视野内出现亮度极高的物体或过大的亮度对比时，可引起人眼不舒适或视度下降，这种现象称为眩光。眩光是影响光质量的重要因素，对视觉有危害性。根据眩光对视觉的影响程度，可分为“失能眩光”和“不舒适眩光”。前者会降低物件和背景间的亮度对比，导致视度下降，甚至暂时丧失视力；后者的存在并不明显地降低视度，但会使人感到不舒服，影响注意力的集中，长时间会导致人眼的疲劳。所以在光环境中，除个别情况外，眩光是应该加以限制的。

第七章 室内装饰材料的光学特性

人们在建筑物内看到的光,绝大多数是经各种物件及壁面反射或透射的光。所以,如果选用不同的装饰材料,就会在室内形成不同的光效果。比如透光,如果窗户装的是透明玻璃,那么从室内就可以清晰地看到室外的景观;但如果用的是磨砂玻璃,效果就完全不同了,不仅看不清室外景物,而且室内的采光效果也相差很多。前者是阳光射入室内,光射到处很亮,但其余地方就较暗;后者使光线向各个方向扩散,整个房间都较明亮。由此可见,我们应该了解各种装饰材料的光学性质,根据不同的要求,选取不同的材料,以获得理想的室内光环境。

光在传播过程中遇到介质时,入射光通量 Φ 中的一部分将会被反射,称作反射光通量 Φ_ρ;一部分被吸收,称作吸收光通量 Φ_α;遇到可透射介质时,一部分将透过介质进入另一侧空间,称作透射光通量 Φ_τ。

由能量守恒可得:

$$\Phi = \Phi_\rho + \Phi_\alpha + \Phi_\tau$$

反射光通量 Φ_ρ、吸收光通量 Φ_α 和透射光通量 Φ_τ 与入射光通量 Φ 之比,分别称作光反射比 ρ、光吸收比 α 和光透射比 τ。于是有:

$$\Phi_\rho/\Phi + \Phi_\alpha/\Phi + \Phi_\tau/\Phi = \rho + \alpha + \tau = 1$$

第一节 反光材料与光反射比

表 7-1 列出了常见的室内装饰材料的光反射比值,可供采光及照明设计时参考。但如果是特定材料,在使用前还要进行反射比测定。

常用饰面材料的反射比 **表 7-1**

材料名称	ρ 值
石　膏	0.91
大白粉刷	0.75
水泥砂浆抹面	0.32
白水泥	0.75
白色乳胶漆	0.84
调和漆	
白色和米黄色	0.70
中黄色	0.57
红　砖	0.33
灰　砖	0.23
瓷釉面砖	
白　色	0.80
黄绿色	0.62
粉　色	0.65
天蓝色	0.55
黑　色	0.08

续表

材 料 名 称	ρ　值
无釉陶土地砖	
土黄色	0.53
朱　砂	0.19
马赛克地砖	
白　色	0.59
浅蓝色	0.42
浅咖啡色	0.31
绿　色	0.25
深咖啡色	0.20
铝　板	
白色抛光	0.83 ~ 0.87
白色镜面	0.89 ~ 0.93
金　色	0.45
浅色彩色涂料	0.75 ~ 0.82
不锈钢板	0.72
大理石	
白　色	0.60
乳色间绿色	0.39
红　色	0.32
黑　色	0.08
水磨石	
白　色	0.70
白色间灰黑色	0.52
白色间绿色	0.66
黑灰色	0.10
塑料贴面板	
浅黄色木纹	0.36
中黄色木纹	0.30
深棕色木纹	0.12
塑料墙纸	
黄白色	0.72
蓝白色	0.61
浅粉白色	0.65
胶合板	0.58
广漆地板	0.10
菱苦土地面	0.15
混凝土面	0.20
沥青地面	0.10
铸铁、钢板地面	0.15
普通玻璃	0.08
镀膜玻璃	
金　色	0.23
银　色	0.30
宝石蓝	0.17
宝石绿	0.37
茶　色	0.21
彩色钢板	
红　色	0.25
深咖啡色	0.20

反射后光线的空间分布，取决于材料表面的光洁程度和材料内部的结构。一般有两种基本形式：定向反射和扩散反射。当然，实际材料表面的光反射大多是这两者的组合。

一、定向反射

光线射到非常光滑的不透明材料表面时，就会发生定向反射，也称镜面反射。它遵循定向反射定律：入射光线、反射光线与反射面的法线在同一平面上，入射角等于反射角，见图 7-1。

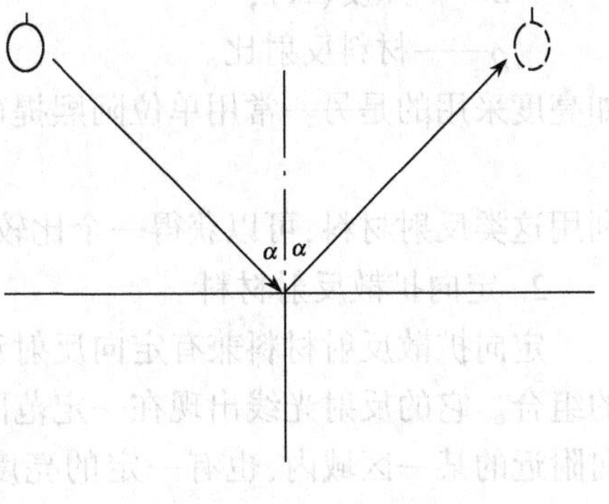

图 7-1　定向反射

但是反射光的亮度和发光强度都相比入射光有所降低，因为有一部分被吸收或透射。其反射后的亮度 L_ρ 和发光强度 I_ρ 由下式表示：

$$L_\rho = L \times \rho \tag{7-1}$$

$$I_\rho = I \times \rho \tag{7-2}$$

式中　L——光源的亮度；

I——光源的发光强度；

ρ——材料反光系数。

很光滑的金属表面、玻璃等均属于这种类型。这时，在反射光线的方向上，人们可以较清晰地看到光源的形象，但如果偏离这个方向，就看不见了。利用定向反射材料的这种特性，在室内装饰及布置时，可以将材料放在适当的位置，以便在所需的地方得到反射光，或者可以避免光源在视线内出现。比如在布置灯具时，就需考虑在工作区、工作面上获得最佳的照度，而同时又不能让光源反射到人的眼睛而形成眩光。这时，就要利用反射定律来布置光滑的表面。

二、扩散反射

扩散反射材料可以使反射光线不同程度地分散在比入射光线更大的立体角范围内。根据材料扩散程度的不同，又可分为均匀扩散反射材料和定向扩散反射材料两种。

1. 均匀扩散反射

均匀扩散反射材料将入射光线均匀地向全空间反射，因此，在各个方向和角度，反射的亮度完全相同，可又看不见光源，如石膏、氧化镁等就属于这种材料。同时，大部分粗糙、无光泽的建筑材料，如粉刷、砖墙等都可以看成是这类材料。均匀扩散反射后的亮度及光强分布见图 7-2。

这类材料的表面发光强度遵循朗伯余弦定律：

$$I_\theta = I_0 \cos\theta \tag{7-3}$$

式中　I_0——材料表面法线方向的发光强度；

θ——法线与某一反射方向的夹角。

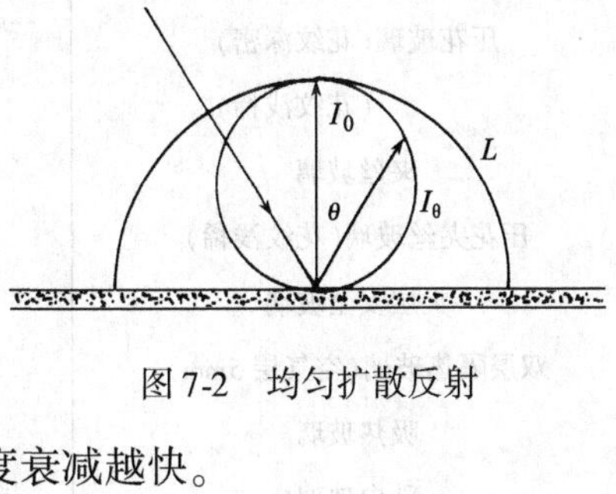

图 7-2　均匀扩散反射

这表明，均匀扩散反射材料的表面法向可以获得最大的发光强度，越是偏离这一方向，反射光的强度衰减越快。

均匀扩散反射材料的表面亮度是均匀的：

$$L = \frac{E\rho}{\pi} \tag{7-4}$$

式中　L——亮度(cd/m^2)；

E——照度(lx)；

ρ——材料反射比。

如亮度采用的是另一常用单位阿熙提(asb)，则有：

$$L = E\rho \tag{7-5}$$

利用这类反射材料，可以获得一个比较均匀的光环境。

2. 定向扩散反射材料

定向扩散反射材料兼有定向反射和完全扩散反射两种特性，可以说是这两种形式的组合。它的反射光线出现在一定范围内：在定向反射方向上具有最大的亮度，在该方向附近的某一区域内，也有一定的亮度。但其扩散范围不是全空间的，离开了某个区域，就没有反射光线了，如图7-3所示。

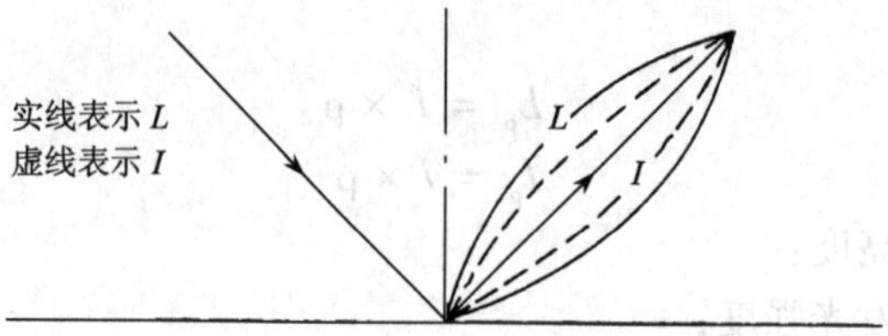

图7-3　定向扩散反射

定向扩散反射材料有油漆表面、较粗糙的金属表面等。这时，在反射方向可以看到模糊的光源形象，但不像定向反射那么清晰。

第二节　透光材料与光透射比

表7-2给出了一些常见透光材料的透射比。

同样，根据透射后光线在空间的分布情况，可以把透光材料分为两大类：定向透光材料和扩散透光材料。

采光材料的透射比 τ 值　　**表7-2**

材料名称	颜色	厚度(mm)	τ 值
普通玻璃	无	3～6	0.78～0.82
钢化玻璃	无	5～6	0.78
磨砂玻璃(花纹深密)	无	3～6	0.55～0.60
压花玻璃(花纹深密)	无	3	0.57
(花纹浅稀)	无	3	0.71
夹丝玻璃	无	6	0.76
压花夹丝玻璃(花纹浅稀)	无	6	0.66
夹层安全玻璃	无	3+3	0.78
双层隔热玻璃(空气层5mm)	无	3+5+3	0.64
吸热玻璃	蓝	3～5	0.52～0.64
乳白玻璃	乳白	1	0.60
有机玻璃	无	2～6	0.85

续表

材料名称	颜色	厚度(mm)	τ 值
乳白有机玻璃	乳白	3	0.20
聚苯乙烯板	无	3	0.78
聚氯乙烯板	本色	2	0.60
聚碳酸酯板	无	3	0.74
聚酯玻璃钢板	本色	3~4 层布	0.73~0.77
	绿	3~4 层布	0.62~0.67
小波玻璃钢瓦	绿	—	0.38
大波玻璃钢瓦	绿	—	0.48
玻璃钢罩	本色	3~4	0.72~0.74
钢窗纱	绿	3+3	0.70
镀锌钢丝网(孔 $20\times20\text{mm}^2$)	—	—	0.89
茶色玻璃	茶色	3~6	0.08~0.50
中空玻璃	无	3+3	0.81
安全玻璃	无	3+3	0.84
镀膜玻璃	金色	5	0.10
	银色	5	0.14
	宝石蓝	5	0.20
	宝石绿	5	0.08
	茶色	5	0.14

一、定向透射

光线射到很光滑的透明材料上,会发生定向透射。如果材料的两个表面相互平行,则透过材料的光线和入射方向保持一致,见图7-4。但是,透射后的亮度 L_τ 和光强 I_τ 也都将减弱成为:

$$L_\tau = L \times \tau \qquad (7\text{-}6)$$

$$I_\tau = I \times \tau \qquad (7\text{-}7)$$

这就是我们在玻璃的一侧可以很清晰地看到另一侧的景物,但亮度有所下降的原因。但是,如果玻璃内部的质量不好、厚薄不均或两个表面不平行,则光线在两个表面的折射方向不一致,透射光线也就偏离了原方向,这会使光源形象受到歪曲,显得模糊不清。利用这种特性制成的刻花玻璃,因在其一面上刻有花纹而使两表面不平行,使得一侧的景物不被另一侧看到,同时又不会过分影响光线的透射,而保持室内的采光效果。

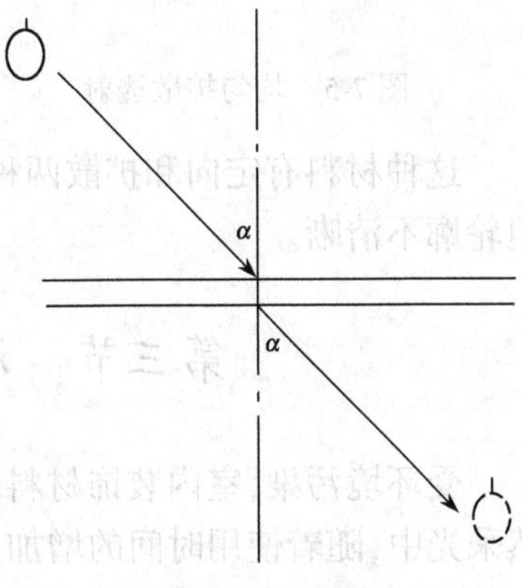

图7-4　定向透射

二、扩散透射

半透明材料可使入射光线发生扩散透射,即透射光线所占的立体角相比入射光线有所扩大。根据扩大的程度,又可分为均匀扩散透射和定向扩散透射两种。

1. 均匀扩散透射

和均匀扩散反射相似，这类材料将入射光线均匀地向四面八方透射，各个方向所看到的亮度相同，可又看不到光源形象。乳白玻璃、半透明塑料等就属于这种材料。透过它们看不见光源的形象，常用于灯罩及发光顶棚的透光。它们可以降低光源的亮度，以减少对眼睛的强烈刺激，也可以使透过的光线均匀分布。透过这类材料的亮度可用下式表示：

$$L_\tau = \frac{E\tau}{\pi} \tag{7-8}$$

式中 L——亮度(cd/m^2)；

E——照度(lx)；

τ——材料的透射比。

亮度若用另一单位 asb，则有：

$$L_\tau = E\tau \tag{7-9}$$

至于发光强度的分布，亦遵循朗伯余弦定理，同式 7-3，见图 7-5。最大发光强度在表面的法线方向。

2. 定向扩散透射

定向扩散材料的亮度和光强分布如图 7-6 所示。

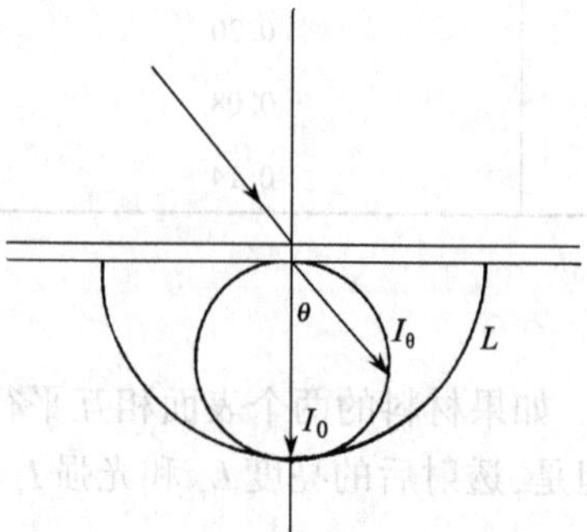

图 7-5 均匀扩散透射

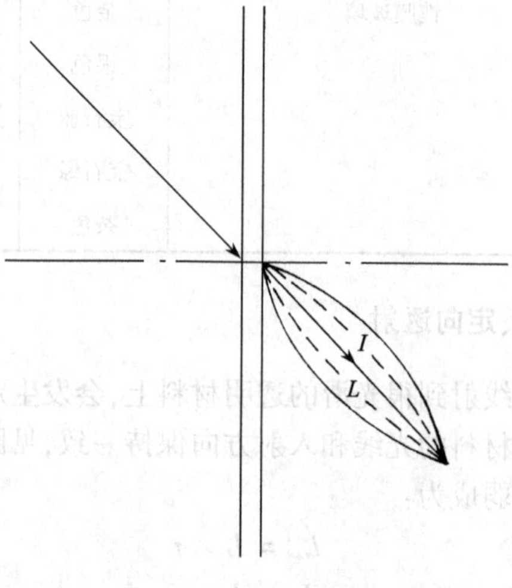

图 7-6 定向扩散透射

这种材料有定向和扩散两种特性，如磨砂玻璃，透过它可以看到光源的大致情况，但轮廓不清晰。

第三节 污染对材料光学特性的影响

受环境污染，室内装饰材料的光学性质会随着时间的失衡而受到影响。例如，在天然采光中，随着使用时间的增加，窗玻璃会积累各种污垢等污染物，使其透射比受到折减，而室内的饰面如果受到污染会褪色，也会降低其反射比。

各种材料由于环境污染的影响而使其光学特性降低的程度，称为污染折减系数 τ_w。它是对材料光学特性所打的一个折扣。

图 7-7 表示普通玻璃的污染折减系数随着使用时间的延长而变化的关系。

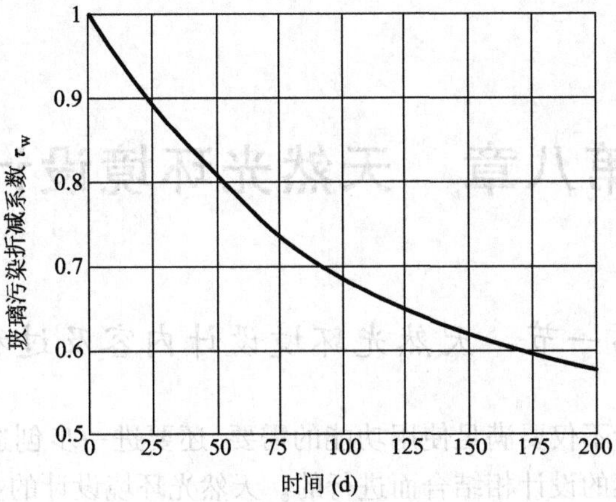

图 7-7　玻璃的污染折减系数随时间的变化

当然,玻璃的污染折减系数和房间的污染程度有关,也与材料的位置和布置方式有关。表 7-3 是玻璃受污染后的折减系数,它是按 6 个月擦一次的情况确定的。在南方多雨地区,水平天窗的污染系数可按倾斜窗的 τ_w 值选取。

窗玻璃污染折减系数 τ_w 值　　　　**表 7-3**

房间污染程度	玻 璃 安 装 角 度		
	垂直	倾斜	水平
清　洁	0.90	0.75	0.60
一　般	0.75	0.60	0.45
污染严重	0.60	0.45	0.30

第八章　天然光环境设计

第一节　天然光环境设计内容及过程

天然光环境设计不仅要满足使用功能的需要，还要进一步创造出天然光的艺术环境。它是与建筑方案的设计相结合而进行的。天然光环境设计的主要过程和内容可用下面的流程图来说明（图 8-1）。

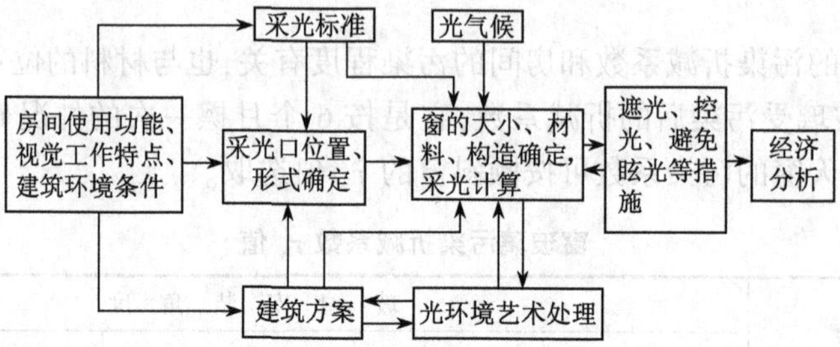

图 8-1　天然光环境设计流程

在设计之前，首先要了解设计对象对采光的要求以及建筑方案给天然光环境提供的条件，诸如房间的使用功能、视觉工作特点、被看物件的精密度、工作对象的表面状况、工作面的位置、使用者的心理因素、有无特殊要求、室内装修的风格特点以及设计对象在采暖、通风等其他方面的要求等。对上述问题的全面了解是形成设计方案的基础。

其次，要根据当地光气候以及采光的要求，确定采光口的大小、位置、形式、材料和构造等，从而保证室内光环境的空间及表面等效果。还应运用天然光处理的技法，创造天然光的艺术氛围。

此外，还要进行天然光的控制和调节，以避免眩光，防止过热等。当天然光不足时，还要补充以人工照明。

最后一个环节是经济分析，包括计算采光设备的投资与维护费用，对初选方案进行技术经济比较和修改，最终确定一个在光环境质量及经济节能诸方面均令人满意，又能与建筑造型、室内装饰及周围环境相协调的方案。

第二节　采 光 标 准

我国于 2001 年颁布实施了《建筑采光设计标准》（GB/T 50033—2001），规定了利用天然采光的居住、公共和工业建筑的采光系数、采光质量以及采光计算方法。

一、光气候

光气候是指由直射日光、天空光和地面反射光形成的天然光平均状况。影响室外天然光的因素很多，例如太阳高度角、云量、云状、大气透明度等，而且都处于不断变化的状态,难以用简单的公式准确地进行描述。目前各国都采用长期观测的办法,取得资料,综合分析,并整理出代表当地光气候的数据。在研究的基础上找出某些规律,为采光设计提供依据。

太阳是天然光的基本光源。太阳光经过大气层时形成直射阳光和天空扩散光。这两种光的组成和所占比例依不同天气状态、不同时间而异。早晚以扩散光为主,阴天全部为扩散光,晴天中午以直射阳光为主。

直射阳光是指透过大气层直达地面的那一部分太阳光,它具有强烈的方向性,在物体的背阳面形成阴影。直射阳光在地面上形成的照度主要受太阳高度角和大气透明度的影响。由于太阳高度随时间而变化,大气透明度随天气而变化,所以直射阳光照度变化甚大,如阴天时直射阳光照度为零,夏季晴天中午照度可高达 10^5lx 以上。

天空扩散光是指太阳光遇到大气中的空气分子、水气、粉尘等产生散射而形成的使天空具有一定亮度的光。天空扩散光没有方向性,不形成阴影,在地面上形成的照度受太阳高度角的影响较小,而受天空中的云量、云状和大气中杂质含量的影响较大。夏季晴天中午,天空扩散光照度可达$(2\sim3)\times10^4$lx 左右。

室内采光不仅受天空亮度及其分布状况的影响,而且受室外各种反射光的影响。这些影响因素变化很大,因此采光计算按两种极端条件考虑:

全云天(阴天):天空全部被云遮挡,直射阳光照度为零,室外天然采光全部为扩散光,物体后没有阴影。此时,地面照度主要取决于太阳高度角、云状、地面反射能力以及大气透明度。

1955 年国际照明委员会(CIE)推荐的全云天天空亮度分布公式如下:

$$L_\theta = \frac{1 + 2\sin\theta}{3} L_z \tag{8-1}$$

式中 L_θ——离地面 θ 角处的天空亮度;

L_z——天顶亮度;

θ——计算天空亮度处的高度角。

此公式表明,阴天的天空亮度分布仅与高度角有关(图 8-2),天顶最亮,地平线最暗。此时不同朝向房间的采光状况相差不大,但这种亮度分布与地面反射条件关系较大,当大地积雪时,天空亮度趋于均匀分布。

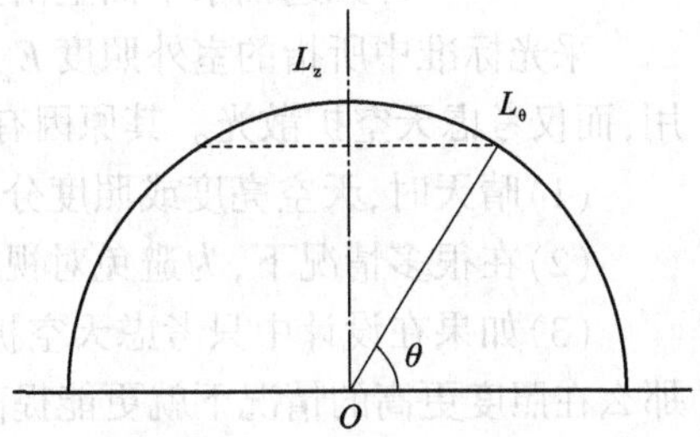

图 8-2 天空高度角示意图

无云天(晴天):天空无云或少云,太阳未受遮挡。此时,太阳所在的半边天空比另一半天空亮度高得多,即离太阳愈远,亮度愈小。由于太阳在天空中的位置是随时间而变化的,因此天空亮度也是不断变化的。因此,在晴天条件下,建筑的朝向对采光影响很大。朝阳房间室内照度较高,而背阳房间则相对要低得多。特别是如果太阳光直射室内,则直射处将会有很高的照度,而其他位置是受散射光影响,照度就会低得多。由于太阳位置的不断变化,使得室内采光很不稳定。

除了晴天与全云天之外,还有多云天。多云天时,由于云量及位置飘忽不定,太阳时隐时现,因此其照度值和天空亮度的不稳定程度大大超过以上两种气象条件。图 8-3 列出了我国部分城市年平均峰值日照时间。

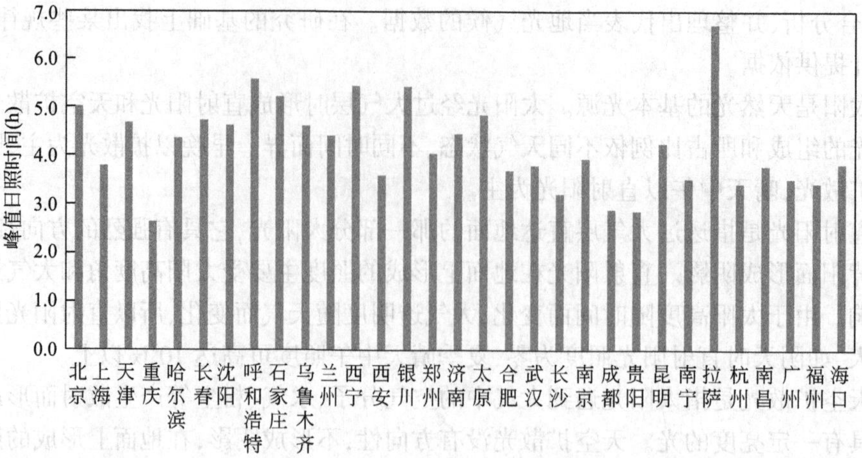

图 8-3　我国部分城市峰值日照时间

注：峰值日照时间等于全天太阳辐射总量($kW \cdot h/m^2$)与峰值照度($1kW/m^2$)的比值

二、采光系数

采光系数是采光设计中采光量的评价指标。由于室外照度是经常变化的，必然会引起室内照度的相应变化。因此，对于采光量的要求，也不可能固定于某一值，而是采用相对值，即采光系数 C，其定义如下：

$$C = \frac{E_n}{E_w} \times 100\% \qquad (8\text{-}2)$$

式中　E_n——在全阴天空漫射光照射下，室内给定平面上的某一点由天空漫射光所产生的照度(lx)；

E_w——在全阴天空漫射光照射下，与室内某一点照度同一时间、同一地点，在室外无遮挡水平面上由天空漫射光所产生的室外照度(lx)。

采光标准中所指的室外照度 E_w 是指全云天的天然光照度，即不考虑直射阳光的作用，而仅考虑天空扩散光。其原因有三：

(1)晴天时，天空亮度或照度分布的变化很大，不易定量；

(2)在很多情况下，为避免对视觉工作产生妨碍，不允许直射光进入室内；

(3)如果在设计中只考虑天空扩散光，即只按全云天的条件来设计已能满足要求，那么在照度更高的情况下就更能提高视觉工作条件了。

三、室外天然光临界照度和室内天然光临界照度

采光设计的基本原则是：对应于无遮挡的情况，室外照度的最低值应能够使室内得到所需的最小照度。全部利用天然光进行采光时的室外最低照度称为室外天然光临界照度，也就是室内天然光照度刚好满足最低要求时的室外照度值。该临界照度要根据地区、季节、时刻及经济、节能等因素来确定。

在国外，室外临界照度的最低值定在 4000~6000lx 之间。我国经过不同的临界照度值与各种费用的综合比较，并考虑到开窗的可能性，在采光标准中规定临界照度为 5000lx。四川、贵州等地的天然光照度值特别低，那里的临界照度值可取为 4000lx。

室内天然光临界照度是对应室外天然光临界照度时的室内天然光照度。采光系数

和室内天然光临界照度是通过室外临界照度来联系的。室外天然光临界照度是指室内天然光临界照度等于各级视觉工作室内天然光临界照度时的室外照度值,即室内需开(关)灯时的室外照度值。

室内天然光临界照度是根据视觉工作而定的,而室外临界照度是可变的,它的变化又影响采光系数的取值以及开关灯的时间。

四、采光系数标准值

采光系数标准值是指室内和室外天然光临界照度时的采光系数值。

根据视度的影响因素,我们知道,不同大小的物件所需的亮度不相同。在一定的范围内,照度越高,则视度越好,但高照度意味着投资的增大,因此,必须综合考虑视觉工作的需要以及经济技术上的合理性,才能确定合理的照度。采光标准综合了视觉实验的结果,对已建成建筑的采光现状进行了调查,并结合采光口的经济分析、我国光气候特征及经济发展等因素,把视觉工作分为五个等级,并提出了各级工作所需的天然光照度最低值,分别为 250lx、150lx、100lx、50lx、25lx。

由于已经确定了室外临界照度是 5000lx,则根据室内天然光照度的最低值就可以换算出采光系数的最低值。由于不同的采光类型在室内形成不同的照度分布,因此,采光标准还按照采光的类型分别提出了不同的要求:顶部采光时,室内照度分布比较均匀,故采光系数采用平均值;侧面采光时,室内照度变化大,故采光系数采用最低值,详见表 8-1。对兼有侧面采光和顶部采光的房间,可将其简化为侧面采光区和顶部采光区,并应分别取采光系数的最低值和平均值。

视觉作业场所工作面上的采光系数标准值　　　表 8-1

采光等级	视觉作业分类		侧面采光		顶部采光	
	作业精确度	识别对象的最小尺寸 d(mm)	采光系数最低值 C_{min}(%)	室内天然光临界照度(lx)	采光系数平均值 C_{av}(%)	室内天然光临界照度(lx)
Ⅰ	特别精细	$d \leqslant 0.15$	5	250	7	350
Ⅱ	很精细	$0.15 < d \leqslant 0.3$	3	150	4.5	225
Ⅲ	精细	$0.3 < d \leqslant 1.0$	2	100	3	150
Ⅳ	一般	$1.0 < d \leqslant 5.0$	1	50	1.5	75
Ⅴ	粗糙	$d > 5.0$	0.5	25	0.7	35

注:表中所列采光系数标准值适用于我国Ⅲ类光气候区。采光系数标准值是根据室外临界照度为 5000lx 制定的。
亮度对比小的Ⅱ、Ⅲ级视觉作业,其采光等级可提高一级采用。

我国地域辽阔,天然光状况相差甚远,若以相同的采光系数规定采光标准则不尽合理。为了充分利用天然光资源,需要对具有不同光气候特性的地区进行分类,相应地选取不同的室外临界照度。根据我国 30 年的气象资料取得的 135 个站的年平均总照度,将我国光气候分为了 5 个区,具体可参照《建筑采光设计标准》(GB 50033—2013)附录 A 中图 A.0.1,图 8-4 给出了我国省会城市光气候区属情况。各光气候区的光气候系数按表 8-2 采用,所在地区的采光系数标准值应乘以相应地区的光气候系数 K。

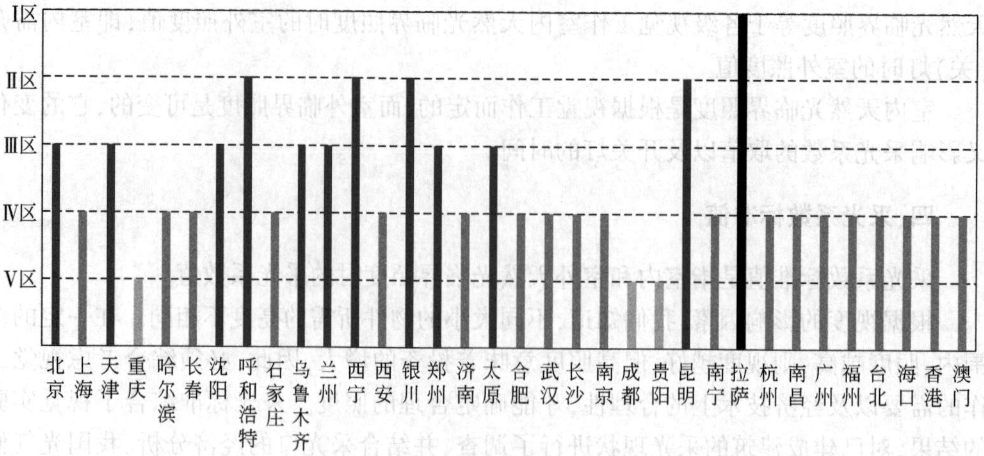

注：按天然光年平均总照度 E_q(klx) Ⅰ. $E_q \geqslant 45$；

Ⅱ. $40 \leqslant E_q < 45$；Ⅲ. $35 \leqslant E_q < 40$；Ⅳ. $30 \leqslant E_q < 35$；Ⅴ. $E_q < 30$。

图 8-4　我国省会城市光气候区属

光气候分区　　表 8-2

光气候区	Ⅰ	Ⅱ	Ⅲ	Ⅳ	Ⅴ
K 值	0.85	0.90	1.00	1.10	1.20
室外天然光临界照度值 E_1(lx)	6000	5500	5000	4500	4000

五、各类建筑的采光系数标准值

1. 居住建筑的采光系数标准值应符合表 8-3 的规定。

居住建筑的采光系数标准值　　表 8-3

采光等级	房间名称	侧面采光	
		采光系数最低值 Cmin(%)	室内天然光临界照度 (lx)
Ⅳ	起居室(厅)、卧室、书房、厨房	1	50
Ⅴ	卫生间、过厅、楼梯间、餐厅	0.5	25

2. 办公建筑的采光系数标准值应符合表 8-4 的规定。

办公建筑的采光系数标准值　　表 8-4

采光等级	房间名称	侧面采光	
		采光系数最低值 Cmin(%)	室内天然光临界照度 (lx)
Ⅱ	设计室、绘图室	3	150
Ⅲ	办公室、视频工作室、会议室	2	100
Ⅳ	复印室、档案室	1	50
Ⅴ	走道、楼梯间、卫生间	0.5	25

3. 学校建筑的采光系数标准值应符合表8-5的规定。

学校建筑的采光系数标准值　　**表8-5**

采光等级	房间名称	侧面采光	
		采光系数最低值 C_{min}(%)	室内天然光临界照度(lx)
Ⅲ	教室、阶梯教室、实验室、报告厅	2	100
Ⅴ	走道、楼梯间、卫生间	0.5	25

4. 图书馆建筑的采光系数标准值应符合表8-6的规定。

图书馆建筑的采光系数标准值　　**表8-6**

采光等级	房间名称	侧面采光		顶部采光	
		采光系数最低值 C_{min}(%)	室内天然光临界照度(lx)	采光系数最低值 C_{min}(%)	室内天然光临界照度(lx)
Ⅲ	阅览室、开架书库	2	100	—	—
Ⅳ	目录室	1	50	1.5	75
Ⅴ	书库、走道、楼梯间、卫生间	0.5	25	—	—

5. 旅馆建筑的采光系数标准值应符合表8-7的规定。

旅馆建筑的采光系数标准值　　**表8-7**

采光等级	房间名称	侧面采光		顶部采光	
		采光系数最低值 C_{min}(%)	室内天然光临界照度(lx)	采光系数最低值 C_{min}(%)	室内天然光临界照度(lx)
Ⅲ	会议厅	2	100	—	—
Ⅳ	大堂、客房、餐厅、多功能厅	1	50	1.5	75
Ⅴ	走道、楼梯间、卫生间	0.5	25	—	—

6. 医院建筑的采光系数标准值应符合表8-8的规定。

医院建筑的采光系数标准值　　**表8-8**

采光等级	房间名称	侧面采光		顶部采光	
		采光系数最低值 C_{min}(%)	室内天然光临界照度(lx)	采光系数最低值 C_{min}(%)	室内天然光临界照度(lx)
Ⅲ	诊室、药房、治疗室、化验室	2	100	—	—
Ⅳ	候诊室、挂号处、综合大厅 病房、医生办公室(护士室)	1	50	1.5	75
Ⅴ	走道、楼梯间、卫生间	0.5	25	—	—

7. 博物馆和美术馆建筑的采光系数标准值应符合表8-9的规定。

博物馆和美术馆建筑的采光系数标准值　　**表8-9**

采光等级	房间名称	侧面采光		顶部采光	
		采光系数最低值 C_{min}(%)	室内天然光临界照度(lx)	采光系数最低值 C_{min}(%)	室内天然光临界照度(lx)
Ⅲ	文物修复、复制、门厅 工作室、技术工作室	2	100	3	150

续表

采光等级	房间名称	侧面采光		顶部采光	
		采光系数最低值 C_{min}(%)	室内天然光临界照度(lx)	采光系数最低值 C_{min}(%)	室内天然光临界照度(lx)
Ⅳ	展厅	1	50	1.5	75
Ⅴ	库房走道、楼梯间、卫生间	0.5	25	0.7	35

注：表中的展厅是指对光敏感的展品的展厅，侧面采光时其照度不应高于50lx；顶部采光时其照度不应高于75lx；对光一般敏感或不敏感的展品展厅采光等级宜提高一级或二级。

8. 工业建筑的采光系数标准值应符合表8-10的规定。

工业建筑的采光系数标准值　　**表8-10**

采光等级	车间名称	侧面采光		顶部采光	
		采光系数最低值 C_{min}(%)	室内天然光临界照度(lx)	采光系数最低值 C_{min}(%)	室内天然光临界照度(lx)
Ⅰ	特别精密机电产品加工、装配、检验； 工艺品雕刻、刺绣、绘画	5	250	7	350
Ⅱ	很精密机电产品加工、装配、检验； 通信、网络、视听设备的装配与调试； 纺织品精纺、织造、印染； 服装裁剪、缝纫及检验； 精密理化实验室、计量室、主控制室； 印刷品的排版、印刷 药品制剂	3	150	4.5	225
Ⅲ	机电产品加工、装配、检修； 一般控制室； 木工、电镀、油漆铸工理化实验室； 造纸、石化产品后处理； 冶金产品冷轧、热轧、拉丝、粗炼	2	100	3	150
Ⅳ	焊接、钣金、冲压剪切、锻工、热处理； 食品、烟酒加工和包装； 日用化工产品； 炼铁、炼钢、金属冶炼； 水泥加工与包装； 配、变电所	1	50	1.5	75
Ⅴ	发电厂主厂房； 压缩机房、风机房、锅炉房、泵房、电石库、乙炔库、氧气瓶库、汽车库、大中件贮存库； 煤的加工、运输，选煤； 配料间、原料间	0.5	25	0.7	35

六、采光质量

视野范围内照度分布不均匀可使人眼产生疲劳，视功能降低，影响工作效率，因此，要求房间内照度要有一定的采光均匀度。采光均匀度是指假定工作面上的采光系数的最低值与平均值之比。顶部采光时，Ⅰ～Ⅳ级采光等级的采光均匀度不宜小于0.7。为达到采光均匀度不小于0.7的规定，相邻两天窗中线间的距离不宜大于工作面至天窗下沿高度的2倍。侧面采光由于照度变化太大，不可能做到均匀。Ⅴ级视觉工作一般为粗糙工作，开窗面积小，所以一般也不作要求。

采光设计时，应尽量减小窗眩光，可采取的措施有：作业区减少或避免直射阳光；工作人员的视觉背景不宜为窗口；为降低窗亮度或减少天空视域，可采用室内外遮挡设施;窗结构的内表面或窗周围的内墙面,宜采用浅色饰面。

采光设计应注意光的方向性,应避免对工作产生遮挡和不利的阴影,如对书写作业,天然光线应从左侧方向射入。白天天然光线不足而需补充人工照明的场所,补充的人工照明光源宜选择接近天然光色温的高色温光源。

对于需识别颜色的场所,宜采用不改变天然光光色的采光材料。对于博物馆和美术馆建筑的天然采光设计,宜消除紫外辐射、限制天然光照度值和减少曝光时间。对具有镜面反射的观看目标,应防止产生反射眩光和映像。建筑空间内表面的反射比应控制在表 8-11 的范围内。

工作房间表面反射比 **表 8-11**

表面名称	反射比
顶棚	0.6 ~ 0.9
墙面	0.3 ~ 0.8
地面	0.1 ~ 0.5
作业面	0.2 ~ 0.6

第三节 采光口与室内光环境

一、采光口形式

在外围护结构(墙、屋顶)上开各种形式的洞口,装上各种透光材料,如玻璃、磨砂玻璃等,就是采光口。按照采光口所处的位置,可分为侧窗和天窗两种形式。

1. 侧窗

侧窗是在室内侧墙上开的采光口,是最常见的一种采光口形式。由侧窗采入光的形式,称为侧面采光。其优点是:构造简单,布置方便,造价低廉,光线具有明显的方向性,有利于形成阴影,并有利于开启、防雨、透风、隔热、施工及维护等。一般侧窗置于 1m 左右的高度。有的场合为了利用更多的墙面(如展览厅为了争取更多的展览面积),或为了提高房间深处的照度(如大型的厂房等),将窗台提高到 2m 以上,称为高侧窗。

侧窗的形式通常是长方形。实验表明,就总的采光量而言,在采光口面积相等且窗底标高一致时,正方形侧窗的采光量最多,其次是竖长方形。就照度的均匀性而言,竖长方形窗在房间进深方向所形成的照度比较均匀,而横长方形窗则在房间宽度方向形成的照度比较均匀,方形窗介于两者之间,故侧窗的形状应结合房间的形状来选择。对于窄而深的房间,适合采用竖长方形窗;宽而浅的房间,适合选用横长方形的窗。

侧窗的位置高低会影响到房间进深方向的采光均匀性。当窗面积相同时,采用低窗,近窗处的照度很高,往里就会迅速地下降,到了内墙处,照度就很低了;若提高窗台的位置,则近窗处的照度有所下降,但往里处的照度却会提高不少,从而增加了进深方向照度的均匀性。但是,提高窗台位置受到层高的限制,故侧窗只能保证有限进深(一般不超过窗高的两倍)的采光要求,更深处,则需要用人工照明来补充。

影响房间横向采光均匀性的主要因素是窗间墙的宽度。窗间墙越宽,则横向的采光均匀程度越差,尤其是近窗处,故工作台应尽量离墙布置,以避开该不均匀区。如确要沿墙连续布置工作台,应尽可能将窗间墙缩小以减少不均匀性。如设计成通长窗,则横向采光均匀性会大大提高。

侧窗的朝向对室内采光状况也有较大的影响。在晴天,南向单侧窗采光量大,但不稳定，有直射光；东、西向双侧窗采光量不稳定，早晚有直射光；北向单侧窗采光量小，但稳定。

2. 天窗

由室内顶部采光口采光的方式称为顶部采光。该顶部采光口即平时所说的天窗。天窗的最大优点就是有利于采入光量并均匀分布，对临近地段没有干扰，但不具有侧向采光的优点。天窗常用于大型车间。由于面积大，用侧窗采光不能满足要求，故用顶部采光来补充。根据使用要求的不同，天窗分为多种形式，如矩形天窗、锯齿形天窗、平天窗、横向天窗及井式天窗等。

二、采光口尺寸

在建筑方案设计中，对于Ⅲ类光气候区的普通玻璃单层铝窗采光，其采光窗洞口面积可按表8-12所列的窗地面积比估算。非Ⅲ类光气候区的窗地面积比应乘以光气候系数K。

窗地面积比 A_C/A_d　　表8-12

采光等级	侧面采光		顶部采光					
	侧窗		矩形天窗		锯齿形天窗		平天窗	
	民用建筑	工业建筑	民用建筑	工业建筑	民用建筑	工业建筑	民用建筑	工业建筑
Ⅰ	1/2.5	1/2.5	1/3	1/3	1/4	1/4	1/6	1/6
Ⅱ	1/3.5	1/3	1/4	1/3.5	1/6	1/5	1/8.5	1/8
Ⅲ	1/5	1/4	1/6	1/4.5	1/8	1/7	1/11	1/10
Ⅳ	1/7	1/6	1/10	1/8	1/12	1/10	1/18	1/13
Ⅴ	1/12	1/10	1/14	1/11	1/19	1/15	1/27	1/23

三、采光口与天然光的控制调节

直射光透过采光口照射到室内，有时会造成照度不均匀，产生眩光与热辐射，损害室内物品。因而，要对采光口采取一定的遮光和控光措施，以调节光量，改善室内照度的均匀性，减少或防止眩光，创造一个舒适的室内光环境。

1. 透光材料

为了克服侧窗采光照度变化大，房间进深处照度不均匀的缺点，可采用乳白色玻璃等扩散透射材料，或是采用将光线折射到顶棚的折射玻璃，来提高房间进深方向的照度。同时，由于玻璃砖、倒锯齿形玻璃板之类材料既可以透光和折射，又不透明，故可用来遮光。人们正是利用这类透光材料的反射、扩散和折射特性来控光的。

2. 窗帘百叶类

由纱、布、绒或细竹篾等材料制成的窗帘，可起到透光和挡光的作用。这些材料的图案和色彩还起到装饰室内环境的作用。百叶多设置于朝南、东和西向的窗口。它由一排有倾角的铝制或塑料叶片组成，通过倾斜角的调整起到控光的作用。同时，它还通过光线的反射，增加射向顶棚的光量，提高顶棚的亮度和室内深处的照度。

3. 绿化

利用绿化来控光是一种经济而有效的措施，特别适用于低层建筑，可在窗外种植蔓藤植物，或在窗外一定距离处种植树木。根据窗口的不同朝向，选择适宜的树种、树形以及位置和高度。如果种植的是落叶性树木，那么，它夏季繁茂，可以遮挡日光，冬季树叶凋零，日光可以入射室内，改善室内的采光量和日照。同时，绿化还可以起到净化空气、美化环境的作用。

4. 遮阳板

遮阳板可以遮挡太阳辐射，阻挡直射光线，防止眩光，使室内照度分布均匀，有利于正常的视觉工作。遮阳板的形式可分为水平式、垂直式、综合式和挡板式等，如图8-5所示。

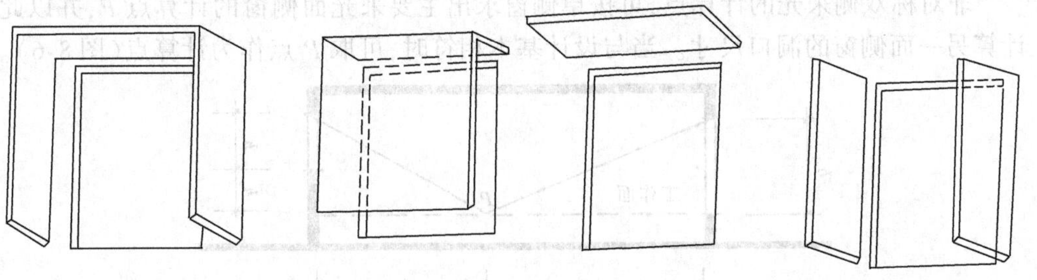

图8-5 遮阳板形式

根据窗朝向的不同，可选用不同形式的遮阳板。水平式遮阳板可遮挡从窗口上方投射下来的光线，适用于南向的窗口；垂直式遮阳板能遮挡高度角较小，从窗侧斜射过来的阳光，适用于东北、北和西北向的窗口；综合式遮阳板能有效地遮挡高度角中等，从窗侧斜射过来的光线，适合于东南和西南向的窗口；挡板式遮阳可挡住高度角较小，正射窗口的阳光，适用于东、西向附近的窗口。

根据地区的气候特点和房间的使用要求，还可以把遮阳板做成活动的或可拆卸的，视一年中季节的交换、一天中时间的变化和天空的阴晴情况来调节遮阳板的角度，甚至拆除。这类遮阳板由于使用灵活、合理，近年来在国内外得到广泛应用。

第四节 采光计算

采光计算的目的是验证所作的设计是否符合采光标准的规定。我国《工业企业采光设计标准》所推荐的方法，是以模拟实验为基础的一种简易计算方法。它利用图表，根据房间的有关数据直接查出采光系数最低值（侧窗）或平均值（天窗）。

一、采光计算所需数据

（1）房间尺寸，主要包括房间的平、剖面尺寸，周围环境对它的遮挡等与采光有关的数据；

（2）采光口材料及其厚度；

（3）承重结构形式及材料；

（4）表面污染程度；

（5）室内表面的反射比。

二、计算过程与方法

这种计算方法是利用一系列图表，根据有关房间数据查出相应的未上窗扇的无限长带形空洞的采光系数，然后按照实际情况，考虑各种因素对采光系数的影响并加以修正，从而得到实际的采光系数值。天空和侧窗所用的图表是两个不同的系列，最后修正得到的采光系数，对于侧窗是最低值，对于天窗是平均值。

1. 侧窗

(1)计算点的确定

单侧采光时取假定工作面与房间典型剖面交线上距对面内墙面 1m 的点上的数值。多跨建筑的边跨为侧窗采光时,计算点应定在边跨与邻近中间跨的交界处。对称双侧采光取假定工作面与房间典型剖面交线中点上的数值。

非对称双侧采光的计算点,可按单侧窗求出主要采光面侧窗的计算点 P,并以此计算另一面侧窗的洞口尺寸。当与设计基本相符时,可取 P 点作为计算点(图 8-6)。

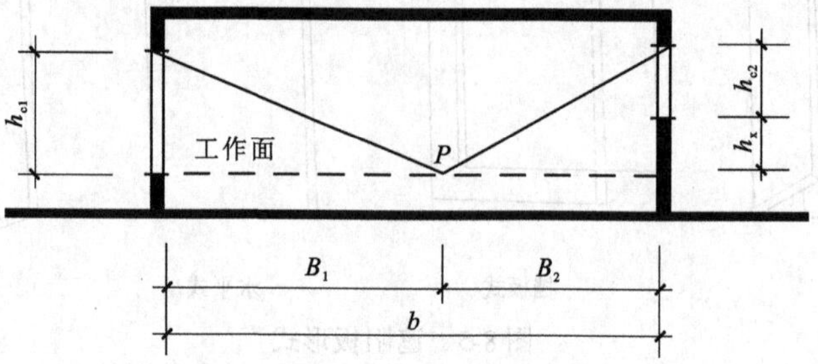

图 8-6　非对称双侧采光

图中,

$$B_1=\frac{A_{c1}}{\frac{A_c}{A_d}\cdot l},B_2=b-B_1,A_{c2}=B_2\frac{A_c}{A_d}\cdot l$$

式中 $\frac{A_c}{A_d}$——按照表 8-12 确定的同采光等级的单侧窗窗地比;

A_{c1}、A_{c2}——分别为两侧侧窗的窗洞口面积;

l——为开间宽。

(2)采光系数计算

按照采光标准,侧窗采光最低值为:

$$C_{min}=C'_d\cdot K'_\tau\cdot K'_\rho\cdot K_w\cdot K_c \tag{8-3}$$

式中各参数说明如下:

1) C'_d——侧窗窗洞口的采光系数

侧面采光的采光简图如图 8-7 所示。其带形窗洞($\Sigma b_c=l$, b_c 为窗宽)的采光系数 C'_d 可按计算点至窗口的距离与窗高之比 B/h_c(B 为计算点至窗的距离,h_c 为窗高,)和开间宽 l 确定(图 8-8)。非带形窗洞的采光系数尚应乘以窗宽修正系数。

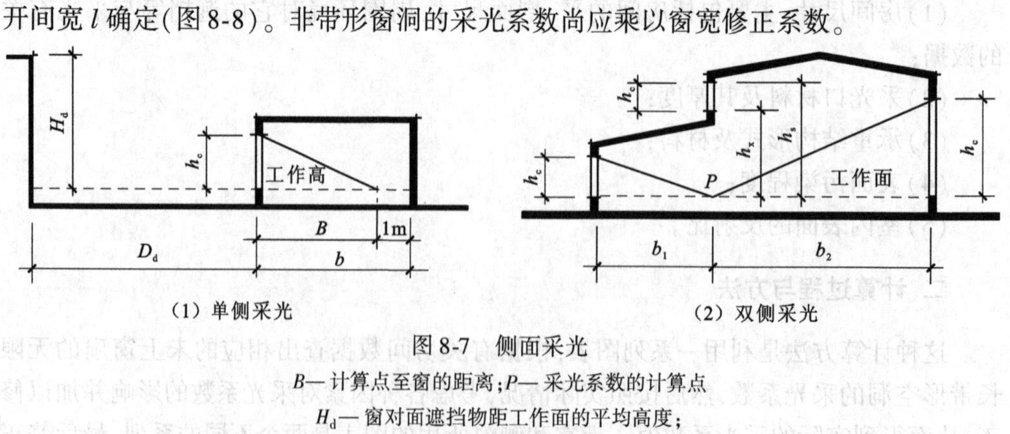

图 8-7　侧面采光

B— 计算点至窗的距离;P— 采光系数的计算点

H_d— 窗对面遮挡物距工作面的平均高度;

D_d— 窗对面遮挡物与窗的距离

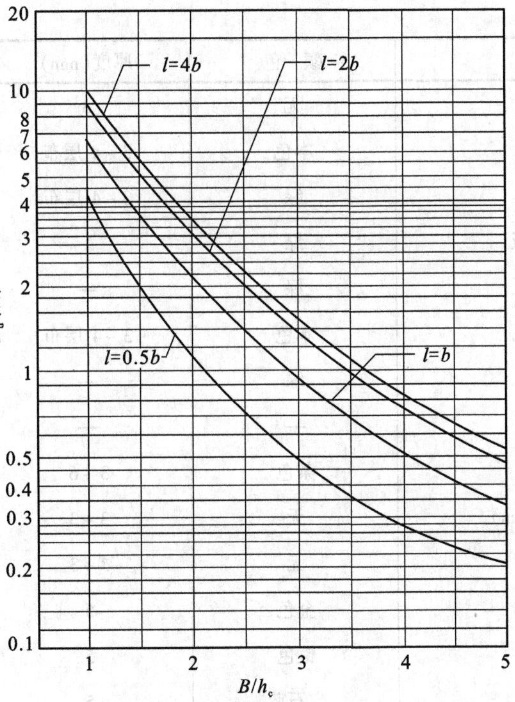

图 8-8 侧面采光计算图表

2) K'_τ——侧面采光的总透射比

窗框材料的不同、断面大小的差别以及窗玻璃的层次、品种及污染程度等，都会影响到窗的透光能力。计算时把上述因素综合起来，用 $K'\tau$ 来表示，按下式计算：

$$K'_\tau = \tau \cdot \tau_c \cdot \tau_w \tag{8-4}$$

式中 τ——采光材料的透射比，可按表 8-13 的规定取值；

采光材料的透射比 τ 值 **表 8-13**

材料名称	颜 色	厚度(mm)	τ 值
普通玻璃	无	3~6	0.78~0.82
钢化玻璃	无	5~6	0.78
磨砂玻璃(花纹深密)	无	3~6	0.55~0.60
压花玻璃(花纹深密)	无	3	0.57
(花纹浅稀)	无	3	0.71
夹丝玻璃	无	6	0.76
压花夹丝玻璃	无	6	0.66
(花纹浅稀)	无	3+3	0.78
夹层安全玻璃	无	3+5+3	0.64
双层隔热玻璃	蓝	3~5	0.52~0.64
(空气层5mm)	乳白	1	0.60
吸热玻璃	无	2~6	0.85
乳白玻璃	乳白	3	0.20
有机玻璃	无	3	0.78
乳白有机玻璃	本色	2	0.60

续表

材料名称	颜　色	厚度(mm)	τ 值
聚苯乙烯板	无	3	0.74
聚氯乙烯板	本色	3~4 层布	0.73~0.77
聚碳酸酯板	绿	3~4 层布	0.62~0.67
聚酯玻璃钢板	绿	—	0.38
小波玻璃钢瓦	绿	—	0.48
大波玻璃钢瓦	本色	3~4 层布	0.72~0.74
玻璃钢罩	绿	—	0.70
钢窗纱	—	—	0.89
镀锌铁丝网	茶色	3~6	0.08~0.50
(孔 20mm×20mm)	无	3+3	0.81
茶色玻璃	无	3+3	0.84
中空玻璃	金色	5	0.10
安全玻璃	银色	5	0.14
镀膜玻璃	宝石蓝	5	0.20
	宝石绿	5	0.08
	茶色	5	0.14

τ_c——窗结构的挡光折减系数,可按表 8-14 的规定取值;

窗结构的挡光折减系数 τ_c 值　　**表 8-14**

窗种类		τ_c 值
单层窗	木窗	0.70
	钢窗	0.80
	铝窗	0.75
	塑料窗	0.70
双层窗	木窗	0.55
	钢窗	0.65
	铝窗	0.60
	塑料窗	0.55

注:表中塑料窗含塑钢窗、塑木窗和塑铝窗。

τ_w——窗玻璃的污染折减系数,可按表 7-3 的规定取值。

3) K'_ρ——侧面采光的室内反射光增量系数

带形窗洞的采光系数是指室内表面反光为零时的采光状况,所以要用该参数来考虑实际房间中有反射光存在时的增量。由于室内各表面的反射比不同,故采用反射比的加权平均值来代表整个房间的反光程度,室内各表面饰面材料反射比的加权平均值的算法如下:

$$\rho_j = \frac{\rho_p \cdot A_p + \rho_q \cdot A_q + \rho_d \cdot A_d + \rho_c \cdot A_c}{A_p + A_q + A_d + A_c} \tag{8-5}$$

式中　ρ_p、ρ_q、ρ_d、ρ_c——分别为顶棚、墙面、地面饰面材料和普通玻璃窗的反射比,可按表 7-1 取值;

A_p、A_q、A_d、A_c——分别为顶棚、墙、地面和窗洞口的面积。

实验表明，该参数与反射比、房间的尺度以及是否有内墙等因素有关，见表8-15。

侧面采光的室内反射光增量系数 K'_ρ 值 **表8-15**

ρ_j B/h_c	采光形式							
	单侧采光				双侧采光			
	0.2	0.3	0.4	0.5	0.2	0.3	0.4	0.5
1	1.10	1.25	1.45	1.70	1.00	1.00	1.00	0.5
2	1.30	1.65	2.05	2.65	1.10	1.20	1.40	1.65
3	1.40	1.90	2.45	3.40	1.15	1.40	1.70	2.10
4	1.45	2.00	2.75	3.80	1.20	1.45	1.90	2.40
5	1.45	2.00	2.80	3.90	1.20	1.45	1.95	2.45

注：B/h_c应为计算点至窗的距离与窗高之比。

4）K_w——侧面采光的室外建筑物挡光折减系数

由于侧窗的位置较低，易受房屋、树木等的遮挡而影响室内采光，故用K_w来考虑这个因素的影响。遮挡程度与对面遮挡物的平均高度H_d（自工作面算起）、遮挡物至窗口的距离D_d、工作面至窗上沿的距离h_c以及计算点至窗口的距离B等尺寸有关，可按表8-16取值。

侧面采光的室外建筑物挡光折减系数 K_w 值 **表8-16**

D'_d/H'_d B/h_c	1	1.5	2	3	5
2	0.45	0.50	0.61	0.85	0.97
3	0.44	0.49	0.58	0.80	0.95
4	0.42	0.47	0.54	0.70	0.93
5	0.40	0.45	0.51	0.65	0.90

注：D_d/H_d应为窗对面遮挡物距窗的距离与窗对面遮挡物距假定工作面的平均高度之比。

当$D_d/H_d>5$时，应取$K_w=1$。

5）K_c——侧面采光的窗宽修正系数

为了考虑实际中常有的窗间墙的挡光影响，引用该参数 来进行修正，应取建筑长度方向一面墙上的窗宽总和与建筑长度之比。

$$K_c = (\sum b_c)/l \qquad (8\text{-}6)$$

式中 l——墙面总长度。

在应用公式8-3计算采光系数时，还应注意：

① 在Ⅰ、Ⅱ、Ⅲ类光气候区（不包含北回归线以南的地区），应考虑晴天方向系数（K_f）。我国西北、华北地区的日照率年平均在60%以上。由于C_d'是在全云天的情况下得出的，故需用K_f来考虑晴天与全云天时同一表面上照度的差别，可按表8-17取值。

晴天方向系数 K_f **表8-17**

窗类型及朝向		纬度（N）		
		30°	40°	50°
垂直窗朝向	东（西）	1.25	1.20	1.15
	南	1.45	1.55	1.64
	北	1.00	1.00	1.00
水平窗		1.65	1.35	1.25

② 侧面采光时，窗下沿距工作面高度 $h_x>1\text{m}$ 时，采光系数的最低值应为窗高等于窗上沿高度（h_s）和窗下沿高度（h_x）的两个窗的采光系数的差值（图 8-7）。

③ 侧面采光口上部有宽度超过 1m 的外挑结构遮挡时，其采光系数应乘以 0.7 的挡光折减系数。

④ 侧窗窗台高度大于或等于 0.8m 时，可视为有效采光口面积。

2. 顶部采光

（1）计算点的确定

对于多跨连续矩形天窗，其天窗采光分区计算点可定在两跨交界的轴线上；单跨或边跨时，计算点可定在距外墙内面 1m 处（图 8-9）。

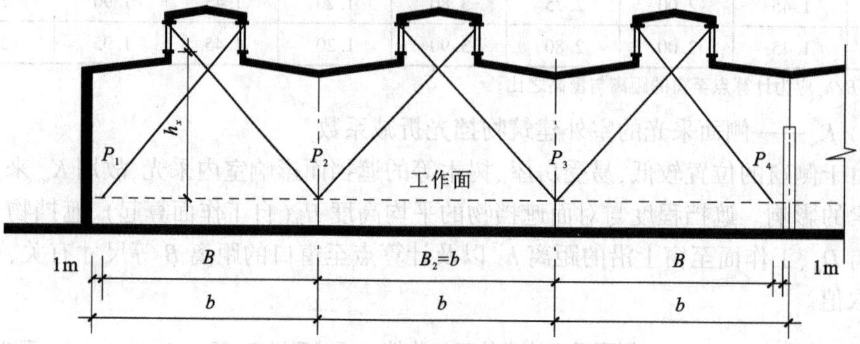

图 8-9　矩形天窗采光

多跨连续锯齿形天窗，其天窗采光的分区计算点可定在两相邻天窗相交的界线上（图 8-10）。

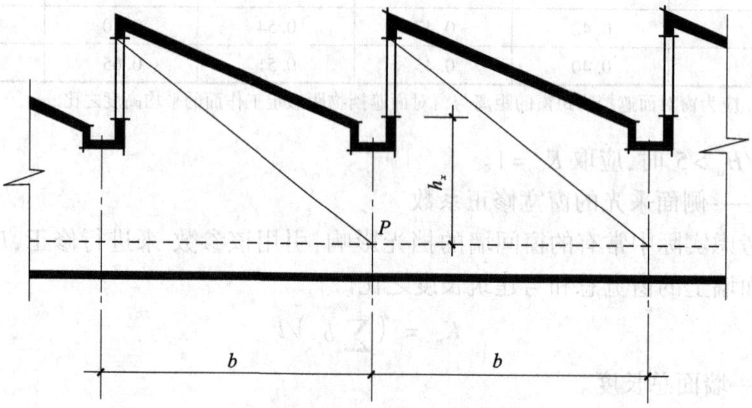

图 8-10　锯齿形天窗采光

平天窗采光的分区计算点，可按下列规定确定（图 8-11）：

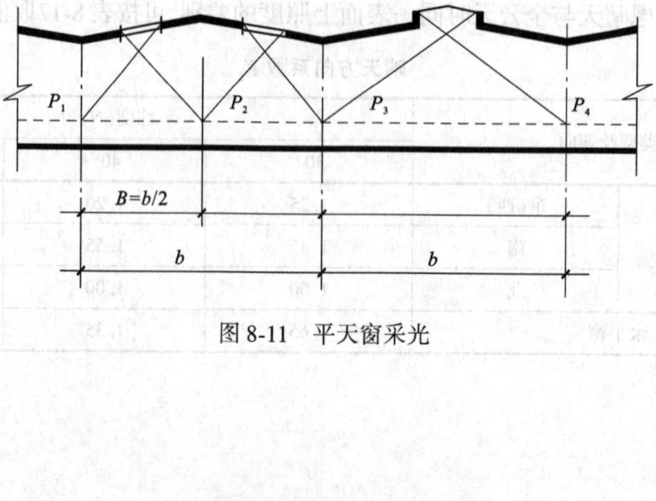

图 8-11　平天窗采光

1）中间跨、屋脊两侧设平天窗时，采光分区计算点可定在跨中或两跨交界的轴线上。

2）中间跨屋脊处设平天窗时，采光计算点可定在两跨交界轴线上。

对于兼有侧面采光和顶部采光的分区计算点，可按表 8-12 所列的窗地面积比确定（图 8-12）。

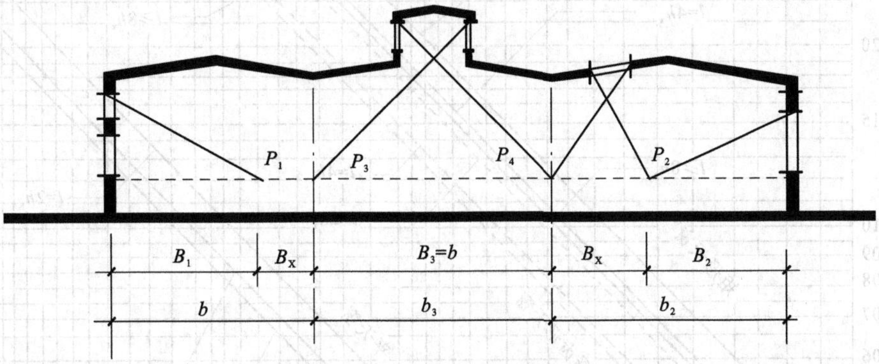

图 8-12　侧面与顶部采光

当以侧窗采光为主时，采光计算点以侧面采光计算点来控制；当侧面采光不满足宽度 B_x 时，应由顶部采光补充，其不满足区域所需的窗洞口面积可按表 8-12 所列的窗地面积比确定。

（2）采光系数的计算

按照采光标准的规定，所设计顶部采光的采光系数平均值为：

$$C_{av} = C_d \cdot K_\tau \cdot K_\rho \cdot K_g \tag{8-7}$$

式中各参数说明如下：

1）C_d——天窗窗洞口的采光系数

顶部采光的采光简图如图 8-13 所示。其天窗窗洞口的采光系数 C_d，可按天窗窗洞口面积 A_c 与地面面积 A_d 之比（简称窗地比）和建筑长度 l 确定（图 8-14）。

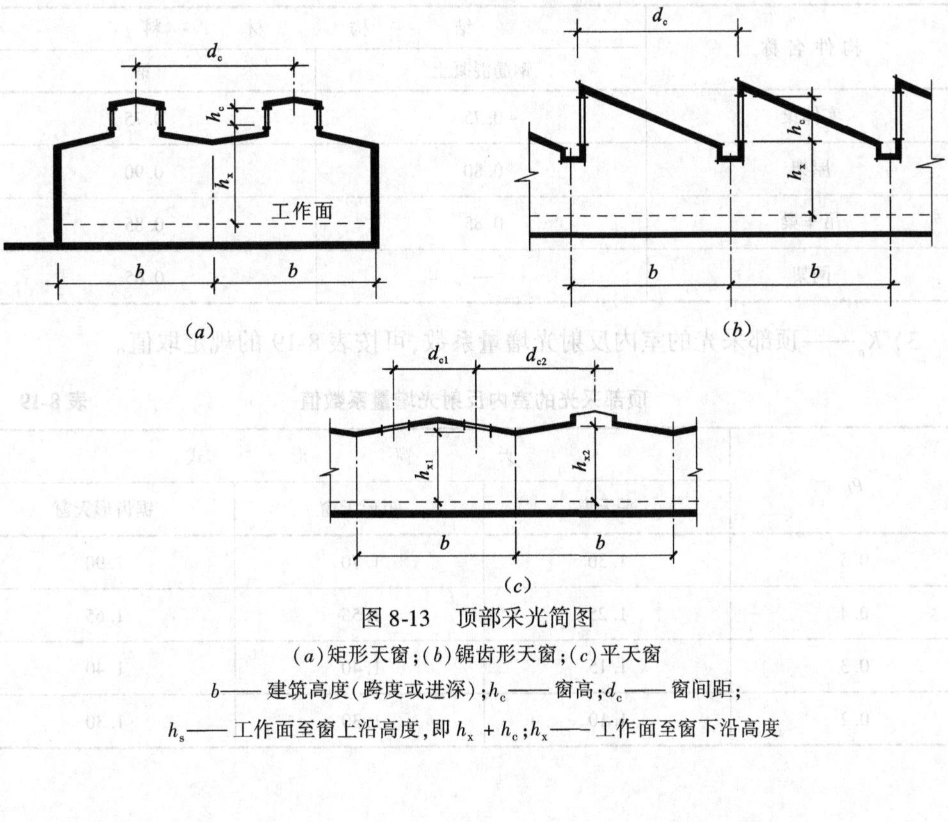

图 8-13　顶部采光简图

（a）矩形天窗；（b）锯齿形天窗；（c）平天窗

b——建筑高度（跨度或进深）；h_c——窗高；d_c——窗间距；

h_s——工作面至窗上沿高度，即 $h_x + h_c$；h_x——工作面至窗下沿高度

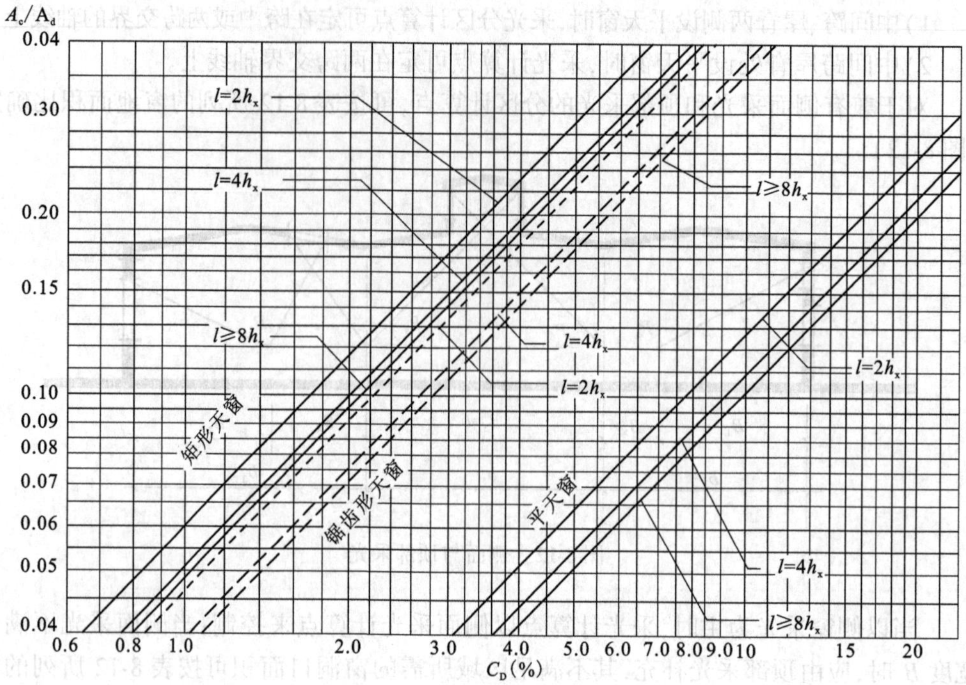

图 8-14 顶部采光计算图表

2）K_τ——顶部采光的总透射比

与侧窗相比，由于受到室内构件的挡光影响，故在天窗的总透射比中增加了室内构件的挡光折减系数，按下式计算：

$$K_\tau = \tau \cdot \tau_c \cdot \tau_w \cdot \tau_j \tag{8-8}$$

式中 τ_j——室内构件的挡光折减系数，可按表 8-18 的规定取值。

室内构件的挡光折减系数 τ_j 值 **表 8-18**

构件名称	结构材料	
	钢筋混凝土	钢
实体梁	0.75	0.75
屋架	0.80	0.90
吊车梁	0.85	0.85
网架	—	0.65

3）K_ρ——顶部采光的室内反射光增量系数，可按表 8-19 的规定取值。

顶部采光的室内反射光增量系数值 **表 8-19**

ρ_j	天窗形式		
	平天窗	矩形天窗	锯齿形天窗
0.5	1.30	1.70	1.90
0.4	1.25	1.55	1.65
0.3	1.15	1.40	1.40
0.2	1.10	1.30	1.30

4) K_g——高跨比修正系数

在窗地比相同时,不同的高跨比 h_x/b 会有不同的采光系数值,可按表 8-20 取值。

高跨比修正系数值　　　　**表 8-20**

天窗类型	跨数	h_x/b									
		0.3	0.4	0.5	0.6	0.7	0.8	0.9	1.0	1.2	1.4
矩形天窗	1	1.04	0.88	0.77	0.69	0.61	0.53	0.48	0.44	—	—
	2	1.07	0.95	0.87	0.80	0.74	0.67	0.63	0.57	—	—
	3 及以上	1.14	1.06	1.00	0.95	0.90	0.85	0.81	0.78	—	—
平天窗	1	1.24	0.94	0.84	0.75	0.70	0.65	0.61	0.57	—	—
	2	1.26	1.02	0.93	0.83	0.80	0.77	0.74	0.71	—	—
	3 及以上	1.27	1.08	1.00	0.93	0.89	0.86	0.85	0.84	—	—
锯齿形天窗	3 及以上	—	1.04	1.00	0.98	0.95	0.92	0.89	0.86	0.82	0.78

注:1. 表中 h_x/b 应为工作面至窗下沿高度与建筑宽度之比。

2. 不等高、不等跨的两跨以上厂房应分别计算各单跨的采光系数平均值,但计算用的高跨比修正系数 K_g 值应按各单跨的高跨比选用两跨或多跨条件下的 K_g 值。

在应用公式 8-7 计算采光系数时,还应注意:

(1)在Ⅰ、Ⅱ、Ⅲ类光气候区(不包含北回归线以南的地区),应考虑晴天方向系数(K_f),其值可按表 8-18 取值。

(2)当矩形天窗有挡风板时,应考虑其挡光折减系数(K_d),其值宜取 0.6。

(3)当平天窗采用采光罩采光时,应考虑采光罩井壁的挡光折减系数(K_j),可根据图 8-15 和表 8-21 的规定取值。

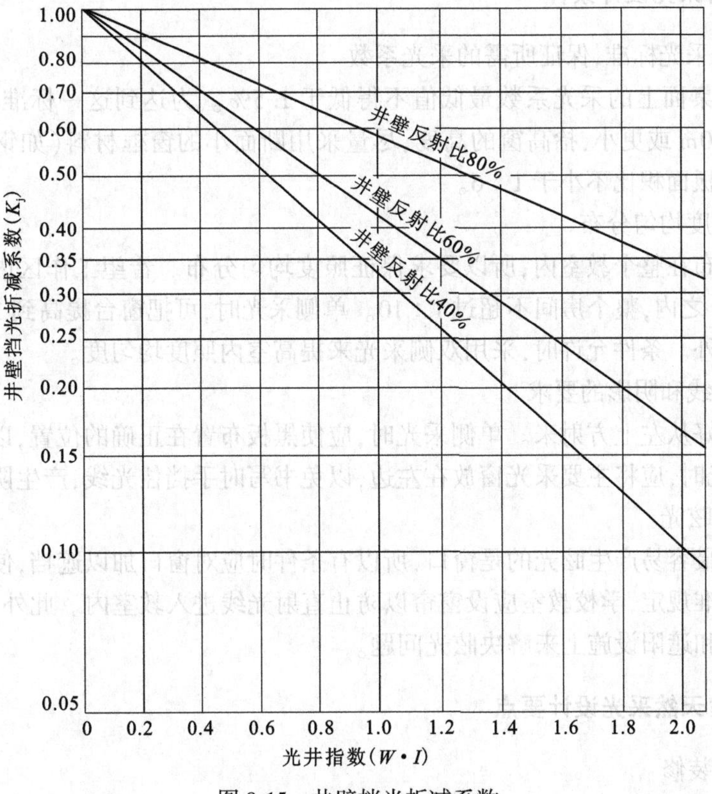

图 8-15　井壁挡光折减系数

推荐的采光罩距高比　　表 8-21

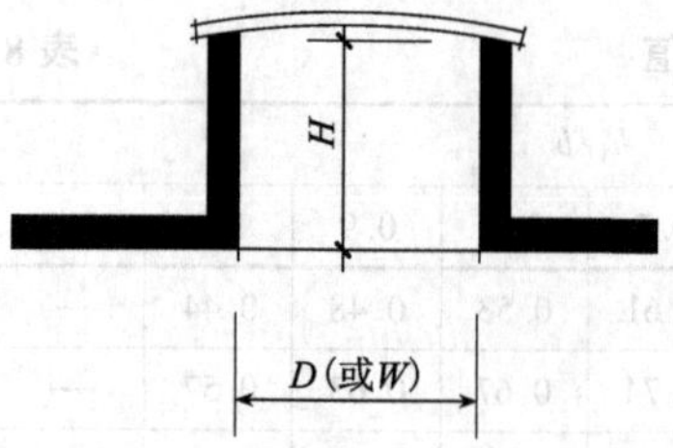	矩形采光罩： $W \cdot I = 0.5\left(\frac{W+L}{W \cdot L}\right)$ 圆形采光罩： $W \cdot I = H/D$	d_c/h_x
	0 0.25 0.50 1.00 2.00	1.25 1.00 1.00 0.75 0.50

注：$W \cdot I$—— 光井指数；W—— 采光口宽度(m)；L—— 采光口长度(m)；
H—— 采光口井壁的高度(m)；D—— 圆形采光口直径(m)。

第五节　天然光环境设计示例

以学校教室为例，具体说明天然光环境的设计过程。

一、了解教室采光要求

学生在教室内较长时间地学习，教室的光环境应保证他们看得清楚，看得舒适，不易产生疲劳。这要求整个教室保持足够的天然光亮度，且分布均匀，黑板上要有较高的照度，同时，要合理地安排教室内的亮度分布，清除眩光。此外，还应考虑到经济的原则，减少投资和维护的费用。

二、了解采光设计条件

1. 满足采光标准，保证所需的采光系数

教室课桌面上的采光系数最低值不得低于 1.5%。为达到这一标准，应尽量压缩窗间墙至 1.0m 或更小，抬高窗的高度，尽量采用断面小的窗框材料(如钢窗)，使玻璃净面积与地板面积比不小于 1：6。

2. 使照度均匀分布

学生分布在整个教室内，所以要求保证照度均匀分布。希望工作区内照度的差别限制在 1：3 之内，整个房间不超过 1：10。单侧采光时，可把窗台提高到 1.2m，窗上沿提高到顶棚外。条件允许时，采用双侧采光来提高室内照度均匀度。

3. 对光线和阴影的要求

光线最好从左上方射来。单侧采光时，应使黑板布置在正确的位置，以达到上述要求；双侧采光时，应将主要采光窗放在左边，以免书写时手挡住光线，产生阴影。

4. 避免眩光

教室内最容易产生眩光的是窗口，所以有条件时应对窗口加以遮挡，使学生不能直视天空。标准规定，学校教室应设窗帘以防止直射光线进入教室内。此外，还可从建筑的朝向选择和遮阳设施上来解决眩光问题。

三、教室天然采光设计要点

1. 室内装修

室内装修对天然采光有很大的影响，特别是对侧面采光。因为室内深处的光主要来自顶棚和墙面的反射，所以，它们的反光系数对室内采光有着重要的作用，应选择最高值。此外,室内相邻表面的亮度不应差别太大,所以在反光系数的选取上也要考虑到这一点。例如,外墙上的窗亮度较大,因而窗间墙的表面装修应采用反光系数较高的材料;黑板的反光系数较低,故装有黑板的端墙的反光系数亦应稍低;课桌应选用浅色的表面,以避免与白色的纸和书形成过强的亮度对比。此外,教室表面的装修宜采用扩散性材料,以便在室内形成柔和的光线,且没有眩光。

2. 黑板

黑板是教室内学生的重点观看对象。学生的眼睛经常在黑板与书本、笔记本之间移动,所以这两者不宜有过大的亮度差别。目前大多数黑板是用黑色油漆漆成的光滑表面,极易产生镜面反射,降低视度。建议采用毛玻璃,在其背面涂黑色油漆以避免反射眩光,也可将黑板做成微曲面或折面,使反射光射不到学生眼中,但这种办法成本较高。如将黑板倾斜与墙面成10°~20°角放置,不仅可以解决眩光的问题,还便于书写,不失为一种可行的办法。

3. 窗间墙

窗间墙与窗之间有较大的亮度对比,在靠近墙处形成较暗的区域,对该处的学生形成不利影响。特别是当窗间墙较宽时,影响更大。所以教室的窗间墙宽度应尽可能缩小。

第六节　室内天然光环境处理技法

一、天然光环境与室内空间效果

天然光通过采光口到达室内,不仅带来满足视觉工作要求的照度,而且创造出各种各样的空间效果,包括光的方向性效果、立体感效果和空间的开敞性效果等。

1. 光的方向性效果

光的方向性在室内环境中有着非常重要的作用。在被照空间中,光的方向性与光的远近、强弱等结合,能创造出丰富的视觉效果,主要表现在:增强室内空间的可见度,强化或弱化光暗对比,强化或弱化物体的立体感。

光的方向不同可以产生不同的效果。正面照射,能使被照物体的主要轮廓显示出来;斜向照射,能使物体产生光的对比效果,有利于产生立体感;逆向照射,可使物体产生一种庄重神秘的感觉;顶部照射,可使物体上明下暗,甚至产生阴影;反之,底部照射时,被照物上暗下明,或产生阴影。

在室内光环境中,采光口的位置和朝向对光的方向性有决定性的作用。这种方向性效果对建筑功能、室内表面、人物形象以及人们的心理反应均有重要的影响。

2. 立体感效果

物体表面受到平行光斜向照射时,总有一部分表面受光,一部分不受光,于是前者亮,后者暗,同时还会有由浅至深的过渡。光照射物体时产生的立体感效果主要就是由这种明暗的变化所造成的。对于平面而言,斜向照射比正向照射易产生立体感,而曲面比平面更能表现出明暗的变化,因而立体效果更强。这种明暗的变化不仅取决于物体的轮廓与光的方向,还与表面的状况有关。如果材料表面光滑平整,则受照后会产生明显的明暗变化;如果材料表面粗糙,则受照后只会产生少量的明暗变化,因而获得的立体感觉也有差别。

3. 室内空间的开敞感

人们在室内由眼睛判断的空间宽敞与否的感觉,称为室内空间的开敞感。它主要取决于窗的大小、室内的容积和室内照度三个因素，其中又以室内容积为主要因素，但其他两个因素也不可忽略。从心理角度看，开敞感使室内光环境具有开朗、明快的特点，因此与光环境有密切的关系。如室内家具等布置得疏密得当，照度合理，窗口大小适宜，就会获得令人满意的开敞感。

二、天然光环境处理技法

在进行天然光环境设计时，常常需要运用一些光的处理技法，以创造舒适、美观的光环境。常用的技法有透光、遮光、控光、滤光和混用光等，还要把天然光环境融合到室内设计之中，使之成为一个密不可分的整体。

1. 透光

在侧窗上采用大面积的玻璃，如玻璃幕墙、大面积玻璃窗等，可使室内外空间浑然一体，获得一种透明的感觉。光与大面积玻璃完全融合，表现出强烈的吸引力。除了侧窗外，从拱顶、穹顶等顶部采光，由于光从顶部入射到室内空间，所以越靠近顶部越亮，到了下部则趋于暗淡，从而使室内光环境呈现出一种层次感，生动而富有情调。

2. 遮光和控光

利用透光材料不同的透光特性来控制室内的亮度分布，或利用各种遮光构件来遮挡或部分遮挡光线，也是常用的天然光处理技法，详见第三节。

3. 滤光

金属镀膜着色玻璃及茶色玻璃等，颜色沉着，具有滤光的性质，能减弱直射日光，避免出现眩光，使室内环境柔和悦目。

4. 混用光

在大空间、大跨度的房间内，由于开窗面积及层高的限制，室内距窗较远处，天然光照度较小。因此，除利用天然光之外，还要补充人工照明，形成了天然光和人工光的混用光。这样可以减少侧窗采光所引起的室内照度或亮度的不均匀，使室内光环境表现出均匀、明快的特点。

三、天然光环境在室内设计中的体现

天然光环境设计是室内设计中的一个重要组成部分。室内良好的表面、色彩、造型及装饰效果等，都需要通过饰面材料的光学特性、质感、色彩以及采光口对光线的控制等表现出来。

室内表面材料的反光、透光与定向扩散特性的选取应与环境的总体气氛和风格一致。对家具、陈设等的设计和布置亦要考虑其体形及表面的材料质感、色彩及光学特性。

室内设计中窗的布置直接影响到天然光环境。如大面积的玻璃窗和玻璃幕墙能直接创造出明亮的光环境；而茶色玻璃等可以滤光，在室内营造柔和温暖的氛围；磨砂玻璃则因它的扩散性能而使室内光环境均匀、明快。

另外，室内设计中常用绿色植物来点缀环境。室内种植的植物需要天然光来促进其生长。室外种植的植物可以起到遮光的作用。它们都是和天然光环境密不可分的。

第七节　地下空间和封闭空间的天然光采光

在很多情况下，自然光与地下空间以及建筑物的一些封闭空间是相互隔绝的，因此无法利用侧窗和天窗采纳自然光，这就需要主动太阳光系统将自然光通过孔道、导管、

光纤等传递到隔绝的地下空间中。

主动太阳光系统的基本原理是根据季节、时间计算出太阳位置的变化(太阳高度角,方位角),以定日镜跟踪系统作为阳光收集器,并采用高效率的光导系统将自然光送入这些地下空间和封闭空间中需要光照的部位。目前已有的主动式自然采光方法主要有镜面反射采光法、利用导光管导光的采光法、光纤导光采光法、棱镜组传光采光法、光电效应间接采光法这五类。

一、镜面反射采光法

所谓镜面反射采光法就是利用平面或曲面镜的反射面,在阳光经一次或多次反射后,将光线送到室内需要照明的部位。这类采光法通常有两种做法:一是将平面或曲面反光镜和采光窗的遮阳设施结合为一体,既反光又遮阳;二是将平面或曲面反光镜安装在跟踪太阳的装置上,作为定日镜,经过它一次或是二次反射,将光线送到室内需采光的区域。

二、利用导光管导光的采光法

用导光管导光的采光方法的具体做法随系统设备形式、使用场所的不同而变化。整个系统可归纳为阳光采集、阳光传送和阳光照射三部分。阳光收集器主要由定日镜、聚光镜和反射镜三大部分组成;阳光传送的方法很多,归纳起来主要有空中传送、镜面传送、导光管传送、光纤传送等;阳光照射部分使用的材料有漫射板、透光棱镜或特制投光材料等,使导光管中出来的光线具有不同配光分布,设计时应根据照明场所的要求选用相应的配光材料。

三、光纤导光采光法

光纤导光采光法就是利用光纤将阳光传送到建筑室内需要采光部位的方法。光纤导光采光的设想早已提出,而在工程上大量应用则是近十年的事。光纤导光采光的核心是导光纤维(简称光纤),在光学技术上又称光波导,是一种传导光的材料。这种材料是利用光的全反射原理拉制的光纤,它具有线径细(一般只有几十微米,而一微米等于百万分之一米,比人的头发丝还要细)、重量轻、寿命长、可绕性好、抗电磁干扰、不怕水、耐化学腐蚀、光纤原料丰富、光纤生产能耗低,特别是经光纤传导出的光线基本上具有无紫外和红外辐射线等一系列优点,以致在建筑照明与采光、工业照明、飞机与汽车照明以及景观装饰照明等许多领域中推广应用,成效十分显著。

四、棱镜传光的采光方法

棱镜传光采光的主要原理是旋转两个平板棱镜,产生四次光的折射。受光面总是把直射光控制在垂直方向。这种控制机构的原理是当太阳方位角、高度角有变化时,使各平板棱镜在水平面上旋转。当太阳位置处于最低状态时,两块棱镜使用在同一方向上,使折射角的角度加大,光线射入量增多。另外,当太阳高度角变大时,有必要减小折射角度。在这种情况下,在各棱镜方向上给予适当的调节,也就是设定适当的旋转角度,使各棱镜的折射光被抵消一部分。当太阳高度角最大时,把两个棱镜控制在相反的方向上。根据太阳位置的变化,给予两个平板棱镜以最佳旋转角,把太阳高度角10°~84°范围内的直射阳光在垂直方向加以控制。被采集的光线在配光板上进行漫射照射。为实现跟踪太阳的目的,对时间、纬度和经度进行数据的设定,操作是利用无线遥控器来进行的。驱动和控制用电是由太阳能蓄电池来供应,而不需要市电供电。

五、光伏效应间接采光照明法

光伏效应间接采光照明法(建成光伏采光照明法),就是利用太阳能电池的光电特性,先将光转化为电,而后将电再转化为光进行照明,而不是直接利用自然采光的照明方法。其具有以下优点:①节能环保;②供电方式简单,规模不影响发电效率;③寿命长,维护管理简便,可实现无人操作;④相对综合成本低,节约投资;⑤安装不受地域限制,规模可按需确定,太阳能电池供电特别适用于解决无电的山区、沙漠、海上及高空区域的用电问题,应用领域广。

总之,在地下空间以及封闭空间的设计中,应尽可能多地考虑自然光线的引入。在条件允许的情况下,采用被动式采光法,充分利用自然光线;在条件相对较差的情况下,利用现有技术手段,采用主动采光法,将自然光通过孔道、导管、光纤等传递到隔绝的地下空间或封闭空间中,充分满足工作、生活在地下空间和封闭空间的人们对自然的渴望。

第九章　人工光环境设计

人工光环境设计有功能和装饰两个方面的作用。从功能上来说，建筑物内部的天然光受到时间和场合的限制，所以要通过人工照明来补充，在室内造成一个人为的光亮环境，满足人们视觉工作的需要，从装饰的角度来说，除了满足照明功能之外，还要满足美观和艺术的要求。这两种作用是相辅相成的，任何一个比较好的室内光环境，都是这两者的有机组合。当然，根据建筑功能的不同，两者的比重各不相同，如工厂、学校等工作场所，要多从功能上来考虑，而在休息、娱乐场所，则主要是强调艺术效果。

第一节　电光源和灯具

一、电光源的主要技术性能指标

(1)光通量：表示光源的发光能力，单位是流明(lm)，分为高、中、低三类。高的大于10000lm，中等的在3000~10000lm之间，低的小于3000lm。

(2)光效：光源的光通量与它消耗的电功率之比，单位为流明/瓦(lm/W)。

(3)寿命：灯的使用时间，单位为小时(h)。

(4)平均亮度：光源发光体亮度的平均值，单位为坎德拉每平方米(cd/m^2)。

(5)光源色：人们感觉到的灯光的颜色，以色温或相关色温表示，单位为开尔文(K)。色温在5300K以上的为冷色型，色温在3300~5300K之间的为中间色型，色温低于3300K的是暖色型。光源色分类及适用场合见表9-1。

光源色分类及适用场合　　表9-1

光源色	色　温(K)	适用场合
暖　色	<3300	客户、卧室等
中间色	3300~3500	办公室、图书馆等
冷　色	>5300	高照度水平或白天需补充自然光的时间

(6)显色指数：光源光对任何颜色呈现的真实程度称显色性，用显色指数Ra表示。它能衡量同一物体在一光源的照射下所呈现的颜色与在标准光源下呈现颜色的一致程度。光源的显色指数Ra最大值为100。80以上显色性优良；76~50时，显色性一般；50以下，显色性差。光源的显色指数及适用场合见表9-2。

光源显色指数及适用场所　　表9-2

显色指数　Ra	适用场合
$Ra>80$	客户、绘图室等辨色要求很高的场所
$60<Ra<80$	办公室、休息室等辨色要求较高的场所
$40<Ra<60$	行李房等辨色要求一般的场所
$Ra<40$	库房等辨色要求不高的场所

(7)统一眩光值UGR(Unified Glare Rating)：度量室内视觉环境中的照明装置发出

的光对人眼造成不舒适感主观反应的心理参量，其量值可按规定计算条件用 CIE（国际照明委员会）统一眩光值公式计算。

（8）眩光值（glare rating）（GR）：度量室外体育场和其他室外场地照明装置对人眼引起的不舒适感主观反应的心理参量，其值可按 CIE 眩光值公式计算。

上述主要的技术性能指标是对光源的质量及运用范围的判据。

一些常用光性能指标见表 9-3。

常用光源的主要特性表　　　　**表 9-3**

光源种类	功率（W）	光效（lm/W）	平均寿命（h）	色温（K）	显色指数 *Ra*
白炽灯	60	14.5	1000	2800	100
卤钨灯	500	19	2000	2950	100
暖白色荧光灯	40	80	10000	3500	59
冷白色荧光灯	40	50	10000	4200	98
日光色荧光灯	40	72.5	10000	6250	77
高压钠灯	250	100	9000	1950	27
低压钠灯	135	158	9000	1800	-48
荧光汞灯	400	60	12000	3450	45
金属卤化物灯	250	70	6000	5000	70

二、人工光源及特性

人工光环境中的光源为电光源。按照发光原理不同，可分为热辐射发光、气体放电发光和电致发光三大类。第一类利用电流通过灯丝，将其加热到白炽状态而发出可见光；第二类利用某些元素的原子被电子激发而产生可见光；第三类是物质在一定的电场作用下被相应的电能所激发而产生的发光现象，是一种直接将电能转化为光能的现象。

常用光源及其类别　　　　**表 9-4**

光源类型	光源名称
热辐射光源	白炽灯、卤钨灯
气体放电光源	荧光灯、荧光汞灯、金属卤化物灯、高压钠灯、低压钠灯、氙灯
电致发光光源	LED 光源、激光

1. 白炽灯与卤钨灯

用通电方法加热玻璃壳内的灯丝，导致灯丝产生热辐射而发光的电光源，为白炽灯。输入电能很大一部分都变为不可见辐射，对于这部分光谱，眼睛的敏感性不大，因此普通白炽灯的光效较低。但由于它发出的光线具有连续的谱线、显色性较好、亮度高、使用简便，因此仍然被广泛使用。

在玻璃壳内填充的惰性气体中加入微量的卤素化合物，构成卤钨灯。由于卤钨循环，使得灯丝工作温度可达 3000～3200K 以上，提高了灯泡的发光效率。与普通白炽灯相比，卤钨灯的优点有：体积小，光通量稳定，紫外线较丰富，发光效率比白炽灯高，寿命长。

热辐射电光源的分类及特性见表 9-5。

热辐射电光源分类及特性　　　　表 9-5

灯具	功率(W)	光通量(lm)	光强(cd)	光通效率(lm/W)	寿命(h)
普通白炽灯	25 ~ 1000	230 ~ 19000	—	9 ~ 19	1000
反射型 PAR 灯	25 ~ 300	—	180 ~ 40000	—	2000
高压卤钨灯	60 ~ 2000	580 ~ 44000	—	14 ~ 22	2000
低压卤钨灯	5 ~ 150	50 ~ 32	—	10 ~ 21	2000
低压反射型卤钨灯	10 ~ 250	—	600 ~ 45000	—	2000 ~ 4000

数据来源：徐云等．节能照明系统工程设计．北京：中国电力出版社．

2. 荧光灯

由气体放电产生的紫外线辐射激发荧光粉而发光的放电灯称为荧光灯。按照管径和形状，荧光灯可以分为：

(1) 直管型荧光灯 T12、T8、T5。其中，T5 可以比 T8 节电 20%，寿命可达 7500h。

(2) 高光通环形单端荧光灯。这种荧光灯结构紧凑，光通输出高，光通维持性能好，灯具内置整流器，目前，吸顶灯均为该类荧光灯。

(3) 紧凑型荧光灯 CFL。该类荧光灯是综合了白炽灯尺寸小、容易安装和荧光灯高光效的特点而产生的。这类荧光灯由于高光效，又常常被称作节能灯。我国推广的绿色照明工程中，该种灯具占 60% 以上。

各种荧光灯及特性对比表　　　　表 9-6

种类	灯头	功率(W)	光通(lm)	效率(lm/W)	寿命(h)
T8		18 ~ 58	1050 ~ 4600	36 ~ 65	7500
T8 三基色		18 ~ 58	1300 ~ 5200	43 ~ 73	7500
高效 T5		14 ~ 35	1350 ~ 3650	96 ~ 105	7500
内置镇流器 CFL	E27	9 ~ 23	375 ~ 1200	41 ~ 48	
	E27	7 ~ 32	400 ~ 2000	58 ~ 63	
外置镇流器 CFL	G23	5 ~ 11	250 ~ 900	28 ~ 60	
	2G7	5 ~ 26	250 ~ 1800	42 ~ 50	
	GR10	16 ~ 28	1050 ~ 2050	50 ~ 57	
	2G11	18 ~ 55	1200 ~ 4800	40 ~ 79	

3. 高强度气体放电灯 HID

把由于管壁温度而建立发光电弧，管壁表面负载超过 $3W/cm^2$ 的放电灯称为高压强度气体放电灯。当前，该类灯具正分别向小功率和大功率发展。小功率有 35W、50W、70W 和 100W 等，可以逐渐应用于室内照明。大功率已有 2000W、3500W，是室外照明的优秀光源。

金属卤化物灯和高压钠灯的分类和特性　　　　表 9-7

种类	形状	灯头	功率(W)	光通(lm)	效率(lm/W)	寿命(h)
金属卤化物灯	椭圆	E27	50 ~ 125	2000 ~ 65000	32 ~ 52	16000
		E40	250 ~ 1000	13000 ~ 58000	52 ~ 60	16000
高压钠灯	椭圆	E40	250 ~ 1000	17000 ~ 80000	62 ~ 96	6000
	管状	E40	250 ~ 1000	1900 ~ 300000	69 ~ 110	1000 ~ 3000
	管状	R7s	70 ~ 150	5000 ~ 11250	67 ~ 82	6000

续表

种类	形状	灯头	功率(W)	光通(lm)	效率(lm/W)	寿命(h)
高压钠灯	管状	Fc2	250 ~ 1000	20000 ~ 90000	73 ~ 86	6000
	椭圆	E27	70 ~ 100	5000 ~ 8500	66 ~ 85	6000
	管状	E40	2000 ~ 3500	170000 ~ 300000	85 ~ 86	1000 ~ 6000
	管状	E40	1000 ~ 2000	9000 ~ 200000	98 ~ 100	4000 ~ 6000

4. 低压钠灯

低压钠灯也是一种气体放电灯,是基于低气压钠蒸气放电中钠原子被激发而发光的原理制成的,其发光效率已达 200lm/W,成为各种电光源中发光效率最高的人造光源。由于低压钠灯辐射单色黄光,显色性差,因此适用于照度要求高但对显色性无要求的照明场所,如建筑标记、建筑物安全防盗照明以及高速公路、铁路等。

5. LED 光源

LED 光源就是发光二极管(Light-Emitting Diode)为发光体的光源。发光二极管灯泡无论在结构上还是在发光原理上,都与传统的电光源有着本质的不同。发光二极管是由数层很薄的半导体材料制成,一层带过量的电子,另一层因缺乏电子而形成带正电的"空穴",当有电流通过时,电子和空穴相互结合并释放出能量,从而辐射出光线。

LED 与其他光源特性比较 **表 9-8**

参数	单位	白炽灯	荧光灯	紧凑型荧光灯	HID LED	白光 LED
光效	lm/W	8 ~ 17	20 ~ 80	47 ~ 65	65 ~ 100	30 ~ 45
色温	K	2100 ~ 3000	2500 ~ 7500	2500 ~ 7500	3000 ~ 5000	5000 ~ 7000
显色性	Ra	100	40 ~ 90	40 ~ 90	60 ~ 80 以上	70 ~ 75 以上
寿命	h	750 ~ 2500	10000 ~ 20000	6000 ~ 10000	5000 ~ 20000	>100000

LED 光源的特点有:

(1) 节能环保:LED 光源的能量转化效率非常高,理论上可以达到白炽灯 10% 的能耗,LED 相比荧光灯也可以达到 50% 的节能效果。由于本身不含有毒有害物质(如汞),避免了荧光灯管破裂溢出汞的二次污染。同时光线中不含紫外线和红外线,不产生辐射(普通灯光线中含有紫外线和红外线)。

(2)寿命长:正常情况下使用 LED,其光衰可以减到 70% 的标称寿命是 10 万小时,减少了更换频率和其他维护工作。

(3)光色纯正:由于典型的 LED 的光谱范围都比较窄,不像白炽灯那样拥有全光谱,因此,LED 可以随意进行多样化的搭配组合,特别适用于装饰等方面。

(4)保护视力:LED 光源是直流驱动,无频闪效应(普通灯都是交流驱动,就必然产生频闪)。

(5)安全系数高:所需电压、电流较小,发热较小,不产生安全隐患,适用于矿场等危险场所。

(6)市场潜力大:LED 光源适用于低压、直流电源,因此电池、太阳能均可供电,适用于边远山区及野外照明等缺电、少电场所。

(7)防潮、抗震动:由于 LED 的外部多采用环氧树脂来保护,所以密封性能和抗冲击的性能都很好,不容易损坏。它可以应用于水下照明。

三、光源的选用

电光源的选用首先要满足照明设施的使用要求,包含照度、显色性、色温、启动、再启动时间等,其次要按环境条件选用,最后进行技术经济评价。

1. 根据照明设施的目的、用途来选择光源

(1)对显色性要求较高的场所应选用平均显色指数大于 80 的光源,如美术馆、商店、化学分析实验室、印染车间等。

(2)色温的选用主要根据使用场所的要求而定。办公室、阅览室宜选用高色温光源,使工作更有效。休息场所宜选用低色温光源,给人以温馨、放松的感觉。

(3)频繁开关的场所、对防止电磁干扰要求严格的场所,宜采用白炽灯。

(4)需要调光的场所,宜采用白炽灯、卤钨灯或选用带调光镇流器的荧光灯,但需要考虑经济性。

(5)要求瞬时点亮的照明装置,如各种事故照明,不能选用需要再启动时间的 HID 灯,一般使用白炽灯。

(6)美术馆展品照明,不宜采用紫外线辐射量多的光源。

2. 按照环境的要求选择光源

(1)低温场所,不宜选择需要电感镇流器的预热式荧光灯管,以避免启动困难。

(2)在需要控制温度的房间内,不宜选用发热量大的白炽灯、卤钨灯等。

(3)电源电压波动急剧的场所,不宜采用 HID 灯。

(4)在旋转设备、移动设备上不宜选用气体放电灯,以免产生频闪效应。

(5)在需防止紫外线照射的场所,应采用隔紫灯具或无紫光源。

3. 电光源选择的一般原则

(1)细管径(≤26mm)直管形荧光灯光效高、寿命长、显色性较好,适用于高度较低的房间,如办公室、教室、会议室及仪表、电子等生产场所。

(2)商店营业厅宜用细管径(≤26mm)直管形荧光灯代替较粗管径(>26mm)荧光灯,以紧凑型荧光灯取代白炽灯,以节约能源。小功率的金属卤化物灯因其光效高、寿命长和显色性好,可用于商店照明。

(3)高大的工业厂房应采用金属卤化物灯或高压钠灯。金属卤化物灯具有光效高、寿命长等优点,因而得到普遍应用。高压钠灯光效更高、寿命更长、价格较低,但其显色性差,可用于辨色要求不高的场所,如锻工车间、炼铁车间、材料库、成品库等。

(4)和其他高强气体放电灯相比,荧光高压汞灯光效较低,寿命也不长,显色指数也不高,故不宜采用。自镇流荧光高压汞灯光效更低,故不应采用。

(5)因白炽灯光效低和寿命短,为节约能源,一般情况下不应采用普通照明白炽灯,如普通白炽灯泡或卤钨灯等。在特殊情况下,应采用 100W 及以下的白炽灯。

四、灯具

灯具是光源、灯罩及其附件的总称。它能够改变光源光通量的空间分布或光谱分布。灯具可以以美观的造型来美化室内环境,重新分配光源的光通量,提高光的利用率,避免眩光以保护视觉,还可使光源防尘、防潮、免受损坏,起到隔离保护的作用。

1. 灯具特性

(1)灯具效率:从灯具发出的光通量与光源发出的总光通量之比,称为灯具效率。灯具效率与灯具的材料、形状及清洁程度等有关。

各种灯具的效率范围如表 9-9 所示。

灯具效率范围举例　**表 9-9**

灯　具　类　型	灯　具　效　率
有反射罩的直射型灯具	0.6～0.75
乳白玻璃漫射型灯具	0.5 以上
乳白玻璃吸顶灯	0.5 左右
嵌入式下射型白炽灯具	0.3～0.5
开敞式荧光灯具	0.8 以上

(2)配光:灯具的配光是指所发出的光强在空间各个方向的分布。若把光强在三维空间里用矢量表示,把矢量终端连接起来,构成配光曲线,表示的是光强的空间分布状态。图 9-1 所示的是扁圆顶棚灯的配光曲线。

(3)保护角:光源下端和灯具下端的连线和水平线的夹角,称为保护角,如图 9-2 所示。它可以有效地控制眩光。如果灯具与眼睛的连线和水平面的夹角小于保护角,则眼睛看不到高亮度的光源。若该夹角大于保护角,虽可看见光源,但因夹角较大,眩光程度大大降低。一般灯具的保护角要求在 15°～30°之间。

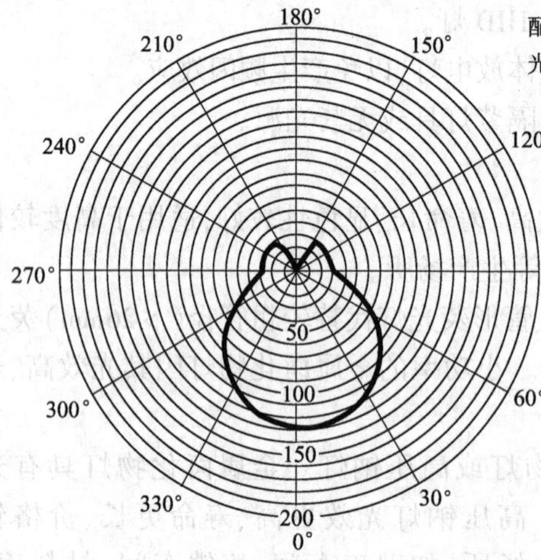

图 9-1　扁圆顶棚灯配光曲线

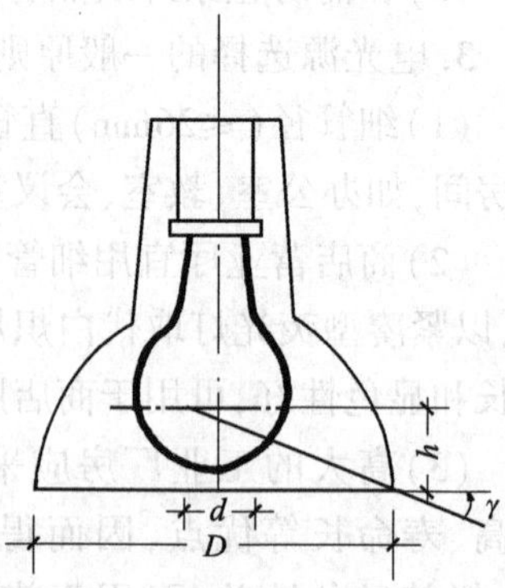

图 9-2　灯具保护角

2. 灯具分类

灯具有不同的分类方法。通常根据光通量在上下半球的分布将灯具划分为五类:直接型、半直接型、均匀扩散型(也称漫射型)、半间接型和间接型。

(1)直接型:直接型照明灯具把光通量的 90%～100% 射向下方,直接照在工作面上。这种灯具的效率很高,一般可达到 80% 以上,可以使灯具光通量的绝大部分得到利用,且室内表面的反光系数对照度的影响较小,设备的初始投资和维护的费用也小。但是灯具的上半部分几乎没有光线射出,顶棚很暗,会造成顶棚和灯具间强烈的亮度对比。此外,光通量从灯具有限面积内直接射下的越多,则阴影和眩光也会越严重。

(2)半直接型:这类灯具有 60%～90% 的光通量向下方射出到工作面上,可以获得较高的效率。10%～40% 的光通量向上部射出,可以增加顶棚的亮度,降低顶棚与灯具之间过大的亮度反差。

(3)均匀扩散型:这类灯具向上下空间射出的光通量大致相等,分别占了灯具总光通的 40%～60%。工作面上的照度来自灯具向下的直射光,向上的光通则可照亮顶棚,使室内获得一定的反射光。这可使整个室内有良好的亮度分布,并避免眩光的形成。

(4)半间接型:这种灯具上半部分的光通量占了60% ~90%,使顶棚作为主要照射面,增加了室内反射光的比例,使房间的光线柔和、均匀,眩光小,但室内的照度往往不高。

(5)间接型:这类灯具90% ~100%的光通量射向上方,向下只有不到10%,所以室内顶棚和上半部的墙壁比较亮,同时又将光线反射下来,使室内光线柔和,没有眩光。但因光线全部来自反射,故利用效率低,且室内表面的反光系数对照度的影响很大。为了很好地利用光线,室内表面装修时,应采用高反光系数的扩散材料,并且要有良好的维护,防止反光系数的下降。

3. 灯具的选择

在进行室内光环境设计时,应该全面考虑灯具的各种特性,并结合视觉工作特点、环境因素及经济因素来选择灯具。这对提高光环境质量有着非常重要的意义。

(1)首先要考虑灯具的配光及保护角特性。光在空间的分布情况会直接影响到光环境的组成与质量。一般在商场、休息室、接待室等处,要求大部分直射光投射到顶棚和墙,通过表面较强的反射来获得柔和的光环境,所以可采用间接型灯具。在较大的办公室或大厅之中,可选用配光较窄的灯具。

将带有格栅的嵌入式灯具布置成发光带,可限制眩光,并且获得感官上的舒适。同样,为了防止直接眩光,可选用装有漫射玻璃的灯具;为防止反射眩光,可选用有漫射照明装置的灯具。此外,灯具保护角也可起到限制眩光的作用,在选取中也应加以考虑。

(2)应充分考虑与环境的协调和配合。在选择灯具时,应注意温度、湿度、尘埃、腐蚀、爆炸危险等因素,还要使灯具的造型与环境的风格相协调。

(3)还应考虑所选灯具的经济性。应选择那些灯具效率高的灯具,使得在获得同一照度时,消耗的电功率最小。当然,还需考虑灯具本身的初始投资费用以及安装和更换的经济性。

4. 灯具的布置

灯具的布置应根据不同的照明方式,并综合考虑功能性及美观性等方面的要求来进行。灯具空间布置一般有四大类:一般照明、分区一般照明、局部照明及混合照明。

(1)一般照明:不考虑局部的特殊要求而使室内具有均匀照度的一种方式。灯具均匀地分布在被照场所的上空,在被照面上形成均匀的照度。同时,这种平均照度要满足视觉工作的要求。这种方式,适合于没有高视度方面特殊要求,且对光的投射方向没有特殊要求的场合。但是,当房间的层高大,照度要求高时,单独采用一般照明方式会造成灯具过多,功率过大的后果,不利于经济性。

(2)分区一般照明:室内某些区域要求高于一般照明照度时,可将灯具在这些区域相对集中布置,在不同的分区内仍有各自均匀的一般照明,故称分区一般照明。例如在办公场所的工作区和休息区等,有不同的照度要求,就可采用这种方式。

(3)局部照明:它是为某一局部进行照明装置的设置,而不考虑周围情况。它常常设置在要求高照度以满足非常精细的视觉,或对光线的方向性有特殊要求的部位。但是一般不允许单独使用局部照明,以免造成某一局部与周围环境之间过大的亮度对比,妨碍视觉工作。

(4)混合照明:在同一室内既有一般照明,以解决整个范围内的均匀照明,又有满足某一局部特殊要求的重点照明。这是将一般照明与局部照明相结合的一种方式。在高照度要求时,这种照明方式比较经济,也是目前工业建筑和照度要求高的民用建筑中最常用的一种方式。

在具体布置灯具时,还需考虑照明场所的建筑结构形式、风格、审美要求、工艺设备、管道及安全维护等因素。

5. 灯具布置的美观性

在近距离时,每一个灯具的具体细节都很引人注意,如造型、颜色、材料、表面质感等。拉远距离时,灯具的整体布置就显得突出了,并且其给人的印象与总的照明效果有关。这种整体是由一个个灯具组合起来的,而且比各个部分的单纯总和还要表现得更丰富一些。因此,灯具的布置相当重要。有这么几种规律可供设计时参考:

(1)接近性:当一些对象布置得很近时,人们在感觉上往往把它们当作一个整体来接受。在灯具布置时,若把若干灯具组合起来形成一个单元,就可以使人产生一种简洁的视觉效果。

(2)相同性:人们可以认出相同的形状或图案,并把它们理解成同一个组。同样,如果灯具具有相同的形状、图案或颜色,都可被理解成组。因此,为避免所布置的灯具外观不清或混淆,应将可以辨认的组数尽可能减少。

(3)连续性:一个原本不完整的形体,在具有联想能力的人脑支配下观看,就会觉得是连续或完整的。因此,在布置灯具时,可利用人们观察事物的这种连续性来取得统一的效果。

第二节 人工光环境设计内容及过程

人工光环境设计不仅要使工作面达到规定的照度,而且要保证光环境的质量。无论是视觉工作场所的光环境,如教室、书房等,还是休息、娱乐场所的光环境,如休息厅、门厅、卧室等,都要从深入分析设计对象入手,全面考虑对照明设计有影响的功能、形式、效果、心理和经济等方面的因素。人工光环境设计的主要内容和设计过程可简要地用图 9-3 表示。

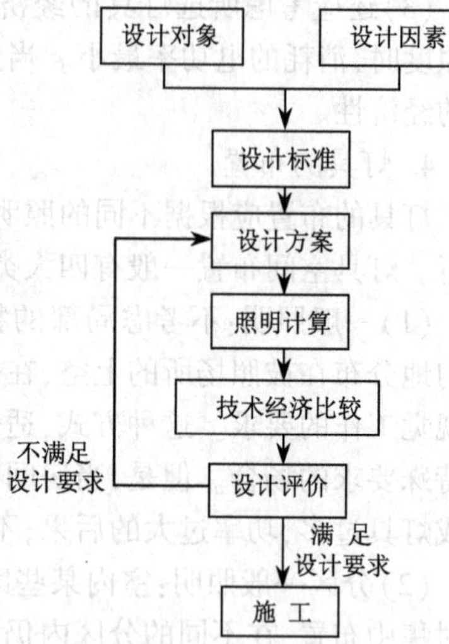

图 9-3 人工光环境设计流程图

一、设计对象

要了解设计对象的使用功能、视觉工作的性质和延续时间、使用人的情况、可能使用的年限以及其他特殊要求等。

二、设计因素

设计中所要考虑的因素主要有:

(1)建筑因素:建筑物的位置、朝向,建筑空间的大小、形状、风格,室内表面的反光系数及色彩、质地,照明与各种设备系统的协调布置等。

(2)环境因素:允许的噪声级、温度、湿度、电压、尘埃、振动等情况以及环境对照明设备系统是否有特殊的要求,如是否有化学腐蚀、爆炸等危险。

(3)经济因素:照明系统的投资和运行费用,以及是否符合照明节能的要求和规定。

(4)安全因素:照明系统是否有必要的安全照明和应急照明等。

(5)心理因素:照明效果对视觉工作者造成的心理反应以及在构图、色彩、空间感、明暗、动静及方向性等方面是否达到视觉上的满意、舒适和愉悦。

(6)室内因素:包括灯具的布置、颜色等与室内装修的相互协调,室内空间布置、家具陈设与照明系统的相互融合等。

(7)管理因素:设计阶段要考虑到设备系统管理维护的便利性,制定可行的维护管理计划,以保证照明系统的正常高效运行。

三、设计标准

设计标准包括照明的数量和质量两个方面。根据识别物件的大小、物件与背景的亮度以及国民经济发展情况,规定工作面必需的照度,并且考虑质量因素,要求达到有利于视觉功能、舒适及美观的亮度分布,详见本章第二节。

四、设计方案

设计方案的形成包括选择合理的照明方式、照明设备、照明布局及照明装置的细部设计。

五、照明计算

在选择合适的照明方式,确定了所需的照度与各种照明指标以及相应的光源和灯具以后,要求计算出所需要的光源功率,或按预定的功率核算照度,进行照明计算,详见本章第四节。

六、经济比较

经济比较包括光源和照明方案的全面经济核算,判定照明方案是否经济合理。

七、设计评价

通过计算和制作模型等手段来评定设计方案是否达到设计要求,是否满足标准,以便决定是修改设计方案,还是完成设计,投入施工。

第三节 照明标准

我国的《建筑照明设计标准》(GB 50034—2004)是从照明的数量和质量两个方面来规定室内人工照明标准的。

一、照明数量

人眼的视度与识别物的尺寸,物件与背景的亮度对比以及物件本身的亮度等因素有关。照明标准就是根据上述因素,并考虑到经济发展的情况,来规定工作面上所必需的照度值,工业企业的照度标准值。

我国于2004年颁布了《建筑照明设计标准》(GB 50034—2004),规定了居住建筑、办公建筑、图书馆建筑、商业建筑、影剧院建筑、旅馆建筑、医院建筑、学校建筑、博物馆建筑陈列室、展览馆展厅、交通建筑、体育建筑以及各类工业建筑、公用场所的照度标准值。照明设计中各类房间或场所的作业面或参考平面上的维持平均照度值应符合相关照度标准值的要求,这里的维持平均照度是指规定表面上的平均照度不得低于此数值,它是在照明装置必须进行维护的时刻在规定表面上的平均照度。

居住建筑照明标准值宜符合表9-10的规定。

居住建筑照明标准值 **表 9-10**

房间或场所		参考平面及其高度	照度标准值(lx)	Ra
起居室	一般活动	0.75m 水平面	100	80
	书写、阅读		300 *	
卧室	一般活动	0.75m 水平面	75	0
	床头、阅读		150 *	
餐厅		0.75m 餐桌面	150	80
厨房	一般活动	0.75m 水平面	100	80
	操作台	台面	150 *	
卫生间		0.75m 水平面	100	80

* 宜用混合照明。

办公建筑照明标准值应符合表 9-11 的规定。

办公建筑照明标准值 **表 9-11**

房间或场所	参考平面及其高度	照度标准值(lx)	UGR	Ra
普通办公室	0.75m 水平面	300	19	80
高档办公室	0.75m 水平面	500	19	80
会议室	0.75m 水平面	300	19	80
接待室、前台	0.75m 水平面	300	—	80
营业厅	0.75m 水平面	300	22	80
设计室	实际工作面	500	19	80
文件整理、复印、发行室	0.75m 水平面	300	—	80
资料、档案室	0.75m 水平面	200	—	80

商业建筑照明标准值应符合表 9-12 的规定。

商业建筑照明标准值 **表 9-12**

房间或场所	参考平面及其高度	照度标准(lx)	UGR	Ra
一般商业营业厅	0.75m 水平面	300	22	80
高档商业营业厅	0.75m 水平面	500	22	80
一般超市营业厅	0.75m 水平面	300	22	80
高档超市营业厅	0.75m 水平面	500	22	80
收款台	台面	500	—	80

公用场所照明标准值应符合表 9-13 的规定。

公用场所照明标准值 **表 9-13**

房间或场所		参考平面及其高度	照度标准值(lx)	UGR	Ra
门厅	普通	地面	100	—	60
	高档	地面	200	—	80
走廊、流动区域	普通	地面	50	—	60
	高档	地面	100	—	80
楼梯、平台	普通	地面	30	—	60
	高档	地面	75	—	80

续表

房间或场所		参考平面及其高度	照度标准值(lx)	UGR	Ra
自动扶梯		地面	150	—	60
厕所、盥洗室、浴室	普通	地面	75	—	60
	高档	地面	150	—	80
电梯前厅	普通	地面	75	—	60
	高档	地面	150	—	80
休息室		地面	100	22	80
储藏室、仓库		地面	100	—	60
车库	停车间	地面	75	28	60
	检修间	地面	200	25	60

《建筑照明设计标准》(GB 50034—2004)中照度标准值按照 0.5lx、1lx、3lx、5lx、10lx、15lx、20lx、30lx、50lx、75lx、100lx、150lx、200lx、300lx、500lx、750lx、1000lx、1500lx、2000lx、3000lx、5000lx 分级。当符合下列条件之一及以上时，作业面或参考平面的照度，可按照度标准值分级提高一级：

(1)视觉要求高的精细作业场所，眼睛至识别对象的距离大于500mm 时；

(2)连续长时间紧张的视觉作业，对视觉器官有不良影响时；

(3)识别移动对象，要求识别时间短促而辨认困难时；

(4)视觉作业对操作安全有重要影响时；

(5)识别对象亮度对比小于 0.3 时；

(6)作业精度要求较高，且产生差错会造成很大损失时；

(7)视觉能力低于正常能力时；

(8)建筑等级和功能要求高时。

当符合下列条件之一及以上时，作业面或参考平面的照度，可按照度标准值分级降低一级：

(1)进行很短时间的作业时；

(2)作业精度或速度无关紧要时；

(3)建筑等级和功能要求较低时。

为使照明场所的实际照度水平不低于规定的维持平均照度值，照明计算时，应考虑因光源光通量的衰减、灯具和房间表面污染引起的照度降低。在照明设计时，应根据环境污染特征和灯具擦拭次数从表 9-14 中选定相应的维护系数。

维护系数 **表 9-14**

环境污染特征		房间或场所举例	灯具最少擦拭次数(次/年)	维护系数值
室内	清洁	卧室、办公室、餐厅、阅览室、教室、病房、客房、仪器仪表装配间、电子元器件装配间、检验室等	2	0.80
	一般	商店营业厅、候车室、影剧院、机械加工车间、机械装配车间、体育馆等	2	0.70
	污染严重	厨房、锻工车间、铸工车间、水泥车间等	3	0.6
室外		雨篷、站台	2	0.65

二、照明质量

照明设计不仅要解决照明数量问题，还要解决照明质量问题，因为它直接影响到视觉工作的效率，甚至影响到身体健康和心理状况，还会影响到整个室内的气氛和各种效果。照明质量包括一切有利于视功能及舒适感，易于观看和安全美观的亮度分布，如眩光控制、均匀度、方向性、扩散等。

1. 眩光

眩光是在视野内形成干扰视觉或使视觉不舒适和疲劳的高亮度。按照它的形成原因，可以分成直接眩光、反射眩光和光幕反射等类型；按照它的危害程度，又有失能性眩光和不舒适眩光之分。根据建筑使用功能的不同，眩光限制可分为三个等级。

(1)一级：高质量，基本保证无眩光，适用于对眩光控制要求较高的场所，如阅览室、办公室、绘图室、计算机房、重点陈列区、售票室、调度室等；

(2)二级：中等质量，室内可有轻微的眩光，适用于会议室、接待室、目录厅、餐厅、候车室、游艺厅、营业厅、训练馆等。

(3)三级：低质量，室内有眩光感觉，适用于贮藏室、洗手间等。

公共建筑和工业建筑常用房间或场所的不舒适眩光应采用统一眩光值(UGR)评价，室外体育场所的不舒适眩光应采用眩光值(GR)评价，UGR和GR的最大允许值应符合《建筑照明设计标准》(GB 50034—2004)中对照明标准值的规定。

眩光的限制应分别从光源、灯具、照明方式等方面进行，也可在室内装修中配合控制。

在光源方面，选用不同的类型，就会有不同程度的眩光效应。一般是光源越亮，眩光越显著。表9-15列举了几种常用光源和眩光的关系。

光源和眩光　　表9-15

光　　源	表 面 亮 度	眩　　光
白炽灯	较大	较大
柔光白炽灯	小	无
卤钨灯	大	大
荧光灯	小	很小
高压钠灯	较大	中等
高压汞灯	较大	较大
金属卤化物灯	较大	较大
氙　灯	大	大

光源的眩光限制，应该从光源本身的制造及工艺上入手。一般措施有：

(1)在玻璃灯壳内镀金属层，以挡住高亮度的灯丝；

(2)用乳白色玻璃等遮光材料作灯壳；

(3)在灯管内壁涂以荧光材料；

(4)加大光源的发光面积等。

在灯具方面，可从灯具的材料、数量、位置及方向等因素入手：

(1)灯具的材料：可以利用它的化学性质来降低表面亮度，常用磨砂玻璃、乳白玻璃、塑料等材料；

(2)灯具的构造：可做遮光罩或格栅，并具有一定的保护角；

(3)灯具的数量：灯具数量越多，则造成眩光的可能性也越大；

(4)灯具的位置：灯具位置越高，则眩光的可能性就小。

在照明方式的选取上，通过隐蔽光源或降低光源的亮度可以减少眩光的危害。

在室内装修时，亦可调节室内环境的亮度，以减少眩光的危害。可设法增加室内各表面的亮度，或减少光源及其周围的亮度对比，以取得合适的亮度平衡。这就要求选取合适的墙面、顶棚和地面材料的颜色和反光系数。如墙面，宜采用白色或淡色的粉刷、壁纸、石膏板等，通过光的多次反射来限制环境亮度。反射比宜在0.3～0.5之间，不能过高，否则会产生反射眩光。

为保持环境亮度的平衡，还要考虑照度和反射比的关系。表面受到的照度高时，可采用低反射比的材料；反之，若表面照度低，可采用高反射比的材料。长时间工作的房间，其表面反射比按照表8-11选取。

室内有光泽的表面很容易产生镜面反射，产生反射眩光，为此，各种装修或家具表面不宜采用有光泽的材料或涂料，还要调整有玻璃的家具物品与光源的相对位置，控制它们产生的反射眩光。

2. 照度的均匀性

视野内亮度应做到足够的均匀。尤其是长时间进行视觉工作的场所，如果视野内亮度不均匀性过大，容易引起视觉疲劳，影响工作效率及休息娱乐的舒适性。

我们希望空间照度的最大值、最小值与平均值的差值不超过1/6，最低照度与平均值之比不低于0.7。这主要是从灯具的布置上解决。灯具的间距 l 与灯具至顶棚表面的距离 h_{cr} 的比值即距高比（l/h_{cr}），有一控制的最大值，称为灯具的最大距高比，可从照明设计手册中查到。运用这个数据，可以从均匀性的角度来考虑灯具的布置。

3. 阴影

视看对象如处在别的物件的阴影之中，它的亮度下降，势必会影响视度。因此，当室内有较多的家具或陈设时，应注意避免对临近工作面形成阴影，也可增加光的入射方向，或增加漫射光，使阴影浓度减弱。

4. 亮度分布

为形成良好的视度，要求各个表面之间有一定的亮度对比。但如果视野内不同亮度表面的亮度差别过大，也会使眼睛很快疲劳，所以，要控制好室内各表面的亮度比。常见的室内各个表面的亮度比的推荐值见表9-16。较好地保证各表面一定的亮度比，有助视觉功能达到舒适及高效。

常见室内表面亮度推荐值 **表9-16**

表面	教室	办公室	车间 *A*	车间 *B*	车间 *C*	备注
工作对象和邻近表面	1:3	3:1	3:1 1:3	3:1 1:3	5:1 1:5	暗背景 亮背景
工作对象和稍远的暗表面	5:1	10:1	10:1	20:1		
工作对象和稍远的亮表面	1:5	1:5	1:10	1:20		
灯具（窗）与邻近表面	10:1		20:1			
视野内其他表面	10:1		40:1			

注：*A*：整个室内空间的反射比可控制在适当的范围内；
B：紧靠工作点的反射比可以控制，但远一些的地方无法控制；
C：反射比不能控制，环境状况很难改变。

对于有视觉显示终端的工作场所，照明应限制灯具中垂线以上等于和大于65°高度角的亮度。灯具在该角度上的平均亮度限值宜符合下表的规定。

灯具平均亮度限值　　表 9-17

屏幕分类,见 ISO 9241－7	Ⅰ	Ⅱ	Ⅲ
屏幕质量	好	中等	差
灯具平均亮度限值	≤1000cd/m²		≤200cd/m²

注:1. 本表适用于仰角小于等于15°的显示屏
2. 对于特定使用场所,如敏感的屏幕或仰角可变的屏幕,表中亮度限值应用在更低的灯具高度角(55°)上

5. 照度的稳定性

照度不稳定会很快使眼睛感到疲劳,影响视觉工作和健康。造成室内照度不稳定的因素有三:其一是光源的老化,灯具的污染以及房间的污染使在运行过程中照度下降。这一情况可以在设计阶段就预计到,并预先适当地增大照明功率。其二是供电电压波动而使照度不稳定。对于视觉要求较高的场合,灯具的电压不低于额定电压的97.5%,一般要求不低于95%。解决的途径是使电源分开,照明变压器增设调压器等。其三是交流供电的气体放电光源接到不同的相位电路上。

第四节　照明节能

一、照明节能

随着我国国民经济和人民生活水平的提高,能源需求大幅增加,能源供需矛盾突出,其中建筑照明能耗已成为我国总能耗的重要组成部分。目前我国照明能耗约占全国总能耗的12%~20%。随着城市建设迅速发展,新建建筑不断崛起,能源消耗量逐年上升,照明用电水平也逐年提高,特别是商业楼宇和营业性餐厅照明负荷,有的甚至超过了空调负荷而跃居各种用电之首。对于没有空调的建筑,照明用电比重更大,一般占建筑总耗电量的70%以上。按照我国提出的中国绿色照明工程的要求,照明用电已成为节能的重要方面。目前的照明节能潜力很大,一般节能方案均能达到节约20%～35%,因此节约照明用电将带来巨大的社会效益与经济效益。

建筑空间光环境的营造应尽量利用自然光,从被动采光进而发展为积极利用自然光。在第八章天然光环境设计中介绍了地下空间和封闭空间的天然光采光,其中介绍的各种技术手段也可以用于配合人工光环境。

我国的《建筑照明设计标准》(GB 50034—2004)中,对于居住建筑,建议每户单位面积上照明安装功率数值,即照明功率密度值不宜大于表9-18的规定。当房间或场所的照度值高于或低于本表规定的对应照度值时,其照明功率密度值应按比例提高或折减。

居住建筑每户照明功率密度值　　表 9-18

房间或场所	照明功率密度(W/m²)		对应照度值(lx)
	现行值	目标值	
起居室			100
卧室			75
餐厅	7	6	150
厨房			100
卫生间			100

《建筑照明设计标准》(GB 50034—2004)对于办公建筑(表 9-19)、商业建筑(表 9-20)、旅馆建筑、医院建筑、学校建筑以及工业建筑都强制规定了照明功率密度值的上限值。

办公建筑照明功率密度值 表 9-19

房间或场所	照明功率密度(W/m^2)		对应照度值(lx)
	现行值	目标值	
普通办公室	11	9	300
高档办公室、设计室	18	15	500
会议室	11	9	300
营业厅	13	11	300
文件整理、复印、发行室	11	9	300
档案室	8	7	200

商业建筑照明功率密度值 表 9-20

房间或场所	照明功率密度(W/m^2)		对应照度值(lx)
	现行值	目标值	
一般商店营业厅	12	10	300
高档商店营业厅	19	16	500
一般超市营业厅	13	11	300
高档超市营业厅	20	17	500

人工照明的节能,主要包括以下几项具体措施:

(1)尽可能地采用高光效、长寿命光源,优先使用荧光灯;

(2)照明设计应当选用效率高、利用系数高、配光合理、保持率高的灯具;

(3)根据视觉作业要求,确定合理的照度标准值;

(4)室内表面尽可能采用浅色装饰;

(5)加强用电管理,包括灯具的清洁维护,选择适宜的控制开关(例如定时开关、调光开关、光电自动控制器)和照明自动控制管理系统。

二、绿色照明

1991 年 1 月美国环保局(EPA)首先提出实施"绿色照明"(Green Lights)和推进"绿色照明工程"(Green Lights Program)的概念,很快得到了联合国的支持和许多发达国家和发展中国家的重视,并积极采取相应的政策和技术措施,推进绿色照明工程的实施和发展。1993 年 11 月中国国家经贸委开始启动中国绿色照明工程,并于 1996 年正式列入国家计划。

绿色照明是指通过科学的照明设计,采用效率高、寿命长、安全和性能稳定的照明电器产品(电光源、灯用电器附件、灯具、配线器材以及调光控制器和控光器件),改善提高人们工作、学习、生活的条件和质量,从而创造一个高效、舒适、安全、经济、有益的环境并充分体现现代文明的照明。

推进绿色照明工程,首先要选用高光效节能照明产品,选用高效光源,例如紧凑型荧光灯(俗称节能灯)就是其中的一种。在不久的将来,LED 将成为一种新型照明光源,将引起照明领域的巨大变革,对绿色照明的实施产生重大影响。充分利用太阳能光源也是重要的一环。此外,选用高效灯具及配套的电器附件与照明节能和照明质量的关系也很大。

其次,节能照明设计是实施绿色照明的关键。设计中应确定适宜的照度标准和照明功率密度,选择最佳的照明方式,例如 CIE 提出分区一般照明方式,研究表明办公室若按分区一般照明或混合照明方式设计,减少了一般照明,可节电 30%~50% 。还应采取多种技术措施充分利用天然光。

绿色照明工程还需规范管理,扩大宣传。加强实施绿色照明计划的宣传工作,提高广大建筑工作者,特别是建筑照明设计和科研人员的节能和环保意识。制定政策,加强宏观调控和管理,在建筑节能技术政策和建筑设备技术政策上,明确推行绿色照明计划。有计划地做好推行绿色照明的典型示范工作。

第五节 照明计算

人工光环境设计中,照明计算是不可缺少的一个环节。当明确了设计要求,选择了合适的照明方式,确定了所需的照度和各种质量要求,并选择了相应的光源和灯具之后,就要通过照明计算来确定所需要的光源功率,或者按照已预定的功率来核算室内平均照度及某点的照度是否符合标准。

照明计算的范围很广,包括照度、亮度、眩光、显色指数、经济与节能分析等,且计算方法也很多。这里简要介绍的是照度计算中常用的利用系数法。

一、利用系数法的基本原理

利用系数法的基本原理如图 9-4 所示。光源发出的总光通量 ϕ,在灯具内损失了一部分,其余入射到室内空间。其中,射到工作面上的光通量称为有效光通 ϕ_u。有效光通由两个部分组成:直接射到工作面的部分 ϕ_d,它形成了直射光的照度;另一部分是先射到室内其他表面,后经一次或多次反射而到达工作面的 ϕ_ρ,它形成的是反射光的照度。所以,光源实际投射到工作面上的有效光通为:

$$\phi_u = \phi_d + \phi_\rho \tag{9-1}$$

显然,ϕ_u 越大,光源发出的光通量中得到利用的就越多。灯具利用系数 C_u 就是有效光通 ϕ_u 和照明设施总光通量 $N\phi$ 的比值,即:

$$C_u = \frac{\phi_u}{N\phi} \tag{9-2}$$

式中 ϕ_u——工作面上的有效光通(lm);

ϕ——一个灯具内光源的光通(lm);

N——灯具的数量(台)。

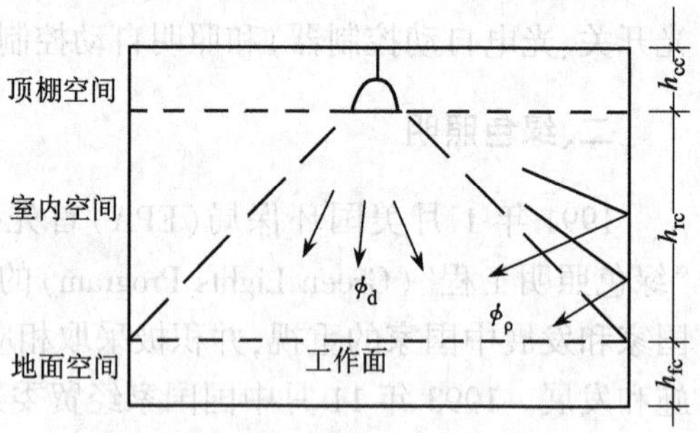

图 9-4 利用系数法室内空间划分

只要知道了灯具的利用系数及光源的光通量,就可以利用式 9-3 计算出工作面上的平均照度 E 以核算是否满足要求:

$$E = \frac{\phi_u}{S} = \frac{N\phi C_u}{S} \tag{9-3}$$

式中 S——工作面面积(m^2)。

同样,如果要知道为达到某一照度要求,需要安装多大功率的光源,则可将上式改写为:

$$\phi = \frac{ES}{NC_u} \tag{9-4}$$

照明设施在使用中会受到污染而使照度下降，所以在照明设计中，应将初始照度适当提高，即把照度标准值除以一个系数，这个系数就是维护系数 K，见表 9-14。于是，利用系数的计算式可写为：

$$\phi = \frac{ES}{NC_u K} \tag{9-5}$$

常用灯具的利用系数可在各种设计手册中查找。表 9-21 所示的是玻璃钢教室照明灯 BYG4-1 的利用系数值。

灯具利用系数举例 BYG4-1（玻璃钢教室照明灯） **表 9-21**

ρ_{cc}	0.7			0.5			0.3			0.1			0
ρ_w	0.5	0.3	0.1	0.5	0.3	0.1	0.5	0.3	0.1	0.5	0.3	0.1	0
ρ_f	0.2			0.2			0.2			0.2			0
RCR	利用系数												
1	0.79	0.77	0.75	0.76	0.74	0.72	0.73	0.71	0.70	0.70	0.69	0.68	0.66
2	0.71	0.67	0.63	0.68	0.65	0.62	0.66	0.63	0.61	0.64	0.61	0.60	0.58
3	0.63	0.59	0.55	0.62	0.57	0.54	0.59	0.56	0.53	0.58	0.54	0.53	0.50
4	0.57	0.51	0.47	0.55	0.50	0.46	0.59	0.49	0.46	0.52	0.48	0.45	0.44
5	0.51	0.45	0.40	0.49	0.44	0.40	0.48	0.43	0.40	0.46	0.42	0.39	0.38
6	0.45	0.39	0.34	0.44	0.39	0.35	0.43	0.38	0.34	0.42	0.37	0.34	0.33
7	0.41	0.34	0.31	0.40	0.34	0.30	0.38	0.34	0.30	0.38	0.33	0.30	0.28
8	0.36	0.30	0.26	0.35	0.30	0.26	0.34	0.29	0.26	0.33	0.30	0.26	0.24
9	0.32	0.26	0.22	0.32	0.26	0.22	0.31	0.26	0.22	0.30	0.25	0.22	0.21
10	0.29	0.24	0.20	0.29	0.23	0.19	0.28	0.23	0.19	0.27	0.25	0.19	0.18

二、影响利用系数的因素

从利用系数法的计算原理可知，利用系数的大小与下列因素有关：

1. 灯具类型

直射到工作面上的光通 ϕ_d 直接影响到有效光通的大小。ϕ_d 越大，有效光通就越大，利用系数也就越高。所以，直接型灯具的利用系数比其他类型的要高。

2. 灯具效率

光源发出的总光通量中，有一部分在灯具内经吸收、反射而有所损失。灯具效率越高，则损失就越小，到达工作面的光通才会越多，灯具利用系数也就越大。

3. 房间尺寸

工作面与房间其他表面的相对尺寸越大，则其接受光通的机会就越多，利用系数也就越大。这里，常用空间比来表示这一特性。如果以灯具平面和工作面为界，将房间划分成三个空间：顶棚空间、室内空间和地面空间，如图 9-4 所示，那么顶棚空间比 CCR、室内空间比 RCR 及地面空间比 FCR 分别为：

$$CCR = 5h_{cc}\left(\frac{l+w}{lw}\right) \tag{9-6}$$

$$RCR = 5h_{rc}\left(\frac{l+w}{lw}\right) \tag{9-7}$$

$$FCR = 5h_{fc}\left(\frac{l+w}{lw}\right) \tag{9-8}$$

式中 h_{cc}、h_{rc}、h_{fc}——分别为顶棚空间高度(m)、室内空间高度(m)及地面空间高度(m)。

从图9-5可以看出,同一灯具,放在尺度不同的房间,直射光通会有很大差别。净高小、宽度大的房间,和净高大、宽度小的房间相比,前者直射光的覆盖面大,直射光通就大。

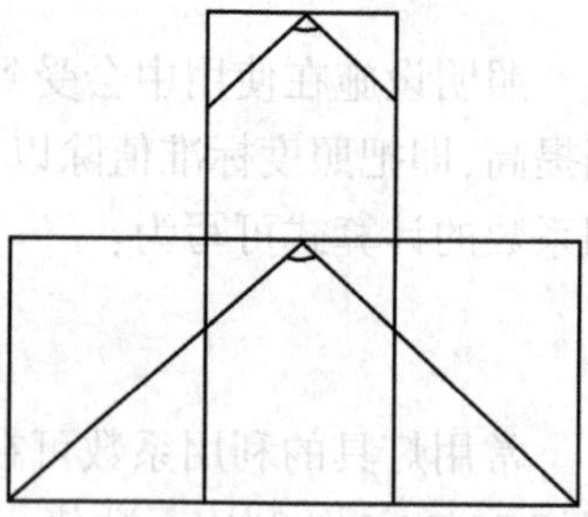

图9-5 房间尺度与光通分布

4. 室内表面的反射比

有效光通中来自反射部分的光通 ϕ_ρ,直接受到室内各个表面反射比的影响。这些表面,如顶棚、墙、地板、设备等,它们的反射比越高,反射光通量就越大。

顶棚的有效反射比 ρ_{cc} 反映的是顶棚空间的总反射能力。它与顶棚空间比 CCR、顶棚空间中墙及顶棚的反射比有关,其数值由图9-6给出。

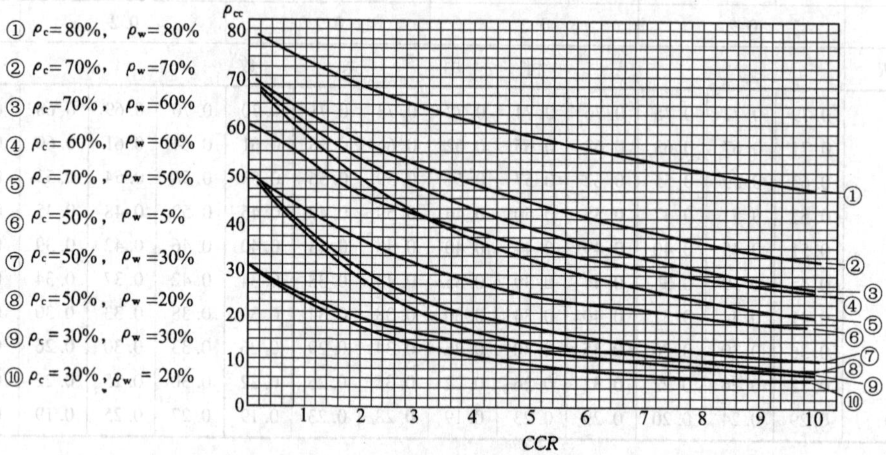

图9-6 顶棚有效反射比值

室内墙表面的平均反射比 ρ_w,是各个墙面的反射比按照面积的加权平均,即:

$$\rho_w = \frac{\rho_1 S_1 + \rho_2 S_2 + \cdots\cdots + \rho_n S_n}{S_1 + S_2 + \cdots\cdots + S_n} \tag{9-9}$$

式中 $\rho_1, \rho_2 \cdots\cdots \rho_n$——各墙面的反射比;

$S_1, S_2 \cdots\cdots S_n$——各墙面的面积($m^2$)。

第五节 人工光环境设计示例

我们以教室为例,具体说明人工光环境设计的过程。

一、了解设计对象及设计要素

教室的人工光环境要求能使学生看得清楚,看得舒适,要保证学生长时间学习以及生理、心理健康的需要。

二、设计标准

1. 照明数量

为保证在工作面上形成必要的亮度和亮度对比,照明标准要求教室桌面上的平均照度不低于150lx,照度均匀度不低于0.7。教室黑板区应有局部照明,其平均照度不低于 200lx,照度均匀度不低于 0.7。

2. 照明质量

(1)眩光控制:教室内的眩光包括直接眩光、反射眩光和光幕反射等三类。当学生视野内出现高亮度(主要是由裸露的灯泡引起的),会产生直接眩光,降低视度,所以在光源外都应装上灯罩,且要有一定的保护角。反射眩光主要来自墨漆黑板和某些光滑的深色油漆课桌表面,这可以通过改变材料,如改用磨砂玻璃作黑板,也可以通过调整光源和被照面的位置来解决。光幕反射主要来自于光滑的有光纸面,故应尽可能减少使用有光纸和闪光墨水。

(2)照度均匀度:主要要求保证课桌面和黑板面照度的均匀度不低于 0.7。

(3)阴影:如果学生的视看对象,如课桌、黑板上有阴影,势必影响视度,可以通过增加光的入射方向以及增加扩散光在总照度中的比例来减弱阴影。

(4)亮度分布:为了减少视觉疲劳,要求大面积表面间的亮度比不超过下列值:视看对象和邻近表面,如书本和课桌表面——3:1;视看对象和远处较暗表面,如书本和地面——3:1;视看对象和远处较亮表面,如书本和窗口——1:5。

3. 设计方案

(1)光源:教室光源最好采用荧光灯,因为它的发光效率高,寿命长,表面亮度低,光色好。随着小功率高压钠灯的普及,它也可以被用于教室照明之中。

(2)灯具:一般选用盒式或控照式。灯具形式应力求简洁大方。为了消除眩光和进行控光,还应有一定的保护角。近年来,出现了一些适用于教室的灯具。其最大发光强度位于与垂线成30°的方向上,并有较大的保护角,如 BYG4-1 蝙蝠翼配光灯具。目前,许多教室内还采用如 40W 简式木底板荧光灯(YG1-1)或简式荧光灯(YG2-2)等裸荧光灯管,这会带来一定程度的眩光。如能更换灯具,并合理布置,就能较好地解决这一问题。如图 9-7 所示,改造前选用的是 6 支 YG1-1 型灯具,挂高 2.0m,后选用 6 支 BYG4-1 型蝙蝠翼配光灯具,挂高 1.8m,在黑板前挂 2 支 BYG4-1 型黑板照明灯具。改进前后各项指标的变化情况见表 9-22。从表中可以看出,使用 BYG4-1 型灯具明显地提高了课桌面的照度,改善了照度均匀度,并减少了眩光的干扰,从而提高了照明质量。

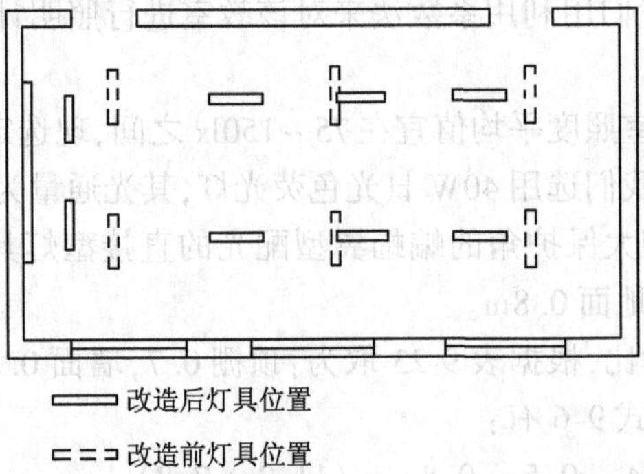

图 9-7　教室照明改造前后灯具布置

教室改造前后各项指标比较　　**表 9-22**

照明情况	课桌面照度(lx)			照度均匀度(最低/平均)	VCP(%)	安装功率(W/m^2)
	最高	最低	平均			
改造前	105	54	83	0.65	52	4.0
改造后	160	81	119	0.68	72	5.2

注:*VCP* 为国外评价一个照明环境中未感到不舒适眩光的人数占总评价人数的百分比。

(3)灯具布置:灯具的间距、悬挂高度应按灯具类型而定。增加悬挂高度可以使照度更均匀,并可提高墙角处的照度值,降低灯下的高照度。照明标准建议将灯管长轴垂直于黑板布置,即纵向布置。这样引起的眩光较小,而且光线方向与窗口一致,避免产生手的阴影。如条件不允许纵向布灯,可以采用横向布置不对称配光灯具,这样可使光线从背后射到桌面,防止眩光的产生。

(4)黑板照明:要求黑板有充足的垂直照度,且分布均匀,眩光程度小。照明标准规定,教室黑板应设专用的局部照明灯具,其距离黑板的位置可参考图9-8。

(5)表面反光系数:为了使教室获得良好的亮度分布,建议采用表9-23所示的反光系数。

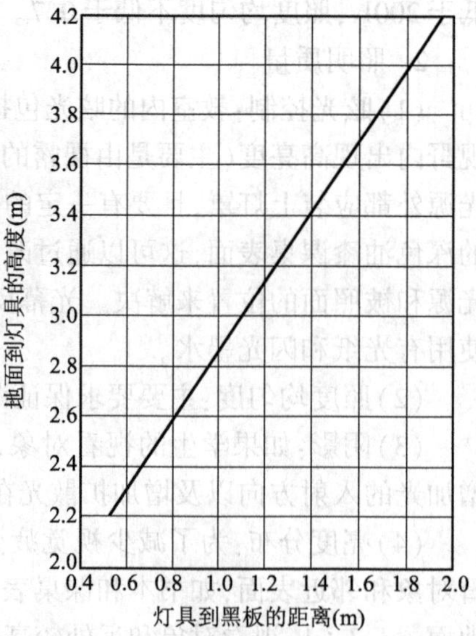

图9-8 黑板照明灯具的位置

教室各表面反射比 **表9-23**

教室内表面	反射比
顶 棚	0.7~0.8
前 墙	0.5~0.6
侧墙、后墙	0.7~0.8
地 面	0.2~0.3
课桌面	0.35~0.5
黑板面	0.15~0.2

4. 照明计算

某教室尺寸为11.2m×7.8m×3.4m,一侧墙开有3扇尺寸为3.0m×2.4m的窗,窗台高0.8m。这里,我们用利用系数法来对该教室进行照明计算,确定所需安装光源的功率。

根据照明标准,教室照度平均值宜在75~150lx之间,现选定为150lx。根据教室照明对光源性能的要求,我们选用40W日光色荧光灯,其光通量为2000lm。选择灯具时,我们采用效率高且有较大保护角的蝙蝠翼型配光的直接型灯具BYG4-1型,吊在离顶棚0.5m处。课桌面离地面0.8m。

室内各表面的反射比,根据表9-23取为:顶棚0.7,墙面0.5,地面0.2。玻璃的反射比为0.15。于是,按式9-6有:

$$RCR=\frac{5\times(3.4-0.5-0.8)\times(11.2+7.8)}{11.2\times7.8}=2.28$$

$$\rho_w=\frac{[2\times(11.2+7.8)\times2.1-(3\times3\times2.1)]\times0.5+(3\times3\times2.1)\times0.15}{2\times(11.2+7.8)\times2.1}=0.417$$

由

$$CCR=\frac{5\times0.5(11.2+7.8)}{11.2\times7.8}=0.544$$

并根据 $\rho_c=0.7$,$\rho_w=0.5$,从图9-6中查出:$\rho_{cc}=0.63$。

根据以上计算,查表9-14可得:$C_u=0.68$。

教室的维护系数 K,根据表 9-14,可取 0.8。所以该教室应安装的光源数为:

$$N=\frac{150\times11.2\times7.8}{0.68\times0.8\times2000}\approx12(\text{支})$$

第六节　人工光环境与室内设计

照明设计不仅要满足生活、工作等视觉功能方面的要求,而且要充分发挥照明设施的装饰作用。这种装饰作用不仅表现在灯具本身的点缀和美化作用上,而且通过照明灯具与室内装修、构造等的有机结合以及不同的照明构图和光的空间分布,还可以形成和谐的艺术氛围,对人们的情绪产生影响。

在处理室内环境照明的艺术效果时,必须充分估计到光的表现力。要结合实际条件,对光的造型、光的构图、光的分布及表面材料的质感、色彩、装饰构件等因素的相互影响和协调作出分析规划,以形成一个舒适愉悦的光环境。

一、光的布局

室内由于灯具的形状、大小、位置、方向以及物体的位置、形状的不同,会产生不同的亮度分布和空间效果。设计中,可以通过照明灯具的布置,使某些表面被照亮,突出其存在,而将另一些置于暗处,使其退后,处于次要的地位,从而产生一种层次分明、重点突出的空间效果。一般可以按不同的要求,把室内空间划分出不同的亮度层次。

1. 视觉中心区

把房间中需要突出的物体在亮度上与其他表面区分开,引导人们的注意力集中于此。该物体的亮度可超过相邻表面的 5 ~ 10 倍。

2. 活动区

活动区是指人们活动频繁的区域。它的照度首先应符合照明标准的规定,而且应有一定的均匀性要求。

3. 顶棚区

顶棚区在室内只起次要的作用,所以它的亮度不宜过大,而且要简洁。

4. 周围区

周围区域的亮度不宜超过顶棚区,亦要求简洁,不宜喧宾夺主,妨碍重点的突出。

二、光的造型与表现力

光是表现空间中一切实物及其相互关系的基础。正是因为光的存在,才能表现出物体的形状、大小及明暗等,起到造型的作用。灵活地运用光,调整它的位置、方向、光量和光强等,就可以在空间中形成不同的表现力。

1. 立体感

如果为了防止在视觉区内形成阴影,可采用扩散光;但若需突出立体形象,则不宜采用单一的扩散光,而需要带有一定的集中光,以形成适当的阴影,增强立体感觉。立体感是由明暗差所形成的。如果明暗差别太小,则阴影不明显,对象平淡;若差别过大,阴影又过于强烈。适当的照度差是在 1 : 3 ~ 1 : 5 之间,以便获得最佳立体感效果。

光线的照射方向也会产生不同的表现效果。一般,从前斜方照射下来的光线能够表现最为自然的立体感。

2. 质感

对一个物体的表现，不仅仅在立体感上，还在于不同的材质所表现出来的不同质感。一般来说，白炽灯等光源的光指向性强，表现阴影明显，可较好地表现材料表面的光泽和光亮；荧光灯等属于线光源或面光源，其光线柔和，扩散均匀，不易产生阴影，效果较为平和，特别可使各种木制品、织物等表现出一种稳重的质感。

3. 跳跃感

当人们处于亮度非常均匀而又没有变化的空间中，时间一长，就会产生单调的感觉。尤其当室内表面亮度较低时，更会使人产生一种昏暗感。人们长期活动于这种光环境下是不舒适的。如果适当调整一下这种亮度上的无变化，布置一些较其他处亮的光斑，就会产生活跃的气氛。比如在无任何装饰的墙面上装上几个壁灯，形成几处明亮的光斑，就可打破平淡的格局。

4. 对比感

在人工光环境中，灯光的各种对比是相当引人注目的。它们包括亮度对比、光影对比和光色对比等。

灯光的亮度对比视室内功能的不同而有所差别。漫射光的亮度对比低，给人一种平实的感觉；而视觉中心等处，则需要提高亮度对比，给人以光亮夺目之感，突出重点部位的存在。

光影对比也就是明暗上的对比。它有助于形成立体感觉，显出物体的轮廓。这种物体之间以及物体各表面之间由亮到暗或由浅到深的变化，会给人一种很丰富的视觉感受。

光色的对比来自不同光色的光源的选取。它带来室内空间各种不同的色彩分布，相当活泼、丰富。但是这种光色上的对比不宜使用太频繁，否则会造成杂乱的空间效果。

三、人工光环境设计与室内表面

在室内光环境设计实践中，必须充分注意到光与室内各个表面特性的密切关系。尤其是表面的颜色、反光系数及质地，更需与光源的选取和布置紧密协调。

1. 光色与表面颜色

光源的颜色按照外观效果可分为冷色、中间色和暖色三种类型。它们会使人产生不同的生理和心理效果。暖色光可以创造温暖、舒适、欢快的气氛；冷色光则有凉爽、流动之感。一般小房间宜使用照度较高的冷色光源，以扩大空间感，大房间可选用照度较低的暖色光源，以减少空旷感。在同一房间内，一般不要过多地采用多种光色的光源，否则可能产生不协调的感觉。

选择何种光色的灯，应该根据环境条件、建筑物性质及使用要求来确定。为了适合人们的心理需要，减少视觉疲劳，暖色型光源应该用于居住场所、寒冷气候的地区以及一些有特殊需要的视觉作业区；中间色光源适用于各种普通类型的房间，如医院、商店、学校等；冷色型光源宜用于高照度的房间及炎热地区。此外，在天然光和人工照明同时使用的房间内，应该使人工光源的颜色与天然光协调，一般可使用中间色。光源色的选择还与照度要求有关。低照度时，以暖色为佳，随着照度的上升，光源色温也应增加，即偏向冷色型。

室内表面的颜色与光源的光谱分布有密切的关系。不同的光源有不同的光谱分布。用这些光源去照射一个有同样颜色的表面时，可能会产生完全不同的表面颜色。这是由光源的显色性所决定的。表 9-24 就是各种光源对表面颜色的影响。

光源对色彩的影响 表9-24

表面色	冷光荧光灯	3500K荧光灯	柔白光荧光灯	白炽灯
暖色：红、橙、黄	能把暖色冲淡或变灰	能使暖色暗淡，会使一般浅淡的色彩稍带黄绿	能使任何鲜艳的颜色看去更为有力	能加重所有暖色，使之更加鲜明
冷色：蓝、绿、黄绿	能使冷色中黄和绿的成分加重	能使冷色带灰，但能使所含的绿色成分加重	能把浅的色彩冲淡，使蓝色和紫色上罩一层粉红	能使淡色及冷色暗淡并带灰

2. 光源与表面反射比

在设计室内表面时，选择表面的材料要使其有利于提高光源的光效。表面材料反射比过低，会使室内亮度不足；若过高，又会影响室内亮度分布的均匀性，并产生眩光。表面反射比的选择要视照明方式和房间大小而定。

一般建议在工作室内，顶棚的反射比要尽可能高些，至少达到0.6，若是大房间，要求更高些，应达到0.8以上。

主要表面的反射比可视房间的大小控制在0.3～0.8之间。一般墙面的反射比应大于0.5，小房间墙面的反射比应大些，带窗的墙至少应为0.6。

地板的反射比可取在0.2～0.3之间。深色地板很难满足一定立体感的要求；浅色地板可提高反射比，但也不宜太浅，否则可能引起视觉上的不舒适。

室内有其他装置和设备时，其表面反射比应尽可能大于0.2。

四、人工光环境设计的一般技法

从室内人工光环境的全局来看，首先要确定符合设计要求的照明方式，然后再按照光的表现力来确定光源、灯具及其布置，并且要综合使用多种技法，充分利用光的特性来创造出良好的环境气氛。常用的技法有：

(1)利用灯具的处理来营造气氛：灯具的处理可以是以灯具本身的造型和装饰为主，比如千姿百态的吊灯、壁灯、暗灯、吸顶灯等，也可以用多个简单而又统一的灯组成图案，还可以把光源隐藏在建筑构件中与之合为一体，构成发光顶棚、光梁和光带等。

(2)利用光的方向性，通过强化或弱化物体的轮廓和立体感来创造气氛。

(3)利用亮度的空间分布来强调主次、明暗、强弱和层次感。

(4)利用光与其他多种功能的综合来渲染气氛，如把照明与建筑的装修、通风、声学、防火等功能相配合而构成的多功能顶棚等，不仅满足舒适美观的需求，还可以节省空间，减少构件数量，降低费用。

第三篇　室内热环境与空调供暖设备

第十章　室内热环境基本计量与评价

第一节　室内气候因素

室内热环境是由室内空气的温度、湿度、气流速度以及壁面的辐射温度等综合而成的一种室内气候。各种室内气候因素的不同组合，形成了不同的室内热环境。我们所希望的室内热环境，应该是在热湿效果方面适合工作和生活需要的。

一、与室内热环境有关的物理量

1. 室内空气温度

温度是分子动能的宏观度量。为了度量温度的高低，用"温标"来作为公认的标尺。目前国际上常用的温标是摄氏温标，符号为 t，单位是摄氏度(℃)。另一种温标是表示热力学温度的热力学温标，也叫开尔文温标，符号为 T，单位是开尔文(K)。它是以气体分子热运动平均动能趋于零时的温度为起点，定为0K，以水的三相点温度为定点，定为273.16K。摄氏温标1℃和开尔文温标1K的分度是相等的。这两个温标间的关系是：

$$t = T - 273.15 \tag{10-1}$$

式中，273.15是冰点的热力学温度。

室内空气温度对环境起着很重要的作用。根据我国国情，在实践中推荐室内空气温度为：夏季，26～28℃，高级建筑及人们停留时间较长的建筑可取低值，一般建筑及停留时间较短的应取高值；冬季，18～22℃，高级建筑及停留时间较长的建筑可取高值，一般及短暂停留的建筑可取低值。

2. 室内空气相对湿度

在一定温度下，空气中所含水蒸气的量有一个最大的限度。超过了这一限度，多余的水蒸气就会从湿空气中凝结出来。当空气中水蒸气的含量达到这一极限时，该空气就称为"饱和"湿空气，如顶、墙面上有时会出现的水珠，浴室内的雾等，都是饱和之后"超额"的水蒸气凝结而成的。饱和湿空气中水蒸气的分压力称为饱和水蒸气分压力。它将随温度的变化而相应地改变，如表10-1所示。

饱和水蒸气分压力与温度的关系　　表 10-1

空气温度(℃)	饱和水蒸气分压力(Pa)
10	1225
20	2331
30	4232

所谓相对湿度,就是空气中水蒸气的分压力与同温度下饱和水蒸气分压力的比值:

$$\varphi = \frac{P}{P_s} \times 100\% \quad (10\text{-}2)$$

式中　φ——相对湿度;

P——湿空气中水蒸气分压力(Pa);

P_s——同温度下空气的饱和水蒸气分压力(Pa)。

由式 10-2 可知,相对湿度表示的是空气接近饱和的程度。φ 值小,说明空气的饱和程度小,感觉干燥;φ 值大,表示空气饱和程度大,感觉湿润。

我国民用及公共建筑室内相对湿度的推荐值为:夏季,40% ~60%,一般的或短时间停留的建筑可取偏高值;冬季,对一般建筑不作规定,高级建筑应大于 35%。

3. 空气平均流速

周围空气的流动速度是影响人体对流散热和水分蒸发散热的主要因素之一。气流速度大时,人体的对流蒸发散热增强,亦即加剧了空气对人体的冷却作用。我国对室内空气平均流速的计算值为:夏季 0.2 ~0.5m/s;冬季 0.15 ~0.3m/s。

4. 围护结构内表面及其他表面的温度

周围物体表面温度的高低,决定了人体辐射散热的强度。在同样的室内空气参数条件下,如果围护结构内表面温度高,人体会增加热感;内表面温度低,则会增加冷感。我国《民用建筑热工设计规范》(GB 50176—93)对围护结构内表面温度的要求是:冬季,保证内表面最低温度不低于室内空气的露点温度,即保证内表面不结露;夏季,要保证内表面最高温度不高于室外空气计算最高温度。

二、影响室内热环境的因素

影响室内热环境的因素有:室外的热湿作用、围护结构材料的热物理性质及构造方法、房屋的朝向与间距、单体建筑的平剖面形式以及周围绿化等。

室外的热湿作用对室内热环境的影响是非常显著的,特别是在寒冷或炎热地区。一定量的室外热湿作用对室内热环境的影响程度和过程,主要取决于围护结构材料的热物理性质及构造方法。如果围护结构抵抗热湿作用的性能良好,则室外热湿作用的影响就小。同时,建筑规划设计及环境等因素也对室内气候有不同程度的影响。当然,对内部产热量和产湿量大的建筑,房间内部热湿散发量的多少及其分布状况也对室内气候起到重要作用。

第二节　人与室内热环境

一、热舒适

不同使用性质的房间,对室内热环境有不同的要求。但不论建筑物的用途有何差异,只要人在室内工作与生活,就存在热舒适的问题。热舒适是指人对环境的冷热程度感觉满意，不因过冷或过热而感到不适。热舒适不仅是保护人体健康的重要条件，而且也是人们正常工作、生活的保证。

人们在室内感到热舒适的必要条件是：人体内产生的热量与向环境散发的热量相等，即保持人体的热平衡：

$$\Delta q = q_m \pm q_c \pm q_r - q_e - q_w = 0 \tag{10-3}$$

式中　Δq——人体得失热量(W)；

q_m——人体新陈代谢过程中的产热量(W)；

q_c——人体与周围空气的对流换热量(W)；

q_r——人体与周围空气的辐射换热量(W)；

q_e——人体蒸发散热量(W)；

q_w——人体做功消耗的热量(W)。

1. 人体新陈代谢过程中的产热量 q_m

人体内食物氧化过程在单位时间内放出的热量称新陈代谢率，单位是瓦/平方米(W/m^2)。通常还以另一单位 met 表示，$1met = 58.2W/m^2$。新陈代谢率因人的活动量而异，如人在静坐时的新陈代谢率为 $60W/m^2$，在中速行走时为 $200W/m^2$。人体新陈代谢释放的能量除用于对外做机械功外，大部分都转化为人体内部的热量，最后以对流、辐射和蒸发的方式将热量散发到环境中。

2. 对流换热量 q_c

当人体与周围空气间存在温度差时，就会产生对流换热。它取决于衣体表面和空气间的温差及气流速度等。当体表温度高于空气温度时，人体散热，q_c 为负值；反之，人体得热，q_c 为正值。

3. 辐射换热量 q_r

辐射换热量的大小取决于衣体表面与周围环境壁面的温度、辐射系数、相对位置及辐射面积。当衣体表面温度高于周围壁面温度时，人体失热，q_r 为负；反之，人体得热，q_r 为正。

4. 人体的蒸发散热量 q_e

人体的蒸发散热量是由有感的汗液蒸发散热、无感的呼吸和皮肤隐汗汗液蒸发散热量组成的。由呼吸引起的散热量与新陈代谢率成正比；皮肤的隐汗散热量取决于皮肤表面和周围空气中的水蒸气压力差；有感的汗液蒸发是靠皮下汗腺分泌汗液来散热，它与空气的流速、从皮肤经衣服到周围空气的水蒸气压力分布、衣服对水蒸气的渗透阻力等因素有关。

5. 人体的得失热量 Δq

人体的得失热量取决于上述各项热量得失的综合结果。当 $\Delta q > 0$ 时，人的体温上升；当 $\Delta q = 0$ 时，体温不变；当 $\Delta q < 0$ 时，体温下降。显然，满足 $\Delta q = 0$ 时，人体处于热平衡状态，体温恒定(36.5℃)，这是人体感到热舒适的必要条件。

有许多不同的组合都可能使人体保持热平衡，但是，并非 $\Delta q = 0$ 的组合都会使人感到热舒适。因为人体具有热调节的生理机能，当环境过冷时，可靠皮肤毛细血管收缩，减少血液流量，从而使皮肤温度下降，减少散热量；当环境过热时，皮肤血管扩张，血流量增多，皮肤温度升高，甚至大量出汗，以增加散热量，争取热平衡。但是，在调节过程中，当人体的皮肤温度和汗液蒸发率超过了生理所允许的范围时，就会使人体感到难以忍受。所以，人体在环境中感到热舒适的充分条件，还有必须使人体的皮肤温度和汗液蒸发率处于舒适的范围。

二、热舒适的影响因素

室内环境的热舒适性不仅取决于室内的四个环境因素：空气温度、湿度、气流速度及壁面温度，还与活动量及衣着量等人体因素有关。

1. 室内环境因素

人的冷热感觉对室内的环境因素依赖性很大。这些室内环境因素包括空气温度、湿度、气流速度及壁面温度等，详见本章第一节。

2. 人体因素

对人的冷热感觉起作用的人体因素主要是人的活动量和衣着量。此外，还在一定程度上涉及人的健康、性别、年龄、体型等因素。

（1）人体活动量：人体的活动量决定了人的新陈代谢率。进行不同活动时，人体的新陈代谢率见表10-2。

不同活动时的新陈代谢率 **表10-2**

活动类型	新陈代谢率（W/m^2）
基础代谢	45
静坐	60
安静地站着	65
一般的办公室工作	75
站着从事轻型工作	90
平地上步行，速率4km/h 6km/h 8km/h	140 200 340
步行上山，5%坡度，速度4km/h 15%坡度，速度4km/h	200 340
轻的手工劳动（如钳工等）	150
重的工业劳动（如挖土、铲土等）	250

（2）衣着：人衣着的多少，也在相当程度上影响着人对热环境的感受。衣服热阻的单位是clo，$1clo = 0.155m^2K/W$。常用服装的热阻值见表10-3。

常用服装热阻值（clo） **表10-3**

男子		女子	
衬衫和裤子	0.51～0.65	衬衫和裙子	0.33～0.51
针织衬衫和裤子	0.48～0.76	连衣裙	0.21～0.71
绒衣和裤子	0.60～0.75	连衣裙和衬衫	0.32～0.73
衬衫、绒线衫和裤子	0.81～0.90	绒线衣和裙子	0.40～0.68
衬衫、外套和裤子	0.89～1.00	衬衫、绒线衫和裙子	0.42～0.80
		衬衫、外套和裙子	0.45～0.80
		衬衫和裤子	0.51～0.82
		绒线衫和裤子	0.58～0.89

第三节　室内热环境评价

室内热环境受各种因素的综合影响,因此,对它的评价也要能全面、客观地反映这些要素。20 世纪以来,不少学者提出了一系列评价的方法。其中,丹麦学者房格尔(P. O. Fanger)的热舒适方程、图表及 PMV-PPD 指标,能较全面地反映各因素间的关系,经实践检验,被公认为评价室内热环境质量较好的方法。

一、房格尔热舒适方程

房格尔在人体热平衡方程式(10-3)的基础上,得出人体的得失热量 Δq 是四个环境参数(气温 t_i、相对湿度 φ_i、环境表面平均温度 $\bar{\theta}_i$ 及气流速度 v)和两个人体参数(新陈代谢率 m、衣服热阻 R_{cl})的函数:

$$\Delta q = f(t_i, \varphi_i, \bar{\theta}_i, v, m, R_{cl}) = 0 \tag{10-4}$$

该方程(具体表达式见本篇参考文献 3)较全面客观地描述了人与上述六个物理量之间的定量关系。

房格尔将该方程中的某些参数以若干常数代入,求解出其余的参数值,绘制成热舒适图线,如图 10-1 就是其中的一张。借助这个方程和这些图线,可以求得不同的衣着等物理量时,确保人体热舒适状态的气候因素组合,作为设计的依据。

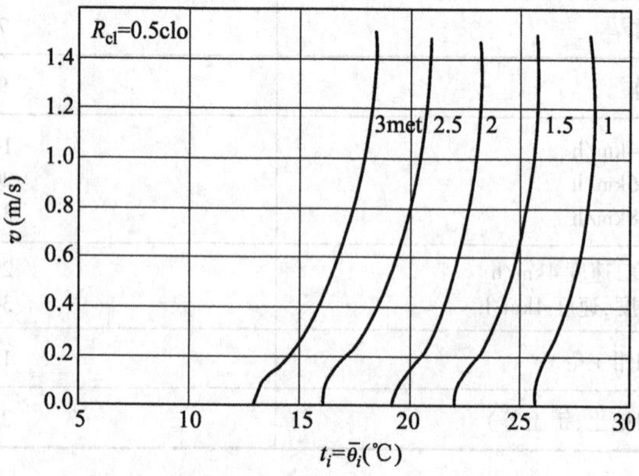

图 10-1　v 与 t_i 之间关系的热舒适图线

例如,在一个洁净室内,气流速度是 0.5m/s,相对湿度是 50%,工作人员坐着工作(1.2met),穿统一的薄工作服(0.5clo),这时达到热舒适的室内温度应该是多少呢?

查图 10-1,根据插入法找出风速 0.5m/s 与 1.2met 线的相交点,从横坐标上就可找出舒适的室内温度是 26.6℃。

二、PMV-PPD 评价方法

为了在已知室内各种气候参数的情况下确定人体的热感觉,房格尔提出了 PMV-PPD 评价方法。PMV 是 Predicted Mean Vote 的缩写,意为表决的平均预测值。它是运用实验及统计的方法,得出热感觉与六个物理量之间的定量函数关系(具体表达式见本篇参考文献 3)。然后把 PMV 值按人体的热感觉分成七个等级,见表 10-4。

PMV 值与人体热感觉　　　　**表 10-4**

PMV 值	-3	-2	-1	0	1	2	3
人体热感觉	很冷	冷	稍冷	舒适	稍热	热	很热

通过大量的试验，房格尔获得了一定 PMV 值时，对该热环境感到不满意的人数占总人数的比例 PPD 值。PPD 是 Predicted Percentage Dissatisfied 的缩写，意为预测不满意的百分比。PMV 与 PPD 的关系见图 10-2。

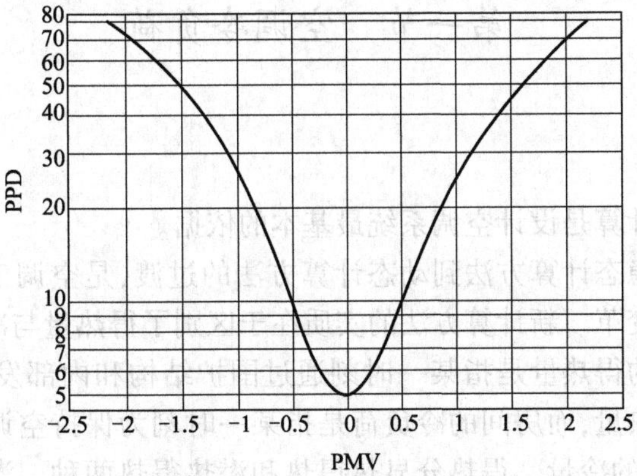

图 10-2　PMV-PPD 曲线图

使用 PMV-PPD 曲线，可以获得对热环境的评价。例如，夏季，当人们静坐在室内，室内温度为 30℃，相对湿度 60%，风速 0.1m/s，房间的平均辐射温度是 29℃，人的衣着热阻是 0.4clo。根据 PMV 的计算式，可求得 PMV = 1.38。从表 10-4 可以看出，这种状态下人的热感觉是比稍热还要热一点，对该环境不满意的人数约占总人数的 43%。

国际标准化组织 ISO 规定，PMV 值在 -0.5 ~ 0.5 之间为室内热舒适指标。这一指标，只有舒适性空调建筑才能做到。对于我国来说，在近期内还是难以达到的。如何判定适合我国国情的热舒适指标，还有待于进一步探索和研究。

第十一章　空调设备

第一节　空调冷负荷

一、概述

空调冷负荷的计算是设计空调系统最基本的依据。

空调冷负荷从稳态计算方法到动态计算方法的过渡，是空调工程引入计算机技术后引起的一次重大变革。新计算方法的实质在于区别了得热量与冷负荷两个完全不同的概念。空调房间的得热量是指某一时刻通过围护结构和内部发热设备（包括人体）进入空调房间的总热量，而房间的冷负荷是指某一时刻为保持空调房间内空气的温度不变，需要供给房间的冷量。得热分显热得热和潜热得热两种。潜热得热和显热得热中的对流部分直接散发到房间的空气中，构成即时负荷；而显热得热中的辐射部分，由于空气中的三原子气体含量微少，不能被空气直接接收，而是首先辐射到建筑结构内表面和家具等物体的表面上，使它们表面温度升高，一部分热量蓄存在物体内，另一部分以对流的方式传给室内空气，形成了冷负荷。图 11-1 表示了得热量和冷负荷之间的关系，从图中可以看出，由于物体的蓄热作用，使最大冷负荷的出现时刻滞后于最大得热时刻，而且在数量上有所衰减。在稳态负荷计算方法中，对这两者是不加区别的，认为得热量就等于冷负荷，因此计算出的负荷与实际情况差别较大，根据这样的计算结果设计的空调系统也必定不理想。

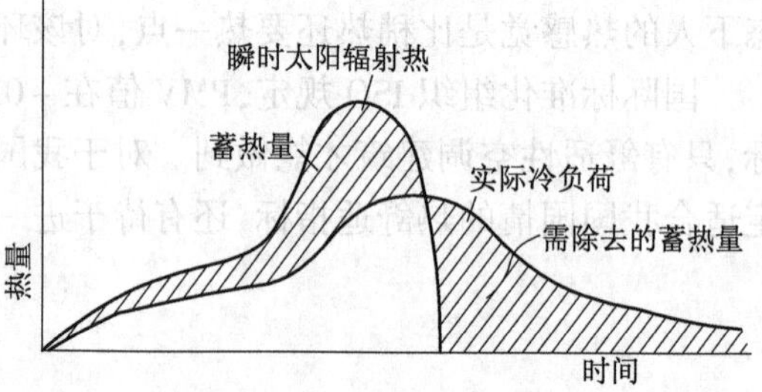

图 11-1　太阳辐射得热与房间实际冷负荷的关系

动态负荷计算方法本身也在不断发展。例如在外墙（或屋顶）的传热计算中，经典的方法之一是谐波分析法，但这个方法的前提条件是周期性稳定状态。在做空调设计负荷计算时，通常是假定一个极端的气象条件连续出现若干天。谐波分析法用于选择设备时的设计负荷计算是可以的，但在运行负荷计算时，通常用的是逐时气象记录数据，谐波分析方法就很不方便了。

应用传递函数理论发展起来的反应系数法和传递函数法，是负荷计算的一种全新的方法。用这种方法可以直接使用气象数据进行空调系统运行能量分析。传递函数理论在空调工程中的应用，目前有墙体传递函数和房间传递函数两大类。但就传递函数本身的形式来讲，又有反应系数形式、带比例的反应系数形式以及 Z 传递函数三种。

几十年来，各国在动态负荷计算方面做了大量的工作，并在实际应用中取得了很大的发展。根据各自的应用对象、精度要求等不同条件选择了相应的动态负荷计算方法，并且编制了计算机程序。比较著名的建筑能耗分析软件有美国的 DOE-2（美国劳伦斯国家实验室）、Energy Plus（美国能源部）、HVACSIM +（美国国家标准和技术研究所）、

TRNSIS(美国威斯康星大学)、BSim2000(丹麦建筑研究所)、EE4 CODE(加拿大自然资源部能源技术中心)、FLOVENT(英国 Flomerics 公司)等。我国清华大学建筑技术科学系经过十几年的努力,根据我国的实际情况,逐步开发出一套面向设计人员的设计用模拟工具 DeST(Desinger's Simulation Toolkit),利用该软件可以把模拟分析技术引入到工程设计中,为设计人员提供了很好的帮助。有关这方面的内容,读者可参考有关文献。本书仅从建筑设备管理和维护角度出发,对空调冷负荷的计算作一个基本的介绍。

二、空调冷负荷的组成

空调冷负荷由三大部分组成。第一部分是室内负荷,它可分为外界负荷和内部负荷。外界负荷是通过围护结构的传热形成的冷负荷。内部负荷是照明、室内发热设备及人体产生的热量所形成的负荷。第二部分是新风负荷。为了满足空调房间的卫生要求,必须向空调房间输送一定量的新鲜空气,冷却室外新鲜空气所消耗的冷量称为新风负荷。第三部分是系统负荷,它包括风道系统和水道系统中的各种得热,如风管受热、漏风、风机发热、再热负荷(见本节四中3. 系统负荷)、水管受热、水泵发热以及采用蓄冷装置系统中的蓄冷槽传热损失等。

三、室内外空气的计算参数

1. 室内空气的计算参数

室内空气计算参数的大小与空调负荷有密切关系。在人体的舒适范围内,夏季降温时采用较高的室内干球温度和相对湿度,可以大幅度减少空调负荷。美国国家标准局的调查认为,把夏季室内计算温度从24℃提高到26.7℃约可节约能量15%。日本的一个办公楼将夏季室内温度从26℃提高到28℃,冷负荷约减少21%~23%。上海、广州的一些空调实例表明,如将夏季室内计算温度提高1℃,则空调工程投资额可降低6%左右,空调运行费可减少8%左右。综上所述,说明空调系统室内计算参数的恰当选择非常重要。因此,我国的有关标准对各种不同类型和不同等级的空调室内计算参数作了规定,表11-1是我国舒适性空调通常采用的设计参数。

舒适性空调的室内设计参数 **表11-1**

建筑类别	夏季		冬季	
	高级	一般	高级	一般
宾馆 办公楼 医院、学校	25~27℃ 50%~60% 0.2~0.4m/s	26~28℃ 55%~65% 0.2~0.4m/s	20~22℃ ≥35% 0.15~0.25m/s	18~20℃ 不规定 0.15~0.25m/s
百货商场 展览馆、影剧院 车站、机场等	26~28℃ 55%~65% 0.3~0.5m/s	27~29℃ 55%~65% 0.3~0.5m/s	18~20℃ ≥35% 0.2~0.3m/s	16~18℃ 不规定 0.2~0.3m/s
电视演播室 计算机房 广播通信机房	24~26℃ 40%~50% 0.3~0.5m/s	26~27℃ 45%~55% 0.3~0.5m/s	18~20℃ ≥35% 0.2~0.3m/s	18~20℃ ≥35% 0.2~0.3m/s

1973年能源危机发生后,美国、日本等工业发达国家也及时修订了室内设计温度标准。例如曾经把全年室内干球温度24~25℃定为最佳温度的美国,也开始按照衣着的不同,制定了冬、夏两极化的不同室内设计温度。

2. 室外空气的计算参数

计算空调负荷时,需要确定室外空气计算干、湿球温度值。这些参数的大小和空调设备投资以及空调效果有密切的关系。根据我国《采暖通风与空气调节设计规范》(GB 50019)中有关条文规定，室外计算参数应按照以下方法确定：

(1)冬季空气调节室外计算温度，应采用历年平均不保证1天的日平均温度。

(2)冬季空气调节室外计算相对湿度，应采用历年最冷月平均相对湿度。

(3)夏季空气调节室外计算干球温度，应采用历年平均不保证50h的干球温度。

(4)夏季空气调节室外计算湿球温度，应采用历年平均不保证50h的湿球温度。

四、各种负荷的计算方法

1. 室内负荷

(1)通过外墙和屋面形成的冷负荷：通过外墙和屋面传入室内的热量和外界气温以及太阳辐射有关。在一天中，气温和太阳辐射的强度、方向是不断变化的，因此冷负荷也是不断变化的。某计算时刻的冷负荷可按下式计算：

$$Q_{l\tau} = KF\Delta t_{\tau-\xi} \tag{11-1}$$

式中 $Q_{l\tau}$——τ时刻的冷负荷(W)；

K——外墙和屋面的传热系数[W/(m^2·℃)]；

F——外墙和屋面的传热面积(m^2)；

τ——计算时刻(点钟)；

ξ——外墙和屋面的时间延迟(h)；

$\Delta t_{\tau-\xi}$——作用时刻下，通过外墙和屋面的冷负荷温差(℃)。

冷负荷温差的确定过程比较复杂，且有不同的计算方法，国内一些新编的技术措施或空调设计手册中均有现成的表格可查。

对于非轻型结构的外墙，衰减和延迟都比较大。因此，虽然气象参数变化很大，但负荷曲线相当平缓，且最大负荷出现的时刻与外窗的最大值错开，因此也可以用平均冷负荷代替各计算时刻的冷负荷：

$$Q_{lp} = KF(t_{zp} - t_n) \tag{11-2}$$

式中 Q_{lp}——平均冷负荷(W)；

t_{zp}——室外空气平均综合温度，$t_{zp} = t_{wp} + \dfrac{J_p\rho}{\alpha_w}$(℃)；

ρ——围护结构外表面太阳辐射热吸收系数；

J_p——太阳总辐射日平均照度(W/m^2)；

α_w——围护结构外表面换热系数[W/(m^2·℃)]；

t_n——室内空气的计算温度(℃)；

t_{wp}——室外计算日平均温度(℃)。

(2)通过玻璃窗传热形成的冷负荷：该负荷要分成两部分计算，一部分是通过温差传热形成的冷负荷，计算公式为：

$$Q_{l\tau} = KF\Delta t_{\tau} \tag{11-3}$$

式中 Δt_{τ}——计算时刻的负荷温差(℃)。

另一部分是透过玻璃窗的太阳辐射形成的冷负荷，计算公式为：

$$Q_{l\tau} = Fx_g x_z J_{\tau} \tag{11-4}$$

式中 x_g——窗户构造系数，见表11-2；

x_z——遮阳系数，见表11-3；

J_{τ}——计算时刻，透过外窗的太阳总辐射负荷强度(W/m^2)(可以从手册中查找)。

(3)内围护结构传热形成的冷负荷:这部分负荷可用稳定传热的公式计算:

$$Q_l = KF(t_{wp} + \Delta t_{ls} - t_n) \quad (11\text{-}5)$$

式中,Δt_{ls}——邻室温升(℃),可按表 11-4 选用。

窗户构造修正系数 **表 11-2**

窗玻璃层数和厚度		钢框	木框
单层	3mm 普通玻璃	1.00	0.76
	5mm 普通玻璃	0.93	0.71
	3mm 吸热玻璃	0.96	0.74
	5mm 吸热玻璃	0.88	0.68
双层	3mm 普通玻璃	0.76	0.55
	5mm 普通玻璃	0.69	0.50

内遮阳系数 **表 11-3**

材料和颜色		x_z
尼龙绸	白色	0.55
	浅绿	0.55
	浅蓝	0.60
密织布	深黄、深绿、紫红	0.65
活动铝百叶帘	灰白色	0.60

邻室温升值 **表 11-4**

邻室发热量	Δt_{ls}(℃)
很少	0~2
<23W/m²	3
23~116W/m²	5

(4)照明冷负荷:照明所消耗的电能一部分转化为光能,另一部分直接转化为热能。转化为光的那部分能量,被物体吸收后最终同直接转化为热能的那部分能量一样以对流、传导和辐射的方式将热量传给空气或其他物体。照明冷负荷计算公式为:

$$Q_{l\tau} = n_1 n_2 N X_{\tau-T} \quad (11\text{-}6)$$

式中 n_1—镇流器消耗功率系数,对明装荧光灯,取 $n_1=1.2$,对暗装荧光灯或白炽灯,$n_1=1.0$;

n_2——灯罩隔热系数,若荧光灯罩上部有小孔,可将一部分热量散发在顶棚内,根据顶棚内的通风情况取 $n_2=0.5\sim0.8$,若热量全部散发到空调房间的情况,$n_2=1.0$;

N——照明设备安装功率(W);

T——开灯时刻,点钟;

$X_{\tau-T}$——$\tau-T$ 时间的冷负荷系数,对于轻、中、重型三种不同围护结构的房间,可从手册中查得。

(5)设备冷负荷:设备散热和其消耗的能量或功率有关,计算公式为:

$$Q_l = 1000 \times n_1 n_2 n_3 n_4 X_{\tau-T} \quad (11\text{-}7)$$

式中 n_1——安装系数,即最大实耗功率与安装功率之比,一般为 0.7~0.9;

n_2——同时使用系数,0.5~1.0;

n_3——负荷系数,平均实耗功率与设计最大实耗功率之比,$n_3=0.5\sim1$;

n_4——考虑排风带走的热量系数,一般取 0.5;

N——设备额定功率(kW)；

$X_{\tau-T}$——设备冷负荷系数。

(6)人体冷负荷：人体散热与性别、年龄、衣着、活动量以及环境条件等因素有关。人体散热一部分是显热，一部分是潜热，它是由于呼吸和出汗产生的，这两部分热量之和为人体总散热量。人体冷负荷可按下式计算：

$$Q_{l\tau} = nn'(q_1 X_{\tau-T} + q_2) \tag{11-8}$$

式中　n——人数；

n'——群集系数，见表11-6；

q_1——成年男子显热散热量，见表11-5(W)；

q_2——成年男子潜热散热量，见表11-5(W)；

$X_{\tau-t}$——人体散热的冷负荷系数。

成年男子的散热量　　**表11-5**

运　动　量	q_1(W)	q_2(W)
静　坐	$160.2-3.92t$	$-50.1+3.92t$
轻度运动	$214.4-5.69t$	$-43.4+5.69t$
中度运动	$267.3-7.42t$	$-32.3+7.42t$
强度运动	$284.8-5.81t$	$127.2+5.81t$

注：t为室温(℃)。

群集系数　　**表11-6**

场所＼来源	国内资料	国外资料
影剧院	0.89	0.91
百货商店	0.89	1
体育馆	0.92	0.90

表11-5给出的都是成年男子的散热量，妇女和儿童的发热量少于成年男子，因此在人多的地方，诸如电影院、百货商店等可用群集系数对冷负荷进行修正。

式11-7、式11-8中的冷负荷系数也可以从手册中查得。如果连续工作的总时间比较长，人或设备开始工作4h后，公式11-6～11-8三个公式中的冷负荷系数对轻型结构可近似取0.90～0.99，对中型结构取0.85～0.98，对重型结构取0.80～0.96。冷负荷系数随开始后的小时数增加而增加。

(7)其他：如果空调室内有敞开的水面，或者空调餐厅有许多食物，则应该计算由它们形成的潜热负荷。这部分冷负荷可查有关手册，这里就不再赘述了。

2. 新风负荷

新风负荷的计算公式为：

$$Q = \rho V(i_w - i_n) \tag{11-9}$$

式中　Q——新风负荷(kW)；

ρ——空气的密度(kg/m^3)；

V——进入的新风量(m^3/s)；

i_w——室外空气的焓(kJ/kg)；

i_n——室内空气的焓(kJ/kg)。

焓即单位工质所含的全部热量。空气是由干空气和水蒸气所组成的。空气的焓值等于1kg干空气的焓与1kg干空气中所含水蒸气(常用符号d表示)的焓的总和，焓值的计算式为：$h = 1.005t + d(2500 + 1.84t)$，此处，$t$为空气温度。

3. 系统负荷

风管和水管的漏热量取决于流动介质与周围环境之间的温差、管道保温情况以及管道面积。漏热量的大小按 $KF\Delta t$ 计算。蓄冷槽漏热量的计算公式与之相同。水泵和风机的动力热取决于它们的功率。有的空调系统为了确保室内的温度和湿度，采用了再加热控制方式。这部分再加热量就构成了再加热负荷。在有些设计中，为了简化起见，第三部分系统负荷常常不一一计算，而将室内负荷与新风负荷之和乘以一个安全系数作为选择制冷机容量的计算依据，这样就把系统负荷包括在内了。

4. 空调冷负荷的估算

常常需要了解建筑物的用能情况，空调冷、热负荷的估算值可以给建筑物电力负荷的确定提供依据。表 11-7 给出了负荷的估算值，对于不同的隔热方式，可将表 11-7 中的负荷乘以表 11-8 的修正系数。表中的数据是基于公共和商用建筑统一的设计条件，屋顶和外墙均有 25mm 泡沫塑料隔热。

不同用途公共和商用建筑单位面积冷热负荷的估算值　　表 11-7

建筑种类			冷热负荷(W/m^2)		室内冷热负荷条件			
			供冷	采暖	照明(包括 OA)(W/m^2)	在室人员(人/m^2)	新风量[$m^3/(m^2 \cdot h)$]	渗透风
银　行	营业室		242	220	50	0.3	6	1.5
	接待室		179	184	30	0.2	4	0.5
百货商店	一层商场		355	246	80	0.8	8	2.0
	专卖品		307	161	60	1.0	10	0.5
	商　场		217	137	60	0.4	8	0.5
超级市场	食　品		212	195	60	0.6	6	0.5
	服　装		215	167	60	0.3	6	0.5
旅　馆	宴会厅		449	312	80	1.0	20	0
	客房	南向	127	207	20	0.12	6	0.5
		西向	131	207	20	0.12	6	0.5
		北向	125	207	20	0.12	6	0.5
		东向	130	207	20	0.12	6	0.5
饮食店	餐　厅		286	228	40	0.6	12	0.5
社区中心	学习室		233	228	20	0.5	10	0.5
图书馆	阅览室		143	125	30	0.2	4	0.5
医　院	病室6房	南向	91	112	15	0.2	4	0.5
		西向	110	112	15	0.2	4	0.5
		北向	79	112	20	0.2	4	0.5
		东向	96	112	15	0.2	4	0.5
剧场	观众厅		512	506	25	1.5	30	0
	大　厅		237	219	30	0.3	6	0.5

围护结构隔热性能的修正系数　　表 11-8

	50mm 泡沫塑料隔热		无隔热	
	屋顶	外墙	屋顶	仅外墙
供冷	1.0	1.0	1.2	1.1
采暖	0.95	1.0	1.3	1.2

表11-9给出了不同用途建筑物在表11-7中新风量下的新风负荷，如果实际设计中的新风量与表11-7中所给的新风量不符，则应根据表11-9中的新风负荷进行修正。如果采用全热交换器，则应根据全热交换器的热回收效率在新风负荷中减去相应的比例。渗透风的变化部分，按空调面积折算成新风量进行修正。照明增减及人员密度增减时用表11-10、表11-11修正。

不同用途建筑物的新风负荷　表11-9

房间种类		新风负荷（W/m^2）		新风量[$m^3/m^2 \cdot h$]
		供冷	供热	
银行	营业室	72	90	6
	接待室	48	59	4
百货商店	一层商场	97	107	8
	专卖店	121	134	10
	商场	97	107	8
超级市场	食品	72	80	6
	服装	72	80	6
旅馆	宴会厅	260	299	20
	客房	78	90	6
饮食店	餐厅	144	179	12
社区中心	学习室	121	149	10
图书馆	阅览室	48	59	4
医院	病室	48	59	4
剧场	观众厅	362	448	30
	大厅	78	90	6

照明增减时照明负荷的修正　表11-10

	照明密度增减	负荷增减
供冷	$\pm 10W/m^2$	$\pm 12W/m^2$
采暖	$-10W/m^2$，照明密度增加时不修正	$+2W/m^2$

人员密度增减时人体发热量的修正　表11-11

	人员密度增减	负荷增减
供冷	±0.1人/m^2	$\pm 12W/m^2$
采暖	−0.1人/m^2，人员密度增加时不修正	$+2W/m^2$

上述表格中的数据是根据日本东京的气象参数做成的，在应用时需将得到的负荷值乘以表11-12的表11-13中的地区修正系数。

我国各地区供冷负荷修正系数　表11-12

地点	北京	天津	石家庄	太原	沈阳	大连	长春	哈尔滨	上海
室温25℃	1.01	0.09	1.04	0.95	0.94	0.90	0.90	0.91	1.07
室温26℃	1.01	0.09	1.04	0.95	0.94	0.90	0.90	0.90	1.07

地点	南京	杭州	合肥	福州	南昌	济南	青岛	南宁	郑州	武汉
室温25℃	1.09	1.09	1.10	1.12	1.14	1.08	0.97	1.05	1.06	1.14
室温26℃	1.09	1.10	1.10	1.12	1.15	1.08	0.97	1.05	1.07	1.14

续表

地　点	厦门	长沙	广州	海口	成都	重庆	贵阳	昆明	拉萨	西安
室温25℃	1.10	1.14	1.07	1.11	0.96	1.08	0.96	0.87	0.83	1.06
室温26℃	1.11	1.15	1.07	1.12	0.96	1.08	0.96	0.87	0.83	1.06

地　点	兰州	西宁	银川	乌鲁木齐	台北	香港	呼和浩特
室温25℃	0.98	0.88	0.94	1.06	1.12	1.11	0.96
室温26℃	0.97	0.88	0.94	1.07	1.12	1.11	0.95

我国各地区采暖负荷修正系数　　**表11-13**

地　点	北京	天津	石家庄	太原	沈阳	大连	长春	哈尔滨	上海
室温22℃	1.62	1.57	1.57	1.76	2.10	1.71	2.29	2.43	1.24

地　点	南京	杭州	合肥	福州	南昌	济南	青岛	南宁	郑州	武汉
室温22℃	1.33	1.24	1.38	0.86	1.19	1.52	0.48	0.81	1.38	1.29

地　点	厦门	长沙	广州	海口	成都	重庆	贵阳	昆明	拉萨	西安
室温22℃	0.76	1.19	0.81	0.57	1.00	0.95	1.19	1.00	1.43	1.43

地　点	兰州	西宁	银川	乌鲁木齐	台北	香港	呼和浩特
室温22℃	0.67	1.76	1.90	2.33	0.62	0.67	2.10

第二节　空调系统的分类

一、概述

从不同的角度出发,对空调系统有不同的分类方法。最常见的是根据冷媒介质种类分类的方法,如表11-14、图11-2所示。

空调系统的分类　　**表11-14**

方式名称	说明
全空气方式 1. 单风管式 2. 多区方式 3. 双风管式	只用空气作冷媒 只供送一种风(冷或热) 按区域供送不同温度的风 向不同空调区分送冷风和热风
空气—水方式 1. 风机盘管式 2. 诱导方式	同时向室内供送作为冷媒的水和空气 每室至少有一个风机盘管机组就地回风 利用高压空气诱导室内空气
全水方式 风机盘管式	用水作冷媒 无新风系统,新风可直接从外墙进入风机盘管机组
冷剂方式(自带冷源机组式)	内装制冷机的空调器 可以直接安装在室内,亦可接少量风管

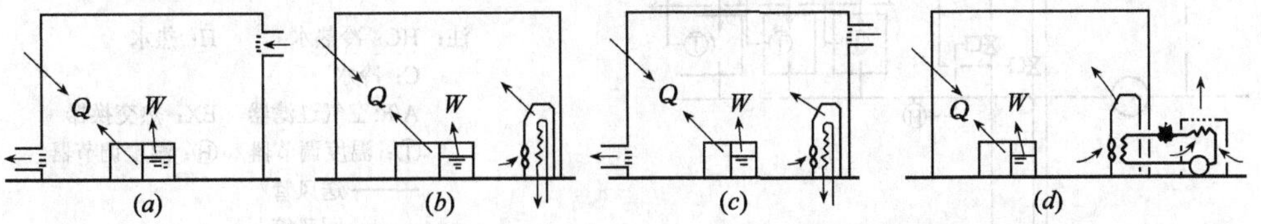

图11-2　按负担室内负荷所用介质的种类对空调系统分类示意图
(*a*)全空气方式;(*b*)全水方式;(*c*)空气—水方式;(*d*)冷剂方式(整体式)

按照其他的分类法,空调方式又可分为中央集中式或区域分散式,双水管、三水管或四水管式,定风量和变风量方式等。下面将根据表11-14的分类法对各种空调系统的特点作一介绍。

二、全空气方式

1. 单风管定风量方式

该方式是全空气空调方式中最基本的方式，如图 11-3 中的（*a*）。这种空调方式的优点是空气处理设备集中，维护管理比较方便，可以保证室内有足够的新风，卫生条件好，在过渡季节有条件尽量利用新风，可少开或停开制冷机。它的缺点是各室的温、湿度偏差大，可能会同时存在过冷或过热的房间。

2. 单风管变风量方式

变风量（Variable Air Volume）空调系统也常简称为 VAV 系统，如图 11-3 中的（*b*）。它是 20 世纪 70 年代以后被逐步推广采用的节能空调方式。它的主要优点是设备容量和风管尺寸比较小。这是因为在选用变风量系统的设备和风管时，考虑了系统的同时负荷率，一般可减少系统容量 20% ~30%，因而可显著节省风机运行的电能。因空调系统绝大多数时间是在部分负荷情况下工作，如果能根据管道静压调节总风量，则风机能耗将大大减少。它的主要缺点是风量的变化会影响到室内气流分布的均匀性和稳定性，另外对散湿量大的房间，难以保证一定的相对湿度。

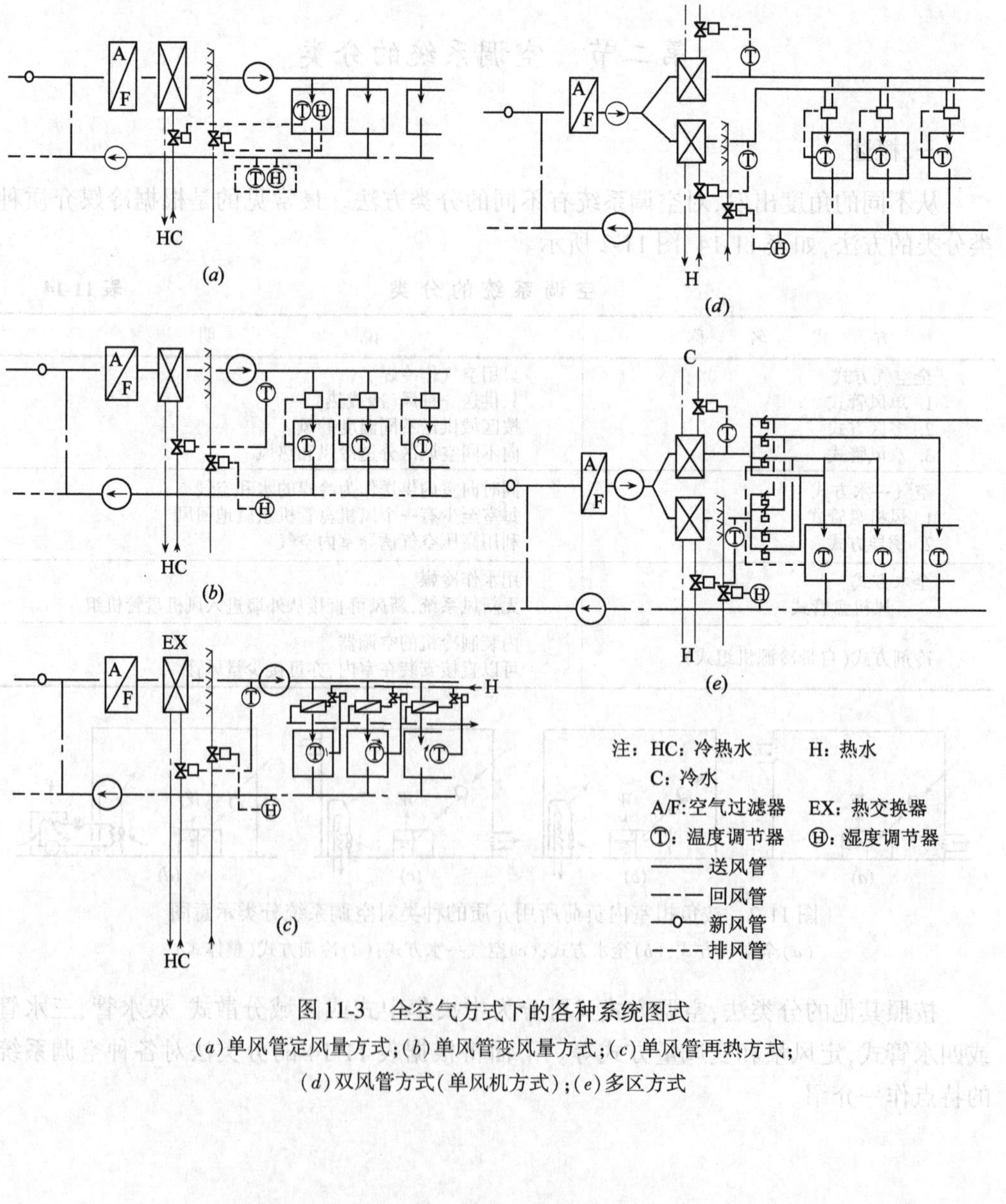

图 11-3　全空气方式下的各种系统图式

（*a*）单风管定风量方式；（*b*）单风管变风量方式；（*c*）单风管再热方式；
（*d*）双风管方式（单风机方式）；（*e*）多区方式

每个房间的送风量受各个房间的温度控制。变风量是通过特殊的送风装置来实现的,这种装置又常被称为末端装置。图 11-4 是一个节流型变风量末端装置。它是通过锥体在壳体中移动,改变空气流通截面积,以达到改变风量的目的。

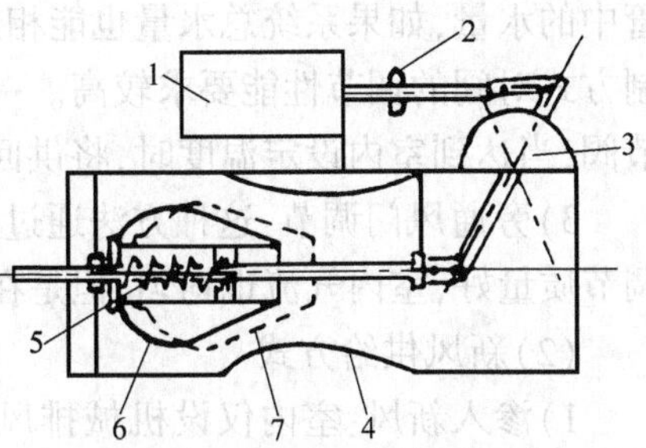

图 11-4 变风量系统中的节流型末端装置

1—执行机构;2—限位器;3—刻度盘;4—文氏管;5—压力补偿弹簧;6—锥体;7—定流量控制和压力补偿时的位置

为保证空调房间最小新风量的要求,应有一个固定不变的最小风量,也就是说,不能根据房间温度要求任意减少送风量。如果送风温度不进行调节,受最小风量的限制在低负荷时会出现过冷现象。

3. 单风管再热方式

单风管定风量空调方式的最大缺点是室内的温湿度难以得到控制,因此对室内温度和相对湿度有严格要求的场合推荐采用单风管再热方式,如图 11-3 中的(c)。该方式将冷却去湿后的空气送到各个房间,通过末端加热器加热后进入室内,加热量的多少受室温控制。这种再热方式的优点是室内温湿度能得到严格的控制。它的主要缺点是存在冷热抵消。

4. 双风管方式

如图 11-3 中的(d)所示,双风管方式有多种形式,它分别设置冷、热风管,将输送的冷风和热风分别控制在一定的温度,分送到每个房间的混合箱。冷热风的混合比由室温控制。这种方式的优点是房间温度调节精度高,可充分利用室外新风。缺点是风管所占空间大,所需投资亦大,风机能耗也较单风管方式的大,由于采用冷风和热风混合调节室温,有混合损失。从节能和节约投资的角度出发,这种空调方式现在已很少采用。

5. 多区方式

多区方式是双风管方式的变异,如图 11-3 中的(e)。它实际上是空调箱部分的双风管方式和风管部分的单风管方式的组合,对于不同的区域可分送不同温度的风。多区方式能保证优良的调节效果,和双风道方式相比,投资有所减少,但当各室负荷变化较大时,各区之间的风量平衡有一定困难。

三、空气—水方式

1. 风机盘管机组方式

风机盘管空调方式是目前最主要的一种空调方式。它在旅馆、办公楼、医院、百货大楼等建筑中得到了广泛的应用。

风机盘管的安装分明装、暗装、立式、卧式等多种形式。

有时风机盘管机组负担全部室内负荷,这时,就归入"全水"方式;如果风机盘管自己有新风系统同时运行,则属于"空气—水"方式。

(1)调节方法

1)风量调节:用风量调节室温的方法最简单,目前用得也最为普遍。风机的电机有高、中、低三档转速,可用手动或由温控器根据室温自动切换转速以达到调节室温的目的。当风速下降时,管内冷媒的平均温度也下降,不会引起相对湿度偏高,有较好的调节质量。

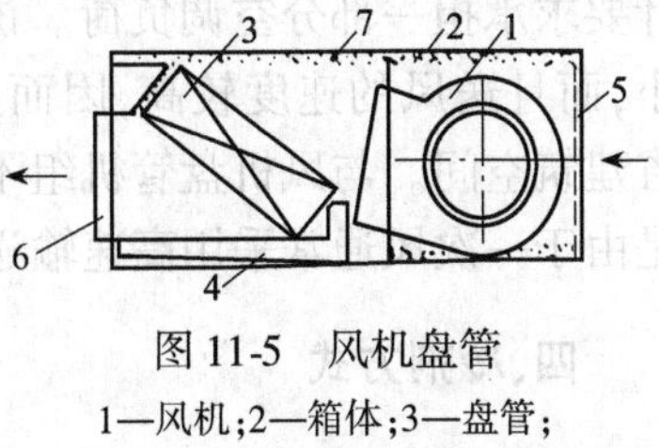

图 11-5 风机盘管

1—风机;2—箱体;3—盘管;4—凝水盘;5—循环风进口及过滤器;6—出风格栅;7—吸声材料

2)水量调节:用电动三通阀或两通阀调节进入盘

管中的水量,如果系统总水量也能相应加以调节的话,将大大减少水泵的能耗。这种控制方式对阀的调节性能要求较高。一种较为简单的方法是用电磁阀代替三通或两通调节阀,当达到室内设定温度时,将供回水电磁阀关闭,但这种方法容易引起温度波动。

3)旁通风门调节:这种方法通过旁通一部分风量来改变出风温度。这种调节方法调节质量好,室内气流也均匀,但是在低负荷时风机功率不变。

(2)新风供给方式

1)渗入新风:室内仅设机械排风,造成负压后促使新风经门窗缝隙渗入室内。这种渗透补风方式虽然简单,投资省,但受风压和热压等影响,无法对新风量加以控制。另外,新风没经过过滤直接进入室内,清洁度差,尤其当室外大气污染严重时,情况更糟糕。这种新风供给方式的室内卫生条件较差,只适用于要求不高的场合。

2)从墙洞引入新风:在外墙上开孔将新风引入风机盘管机组内。这种方式投资省,节省建筑空间,但新风补给量同样也受风向和热压的影响。另外,雨水和污染物容易进入机组,使机组腐蚀。

3)有独立的新风系统:这种引入新风的方式有两种做法,一种是将处理后的新风送入风机盘管机组,和回风混合后,通过盘管进行热、湿处理,再进入室内;另一种是将处理后的新风直接送入室内。这种新风供给方式效果好,但要占据一定的建筑空间,投资也较前两种方式大。

(3)风机盘管水系统

风机盘管水系统分双水管式、三水管式和四水管式。双水管式系统只设一根供水管和一根回水管,夏季供冷水,冬季供热水。对于要求全年空调且建筑物内情况差别很大的场合,常常会出现有的房间要求供冷,有的房间要求供热。这时,可采用三水管式或四水管式系统。三水管式系统有两根供水管,一根供冷水,一根供热水。在盘管入口处设三通调节阀,根据室温调节冷热水比例以达到一定的供水温度。这种供水方式变化能力强,房间温度容易控制,但由于冷水和热水混合,故有混合损失,运行效率低。更完善的系统可采用四水管式,有独立的冷、热水供回水管。它除了具有三水管式的优点外,还克服了混合损失的问题;它的缺点是投资大,管道占用空间大,往往用在舒适性要求很高的建筑物内。

2. 诱导器方式

图 11-6 所示为诱导器方式的原理图。经过处理的一次风被送到空调房中的诱导器内,以较高的速度喷出,造成诱导器内负压,使室内空气(或称二次风)被吸入诱导器。二次风经过二次盘管,与一次风混合后送入室内。诱导器的一个重要性能指标是诱导比,它是二次风风量与一次风风量的比值。诱导比一般在 2.5~5 之间。一次风量应能确保诱导性能,提供新风,并根据设计要求承担一部分空调负荷。诱导器方式的一次风量小,而且送风的速度较高,因而风管尺寸小,可大大节省建筑空间。与风机盘管机组不同,诱导器内无回转部件,使用寿命长。它的主要缺点是由于一次风通常采用高速输送,风机动力消耗大,其次是引射造成的噪声较大。

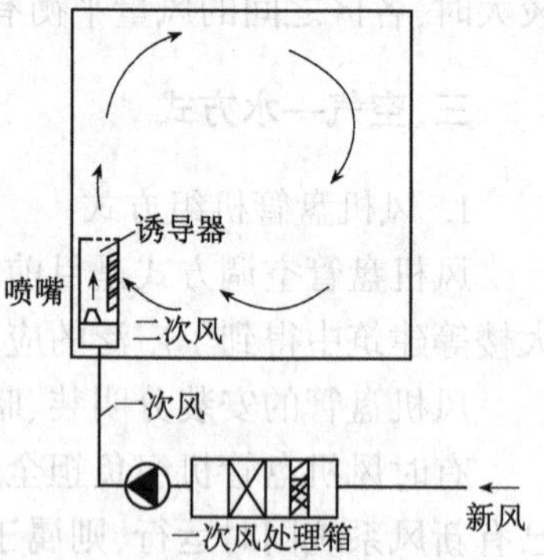

图 11-6　诱导器系统原理图

四、冷剂方式

1. 一般冷剂方式

冷剂方式系指内部装有制冷机的整体式空调机组的空调方式。柜式空调器、分体式空调器、窗式空调器及其他小型空调机组均属这一类。它和其他系统的主要区别是它直接采用制冷剂将空气冷却。它的容量范围小的不到3kW,大的可达300kW。这种空调方式非常适用于中小建筑中区域分散、用途各异、使用时间不同的场合。

冷剂空调方式又可分为加接风管型和直接送风型,落地安装型和墙、窗、顶棚安装型,水冷(热)型和风冷(热)型,热泵型和其他加热(如电热,蒸汽等)型,活塞式、转子式或吸收式等。

2. 变制冷剂流量方式

变制冷剂流量的空调系统VRF(Variable Refrigrant Flow Volume)通常由一台室外机、多台室内机、冷媒配管和控制装置等组成。系统的流量变化主要有变频和数码涡旋两种控制技术。变频调节又有交流变频和直流变频两种方式。交流变频是指压缩机动力采用交流异步电机,直流变频是指压缩机动力采用直流无刷电机。变频器将频率电压不可控的市电,经过整流逆变等电力电子变换得到频率和电压可控的电源驱动压缩机运转,从而控制压缩机的转速,改变压缩机的吸排气量和能力输出。直流变频由于没有电磁声和转子损耗,所以比交流变频效率高、噪声低。

数码涡旋技术利用涡旋压缩机轴向柔性技术,通过旁通电磁阀的开、闭,改变定盘顶部气腔压力,实现压缩机的卸载和加载,从而控制压缩机的排气量。

变频调速技术成熟、可靠,可对主机容量细调节,调速过程平稳,软启动、软停止没有对电网的冲击。此外,在低温环境下,变频压缩机可超频运行,以缓解制热性能的衰减。它的缺点是装置较复杂,成本高,有谐波干扰。数码涡旋的优点是控制方式简单,没有谐波成分存在。缺点是与液力偶合器的调速方法相似,压缩机一直是全速运行。

VRF空调方式的主要优点是设备少、管道简单;制冷剂直接输送,既不需要风管也不需要水管,节省了建筑空间;采用了变频和数码涡旋控制技术,避免了无效能源消耗,也提高了舒适水平;冷媒直接送入室内,无二次换热,提高了系统效率。

第三节 空调系统中的各种设备

一、空调冷源设备

1. 空调冷源设备的分类

空调用冷(热)源设备详见表11-15。表中所列的电子制冷(半导体制冷),由于制冷容量极小,不适用于室内降温,故不作介绍。本书将对表中其他冷源设备进行介绍。

空调冷(热)源设备的分类 表11-15

<table>
<tr><th>种类</th><th>能源装置的形式</th><th colspan="3">按系统(装置)的种类区分</th><th>热能动力发生装置或热媒变换装置等</th><th>能源或动力源(热泵)</th><th>简要说明</th></tr>
<tr><td rowspan="8">冷(热)源</td><td rowspan="6">制冷机(热泵)</td><td rowspan="6">蒸汽循环</td><td rowspan="4">机械压缩式</td><td>离心式</td><td>电动机透平(蒸汽、燃气),内燃机(柴油,煤气)</td><td>电力化石燃料</td><td>倾向于大容量的应用,动力源的选择应注意其供给的稳定性、节能性、占地面积</td></tr>
<tr><td>螺杆式</td><td rowspan="3">电动机</td><td rowspan="3">电力</td><td>倾向于中容量,适用于空气热源热泵</td></tr>
<tr><td>转子式</td><td rowspan="2">倾向于小容量,高压力,适用于空气热源热泵</td></tr>
<tr><td>活塞式</td></tr>
<tr><td rowspan="2">吸收式</td><td>单效型</td><td rowspan="2">蒸汽、高温水直接燃烧式(兼供暖用)低温水</td><td rowspan="2">化石燃料废热</td><td>倾向于小型低温热源,制冷系数低</td></tr>
<tr><td>双效型</td><td>倾向于大型高温热源,制冷系数较高</td></tr>
<tr><td colspan="4">蒸汽喷射式</td><td>蒸汽喷嘴</td><td>化石燃料</td><td>适用于工厂有废热,制冷系数低</td></tr>
<tr><td colspan="4">电子制冷(热电降温)</td><td>热电效应</td><td>电力</td><td>用于极小容量,不适于一般降温用,价高</td></tr>
</table>

续表

种类	能源装置的形式	按系统(装置)的种类区分	热能动力发生装置或热媒变换装置等	能源或动力源(热泵)	简　要　说　明
冷(热)源	废热利用冷热源(低压蒸汽、冷水、废气)				节能性好,可按温度级加以利用
	自然冷热源:室外空气、自然水(井水、地表水)蒸发冷却(循环水-室外空气)				直接利用,节能性好

2. 冷水机组

冷水机组是将制冷系统的全部设备组装在一起的整体机组,可为空调系统提供一定流量和温度的冷媒水。冷水机组结构紧凑,管理方便,安装简单,是建筑物空调系统的理想冷源设备。冷水机组大体上可分为电动式和热力式两大类,如图 11-7 所示。

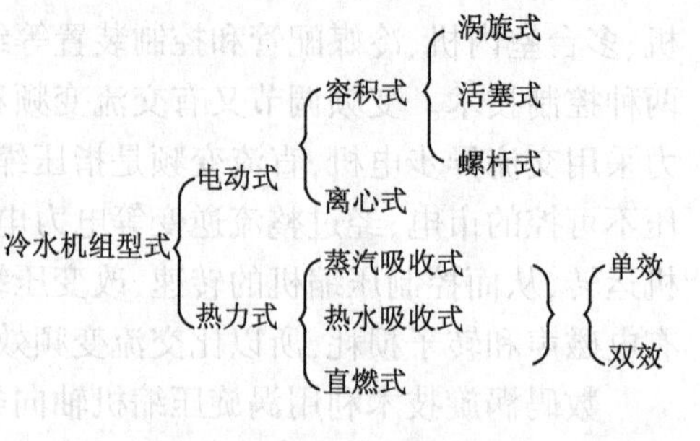

图 11-7　冷水机组的分类

(1)涡旋式冷水机组:涡旋式冷水机组主要由涡旋式压缩机、冷凝器、蒸发器、热力膨胀阀和自控等元件组成。涡旋式压缩机有一个定盘和一个动盘,涡盘型线经过精心设计,压缩机排气不需要阀门,余隙容积小,效率高。以前由于涡旋式压缩机容量小,很少被用在冷水机组中。目前,单台压缩机的功率已可高达60马力,具有较大制冷量的涡旋式冷水机组已经被开发出来。由于涡旋式冷水机组价格低,活塞式冷水机组和部分螺杆式冷水机组正被涡旋式冷水机组所替代。

(2)活塞式冷水机组:活塞式冷水机组由活塞式压缩机、冷凝器(风冷或水冷)、热力膨胀阀和干式蒸发器等组成,并配有自动能量调节和自动安全保护装置等。图 11-8 是活塞式冷水机组的制冷系统图。这种机组历史悠久,技术成熟。压缩机的活塞作往复运动,由于受转速、活塞行程及气缸直径等限制,容量不宜过大,属中小型冷水机组。其能量调节通过能顶开吸气阀的卸载装置执行,当空调负荷减少时,可通过部分气缸卸载,来达到冷量调节的目的。但由于卸载气缸中活塞还在来回运动,继续耗功,因此冷量与功耗不是以相同比例减少,对于冷量调节范围大的场合,可采用多台压缩机机组以适应不同的负荷要求。

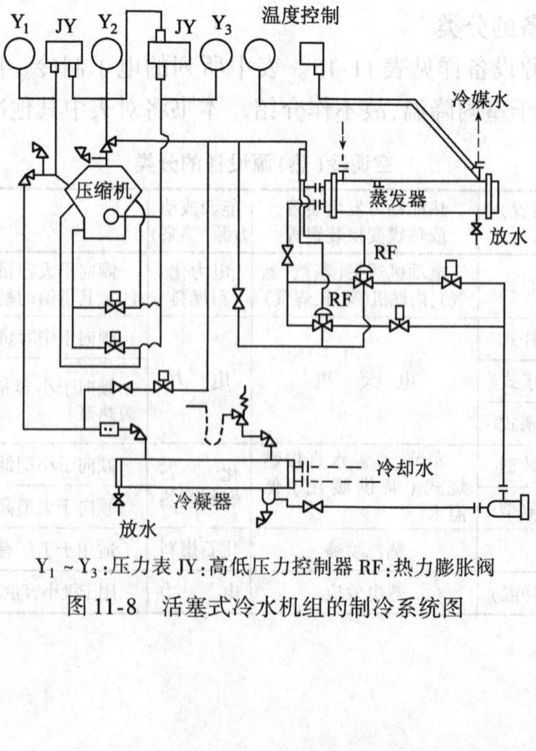

$Y_1 \sim Y_3$:压力表 JY:高低压力控制器 RF:热力膨胀阀

图 11-8　活塞式冷水机组的制冷系统图

(3)离心式冷水机组:离心式冷水机组由离心式制冷压缩机、壳管式冷凝器、蒸发器以及其他辅助设备和安全保护装置组成。离心式机组结构简单,工作安全,体积小,能量调节范围大,可实行多级压缩机节流,能适应多种蒸发温度要求。它进行能量调节的方法主要有两种:一是通过改变压缩机转速来改变制冷剂流量,从而达到调节制冷量的目的。离心式压缩机的调速控制比较复杂。因为离心式压缩机是通过高速旋转叶轮对气体做功,气体获得能量后,压力、流速提高,然后,在扩压器内,流速降低,压力继续提高,并从蜗壳排出进入冷凝器,所以转速的改变不仅引起流量改变,而且还会引起压力改变。以前,掌握离心式压缩机调速的厂家不多,所以这种调速方法用得较少。随着技术的发展,越来越多的厂家掌握了离心式压缩机的变速技术,生产了变频式离心式冷水机组。二是通过调节压缩机进口导叶角度,来改变离心式压缩机的能量头和流量。这种方法,当压缩机流量过小时,叶轮进口处气流冲角很大,可使气流产生严重脱流现象,产生“喘振”现象,严重时还可能损坏机器。

变频离心式冷水机组在部分负荷运行时并不只是改变频率,而是与其他方法同时使用,如调节进口导叶,此外,扩压管流道也需要调节,以防止气体进入扩压管时冲击和避免倒流。分析表明,变频离心式冷水机组比定频机组可节电30%~35%。

磁悬浮技术进一步提高了变频离心式冷水机组的效率。离心式压缩机所消耗的功包括叶轮对气体所做的功和轴旋转时与轴承间的摩擦消耗的功。磁悬浮离心式压缩机的叶轮、电机、转子安设在同一条轴上,两端被支承在轴承上。在启动时,变频电机将转速慢慢提高,依靠磁力作用使轴向上浮起,旋转的轴与轴承脱离,使轴承消耗的功率从常规的离心式压缩机的10kW降低到磁悬浮压缩机的0.2kW。由于轴承不需要润滑油,避免了普通压缩机内部复杂的润滑油系统,热交换器表面没有润滑油的热阻影响,提高了整个机组的效率。

(4)螺杆式冷水机组:螺杆式冷水机组由螺杆式压缩机、冷凝器、蒸发器以及自控元件和仪表等组成。螺杆式制冷压缩机属于工作容积做回转运动的容积式压缩机,按照螺杆转子数量的不同,螺杆式压缩机有双螺杆和单螺杆两种。

双螺杆压缩机气缸内装有一对互相啮合的螺旋形阴阳转子,两者按一定传动比相互反向旋转。转子的齿槽与气缸之间形成密闭空间,随着转子的旋转,空间的容积不断发生变化,周期性地吸进并压缩一定数量的气体。

单螺杆压缩机气缸内装有一个螺杆和两个平面星轮,和机体内腔形成封闭的基元容积。螺杆带动星轮旋转,制冷剂气体由吸气腔进入到螺槽内,经压缩后通过排气腔排出。

单螺杆压缩机核心部件加工难度大,目前国际上只有为数不多的公司掌握这一技术。我国已于2008年研制出了电机功率为37kW和90kW的单螺杆压缩机。由于螺杆受力完全平衡,单螺杆压缩机可使用普通轴承,振动小,噪声低,并可适用于高排气压力的场合。部分负荷时的效率高,并能消除过压和欠压压缩现象。它的主要缺点是星轮承受力大,易磨损,会导致排气量减少,使机器效率降低,所以单螺杆压缩机不宜高速运转。

螺杆式制冷压缩机的优点是结构简单,体积小,易损件少,振动小,容积效率高,对湿压缩不敏感,还可以实现无级能量调节。能量调节是通过卸载滑阀的移动,改变吸气量来实现的,滑阀靠油压活塞带动。螺杆式制冷压缩机的冷量可在15%~100%之间无级调节,当冷量减少时,耗功也减少,在60%~100%容量范围内,功耗和冷量几乎成正比变化。

(5)吸收式冷水机组:吸收式制冷机是由发生器、冷凝器、蒸发器、溶液热交换器、溶液泵等组成的。它是利用某种吸收溶液在相应温度和压力下,吸收或放出制冷工质蒸汽来实现制冷的。在吸收式冷水机组中,最常见的是用水作制冷工质,用溴化锂水溶液作吸收剂。溴化锂冷水机组基本工作循环见图 11-9。

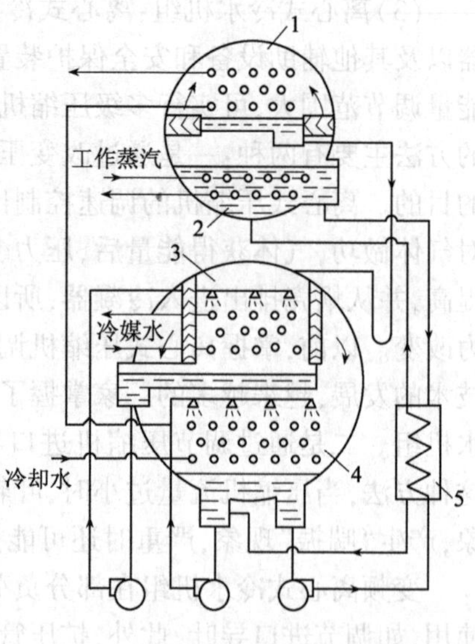

图 11-9　溴化锂冷水机组工作循环图

1—冷凝器;2—发生器;3—蒸发器;4—吸收器;5—溶液热交换器

按照结构形式,吸收式冷水机组可分成单筒型、双筒型或三筒型。

发生器、冷凝器、蒸发器和吸收器基本都属于壳管式热交换器。为了使设备结构紧凑,常将发生器、冷凝器、蒸发器、吸收器放置在一个筒体内,或者分别将发生器和冷凝器,蒸发器和吸收器放在两个筒体内。前者称为单筒型,后者称为双筒型。为了满足某些特殊的要求,例如在舰船上,为防止由于舰船摇摆、倾斜或振动使溴化锂水溶液进入冷凝器,引起污染,而将发生器和冷凝器分开采用三筒型。吸收式冷水机组又有单效和双效之分。与单效机组不同,双效机组增加了一个高压发生器和一个高温溶液热交换器。高压发生器中产生的高温工质蒸汽不直接输送到冷凝器,而是被用来作为低压发生器的加热热源,实现排热的机内利用,使制冷系数提高 50% 以上。

根据热源形式的不同,吸收式冷水机组又可分成蒸汽型、热水型以及燃油型和燃气型。

20 世纪 60 年代末,日本开发了直接燃烧煤气(或油)的双效吸收式制冷机,用燃烧煤气来代替蒸汽作为高压发生器的加热源,冬季还可以从冷却水回路中提取温度为 50℃左右的热水用于供暖。这种双效吸收式制冷机称为"冷热水发生器",在日本各类建筑中采用较多。

吸收式制冷机的主要优点是噪声小,无振动,只用少量的电,对能源的适应性强,高低压蒸汽、高低温热水以及其他废热、废气均可使用,特别适用于有余热、废热和缺电的地方。它的缺点是机组笨重,占地面积大,机组效率比电动压缩式的低而设备费用比它高。吸收式冷水机组的冷量调节有四种方法:

1)工作蒸汽量调节法:根据冷媒水出口温度的变化控制蒸汽调节阀的开度,调节工作蒸汽流量。如果冷媒水出口温度低于设定值,则减少蒸汽流量。由于蒸汽流量减少,发生器出口溶液浓度降低,作为工质的水流量减小,制冷量也相应减小,使冷媒水出口温度又升至设定值。反之,增加工作蒸汽量,则制冷量增加。

2)工作蒸汽凝结水量调节法:根据冷媒水出口温度控制凝结水调节阀,以改变凝结水排出量。当凝结水排出量减小时,由于积存的凝结水使有效传热面积减小,减小了工质的流量,达到了调节冷量的目的。和 1)方法比较,由于蒸汽凝结水比容小,因此所用的调节阀和调节机构可小得多,但排水如节流过度,会引起管内水击。

3)冷却水量调节法:改变冷却水流量与改变冷却水进口温度相似,冷却水流量与制冷量间的关系可参见图 11-10。当外界负荷降低时,蒸发器出口冷媒水温度下降,这时如减小冷凝器冷却水的流量,使冷凝温度升高,发生的制冷剂减少,制冷量也随之下降。当要改变制冷量时,冷却水流量的调节量很大,例如要减少 20% 的冷量,则要减少 50% 的冷却水流量。所以,采用这种方法,冷量调节范围小,冷却水管道和调节阀都比较庞大,因此很少采用。

4)稀溶液循环量调节法:根据冷媒水出口温度控制稀溶液调节阀,调节进入发生器的稀溶液流量,以达到改变制冷量的目的。这种调节方法使发生器中没有多余的溶液被加热或冷却,调节效果最佳,见图11-11。溶液调节阀的最大缺点是调节阀必须装在溶液管道上,这不仅有可能影响机组的真空度,而且还必须考虑腐蚀问题。这种调节方法宜和1)或2)方法结合使用,否则易产生结晶。

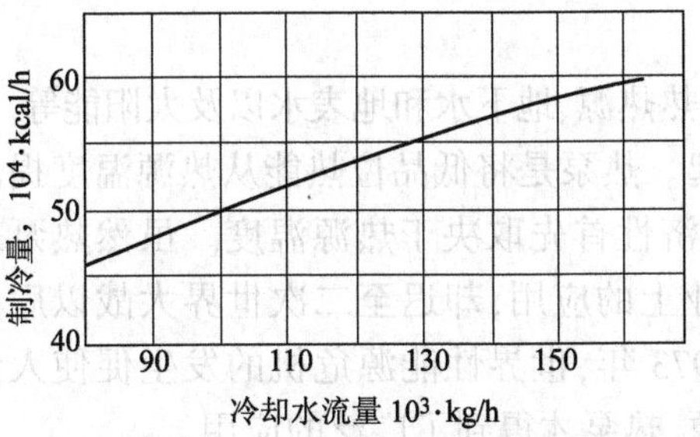

图11-10 冷却水量与制冷量的关系

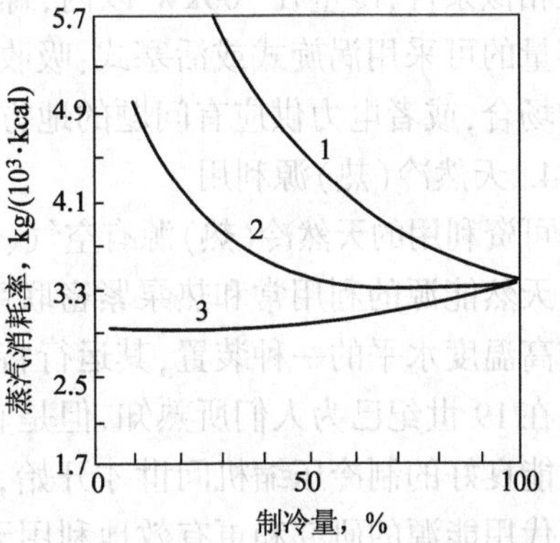

图11-11 各种调节方法与蒸汽消耗率的关系

1—冷却水量调节法;2—工作蒸汽量或凝结水量调节法;3—稀溶液循环量调节法

3. 冷水机组的选择

冷水机组的选择主要从能耗、容量范围、价格和维护保养等方面来考虑,由于CFC替代的进程在加快,因此使用制冷剂的种类也是需要考虑的因素。冷水机组的效率以离心式为最高,吸收式为最低。每一种形式的机组都有一个适用的范围,见表11-16。

不同形式冷水机组容量范围 表11-16

单机名义工况制冷量(kW)	冷水机组机开型
≤116	涡旋式、活塞式
116~700	活塞式、螺杆式、吸收式
700~1054	螺杆式、吸收式
1054~1785	螺杆式、离心式、吸收式
≥1785	离心式、吸收式

最常用的制冷剂是氟利昂,它是饱和碳氢化合物氟、氯、溴衍生物的总称。它可以分为CFC(chlorofluorocarbons)、HCFC(hydrochlorofluorocarbons)和HFC(halogenated-hydrocarbons)三类。二三十年前,离心式冷水机组几乎都采用CFC-11为制冷剂,但是CFC中的氯逸散至离地球表面11~45km处的同温层,导致了臭氧层的破坏,所以1987年签署的蒙特利尔议定书规定了淘汰CFC的期限。目前,无论是发达国家还是发展中国家,均已过了淘汰期限,也就是说CFC已被禁用。HCFC的消耗臭氧潜能值ODP(Ozone Depletion Potential)虽然较小,例如HCFC22的ODP为0.055,HCFC123的ODP为0.02,但也不是可长期使用的制冷剂。议定书规定了HCFC的淘汰期,对发达国家是2030年,对发展中国家是2040年。蒙特利尔议定书自签署至今已经过4次修正和2次重要调整,制冷剂替代的步伐一直在加快,很多国家都已提前停止使用HCFC。德国、瑞士、丹麦和意大利早在2000年就已停用,美国、日本和加拿大于2010年也已停用,欧

共体其他国家将于2015年禁用HCFC，中国也作出承诺将禁用HCFC的期限大大提前。然而用以替代CFC和HCFC的许多HFC制冷剂虽然ODP值为零。但具有高的全球变暖潜势GWP（Global Warming Potential），例如R410A的GWP约为2000，R134a的GWP值约为1400。最近一些新的单组分制冷剂HFO-1234yf正受到关注，它可替代R134a，而它的GWP值仅为4～6。

至于价格，它涉及各种因素，如性能指标、自动化水平等，需要具体分析比较。但就一般相似条件，冷量在700kW以内，螺杆式比较经济；1000kW以上，离心式较为经济：小容量的可采用涡旋式或活塞式：吸收式机组的价格最贵，能耗最大，但是在有余热、蒸汽的场合，或者电力供应有问题的地方可以采用吸收式冷水机组。

4. 天然冷（热）源利用

可资利用的天然冷（热）源有空气、土壤、地热热源、地下水和地表水以及太阳能等。

天然能源的利用常和热泵紧密联系在一起。热泵是将低品位热能从热源温度提高到较高温度水平的一种装置，其运行特性和经济性首先取决于热源温度。虽然热泵理论早在19世纪已为人们所熟知，但是它在商业上的应用，却迟至二次世界大战以后由于性能良好的制冷压缩机问世才开始，直到1973年，世界性能源危机的发生促使人们重视代用能源的研究和更有效地利用天然能源，热泵才得到了广泛的应用。

（1）风冷热泵机组

风冷热泵分为空气-空气热泵和空气-水热泵两种。前者多用于向室内直接供热或向局部地区或周边地区供热，它的容量不大，属中小型机组；后者常用来作为风机盘管空调系统的冷热源，它的容量比较广，大、中、小型均有。从随时随地可用的观点来看，大气是一个极理想的热源，但是大气温度变化较大，是其不利的一面。随着环境温度下降，建筑物所需供热量随温差的增加成正比地增加，但是热泵的制热量却随温度降低而降低，因此空气热泵不适用于气候非常寒冷的地区。研究表明，空气热泵宜用于冬季室外计算温度高于－10℃的地区，并要考虑当地冬季的湿度。对于高湿地区，由于除霜操作过于频繁将会减少机组的出力，见图11-12。风冷热泵机组冬季制热量应按式11-10进行修正。

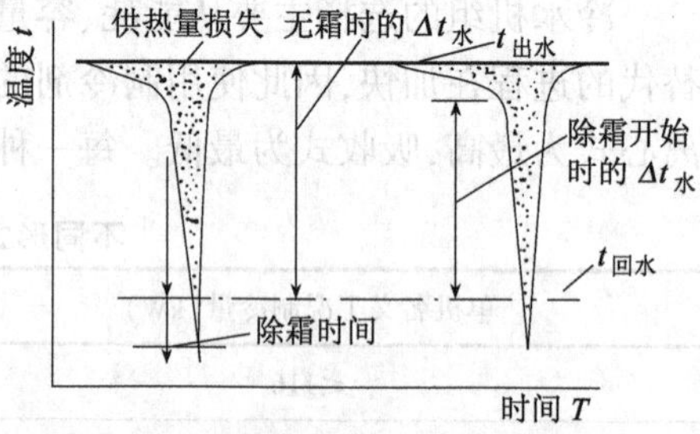

图11-12　除霜引起的供热量损失

$$Q = kq \tag{11-10}$$

式中　Q——机组制热量（kW）；

q——产品样本中的制热量（kW）；

k——机组融霜修正系数，每小时融霜一次取0.9，两次取0.8。

（2）地源热泵机组

地源热泵是利用浅层地能进行供热制冷的新型能源利用技术。冬季，地源热泵把热量从地下土壤中转移到建筑物内，土壤是无污染低品位热源，利用它的热量来供热无疑是节能的途径之一。夏季，地源热泵把建筑物内的热量转移到地下土壤中，既节约了冷却水又可以储热。“地源热泵”的概念最早于1912年由瑞士专家提出，而该技术的提出始于英、美两国。直到20世纪70年代初第一次能源危机出现后，该项技术才受到重视。80年代后期，地源热泵技术已经趋于成熟。

地能或地表浅层地热资源的温度一年四季相对稳定，土壤的温度冬季比环境空气温度高，夏季比环境空气温度低，是理想的冷热源，这种温度特性使地源热泵的效率较高。地源热泵是通过地埋管汲取土壤热量和把建筑物的热量储存在土壤中的。地埋管有垂直式和水平式两种，垂直式埋管系统占地面积小，但钻井费用较高；水平式埋管系统安装费用低，但占地面积大，而且受地面温度影响大。地埋管系统基本不能进行维护，因此地埋管材料应具有化学稳定性和耐腐蚀性。以前，地埋管多用金属管，虽然它的传热性好，但耐腐蚀性差，严重影响地源热泵系统的使用寿命，20 世纪 70 年代出现了大量化学稳定性好，耐腐蚀性好的塑料管，例如聚乙烯(PE)和聚丁烯(PB)管，柔韧性好、强度高，而且可以通过热熔合成比管子自身强度更好的连接接头。

(3)水源热泵机组

水源热泵是利用地球水体作为冷热源的供暖空调系统，可以利用的水体包括地下水、河流，湖泊和海洋。水体不仅是一个巨大的太阳能集热器，而且是一个巨大的动态能量平衡系统。地表水体温度一年四季相对稳定，其波动范围远远小于空气的波动，而且不存在空气源热泵的冬季除霜等难题。冬季水源热泵将水体中的低品位热量取出来供给建筑物采暖，夏季把建筑物内的热量取出来释放到水体中，达到空调的目的。

据美国环保署 EPA 估计，设计安装良好的水源热泵平均可节约 30% ~40% 的供暖和空调的运行费。矿化度较高的水源水(>350mg/L)对金属的腐蚀性较强，直接进入机组，会因腐蚀作用减少机组使用寿命。如果通过水处理的方法减少矿化度，费用很大，通常采用加装中间换热器的方式，把水源与机组隔开。矿化度小于 350mg/L 的水源水可直接利用，可视水质情况加装除砂器、过滤器和电子水处理仪等。

(4)太阳能

太阳能属于天然热源之一。当它不是作为直接热源，而是作为一种能源加以利用时，可用作吸收式制冷机的驱动热源，或者作为热泵的传动和电能能源用于冷源和热源设备。太阳能的利用，按照收集太阳能的方式，可大致分为主动型、被动型和混合型三种。主动型是指采用动力和利用特殊的设备、装置；被动型的含义则与此相反。例如采用集热器的自然循环供暖系统，尽管系统不使用动力，但使用了特殊设备和装置，就属于主动型。图 11-13 表示了太阳能在空调中应用的分类。

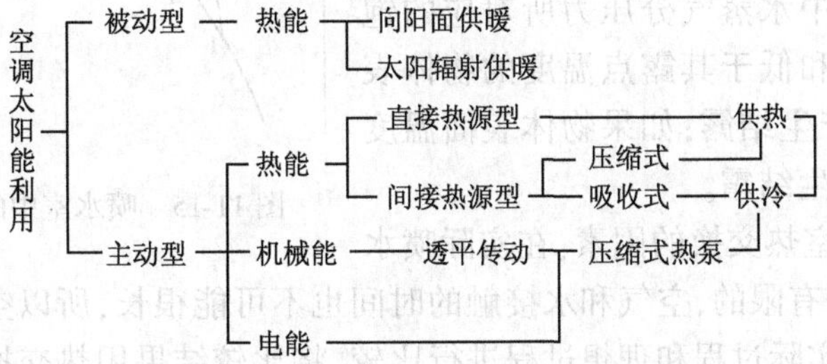

图 11-13　太阳能在空调中的应用分类

二、空气处理设备

为了给空调房间提供具有一定温湿度的空气，必须用空气处理设备对空气进行热、湿处理。根据热、湿交换设备工作特点的不同，大体上可将空气处理设备分成两大类：直接接触式和表面式。

1. 直接接触式空气处理设备

(1)喷水室

1)喷水室的构造：图 11-14 是应用较为普遍的单级喷水室构造示意。

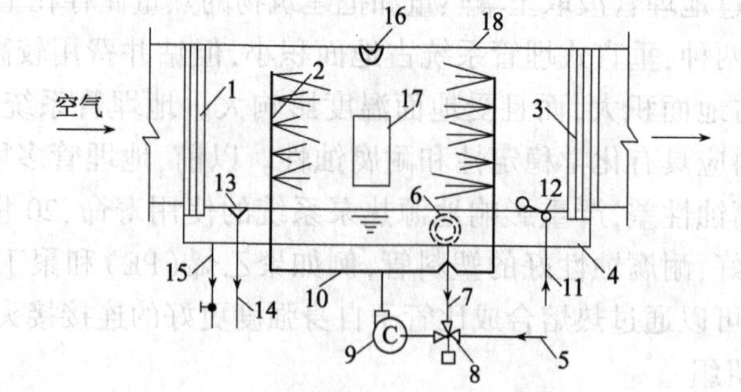

图 11-14　单级喷水室的构造

1—前挡水板；2—喷嘴与排管；3—后挡水板；4—底池；5—冷水管；6—滤水器；7—循环水管；8—三通混合阀；9—水泵；10—供水管；11—补水管；12—浮球阀；13—溢水器；14—溢水管；15—泄水管；16—防水灯；17—检查门；18—外壳

2）空气处理过程：根据喷水温度的不同，可以对经过喷水室的空气进行七种处理过程，详见图 11-15。假定状态 A 空气的干球温度为 t，湿球温度为 t_s，露点温度为 t_l，如果喷水室的喷水量无限大，空气和水接触的时间又无限长，在这样的理想状态下，空气最终将全部达到饱和状态并具有水温。根据设计要求，向空气喷淋不同温度的水，即可得到具有不同状态参数的空气。

空气的干球温度，简称为"温度"，是用干球温度计测得的空气温度。湿球温度计测得的空气温度称为湿球温度。湿球温度计即球部裹以湿润细纱布的温度计，只有当通过湿球的空气流速不小于 2.5～4m/s 时，湿球温度计的读数才准确。湿球温度一般低于干球温度，只有当空气饱和时，两者才相等。空气的湿球温度值可近似反映其焓值的大小。空气的露点温度等于空气中水蒸气分压力所对应的饱和温度。当空气和低于其露点温度的物体表面接触时，就会产生结露；如果物体表面温度低于 0℃，就会产生结霜。

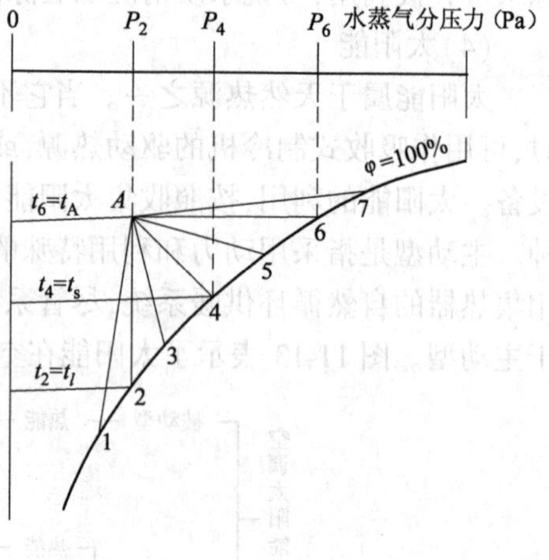

图 11-15　喷水室中的空气处理过程

3）影响喷水室热交换的因素：在实际喷水室中，喷水量总是有限的，空气和水接触的时间也不可能很长，所以空气的终状态往往达不到饱和。把实际过程和理想过程进行比较，将比较结果用热交换效率系数和接触系数表示，并用它们来评价喷水室的热工性能。

热交换效率系数 η_1：η_1 是衡量热湿交换完善程度的系数，它同时考虑了空气和水的状态变化，其计算公式是：

$$\eta_1 = 1 - \frac{t_{s2} - t_{w2}}{t_{s1} - t_{w1}} \tag{11-11}$$

式中　t_{s1}，t_{s2}——处理前后空气的湿球温度（℃）；

t_{w1}，t_{w2}——喷水前后的水温（℃）。

在理想状态下，$t_{s2} = t_{w2}$，$\eta_1 = 1$。

接触系数 η_2：η_2 只考虑空气的状态变化，它表示空气达到饱和的程度。η_2 的计算公式是：

$$\eta_2 = 1 - \frac{t_2 - t_{s2}}{t_1 - t_{s1}} \tag{11-12}$$

式中　t_1, t_2——处理前后空气的干球温度(℃)。

影响 η_1, η_2 的因素：影响 η_1 和 η_2 的一个因素是空气的质量流速 $v\rho$(v 为空气流速 m/s，ρ 为空气密度 kg/m^3)，其计算式为：

$$v\rho = \frac{G}{3600f} \text{kg/(m}^2 \cdot \text{s)} \tag{11-13}$$

式中　G——通过喷水室的空气量(kg/h)；

f——喷水室的横断面积(m^2)。

实验证明，增加 $v\rho$ 可使喷水室热交换效率系数和接触系数变大，并且在风量一定的情况下，可减小喷水室的断面尺寸，但 $v\rho$ 过大会引起喷水室阻力增加，并引起挡水板过水量，$v\rho$ 的常用范围是 2.5～3.5kg/(m^2·s)。

喷水系数 μ 是影响喷水室效率的另一个因素，它的定义是处理每公斤空气所用的水量，即：

$$\mu = \frac{W}{G} \text{kg(水)/kg(空气)} \tag{11-14}$$

W 为每小时的喷水量，加大喷水量可以提高热交换效率系数和接触系数，但到一定程度后，增加喷水量对热工性能的改善变得不明显，与此同时，水泵和风机的动力都增加了，总的效果不一定好。μ 的具体数值一般由设计决定。

此外，喷水室结构(包括喷嘴排数、喷嘴密度、喷嘴孔径和喷水方向等)对喷水室热工性能亦有影响，关于这方面的内容，可参阅有关文献。

(2)空气加湿器与减湿器

1)蒸汽加湿器：干式蒸汽加湿器的构造见图 11-16。图 11-17 表示了蒸汽加湿时空气的状态变化。蒸汽加湿只改变空气的含湿量，不改变它的温度，是一个等温加湿过程。蒸汽加湿量可用下式确定：

$$G = 0.594fn(1 + P)^{0.97} \text{kg/h} \tag{11-15}$$

式中　f——每个喷嘴面积(mm^2)；

n——喷嘴数；

P——蒸汽工作压力(atm)。

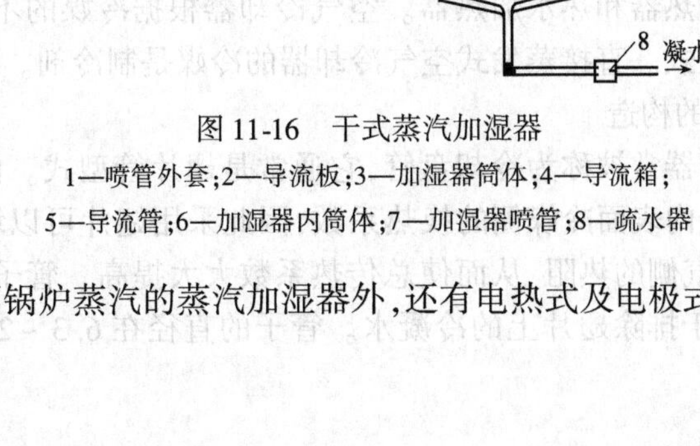

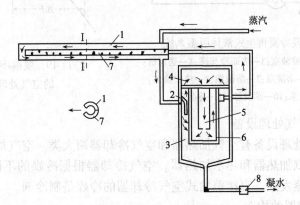

图 11-16　干式蒸汽加湿器

1—喷管外套；2—导流板；3—加湿器筒体；4—导流箱；5—导流管；6—加湿器内筒体；7—加湿器喷管；8—疏水器

除了直接利用锅炉蒸汽的蒸汽加湿器外，还有电热式及电极式加湿器，利用电能产生蒸汽对空气加湿。加湿量的大小取决于加湿器的功率。

2）液体减湿装置：氯化钙、氯化锂等盐水溶液表面饱和空气层的水蒸气分压力低于同温度下纯水表面饱和空气层的水蒸气分压力。当空气中的水蒸气分压力大于盐水表面的水蒸气分压力时，就产生了湿传递的推动力。空气中的水蒸气分子将向盐水转移，这就是盐水溶液的吸湿原理。

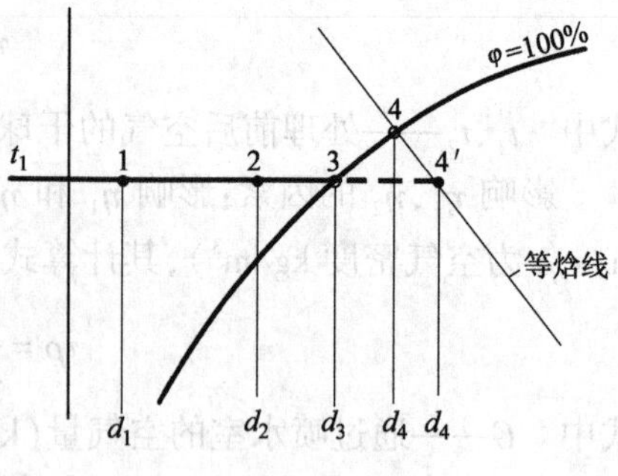

图 11-17　蒸发加湿过程

盐水溶液的吸湿能力与盐水溶液的温度和浓度有关，温度越低，浓度越大，则吸湿能力越强。但是盐水的浓度不是可以任意增加的，对应每一个温度，有一个限度，超过这个限度，多余的盐分会结晶出来。例如氯化锂盐溶液，0℃时，最大浓度是35%左右，而在100℃时，最大浓度可超过55%。

盐溶液吸湿以后，浓度减小，吸湿能力也随之下降。为了重新使用被稀释了的溶液，需要进行再生处理，去除溶液中的部分水分以提高其吸湿能力。图 11-18 是一个蒸发冷凝再生式液体吸湿系统。

喷淋不同温度的盐水，可以对空气进行各种方式的处理，见图 11-19。与喷水室不同，喷盐水的处理过程可以朝远离饱和的方向进行，而这一点，喷水室是做不到的。

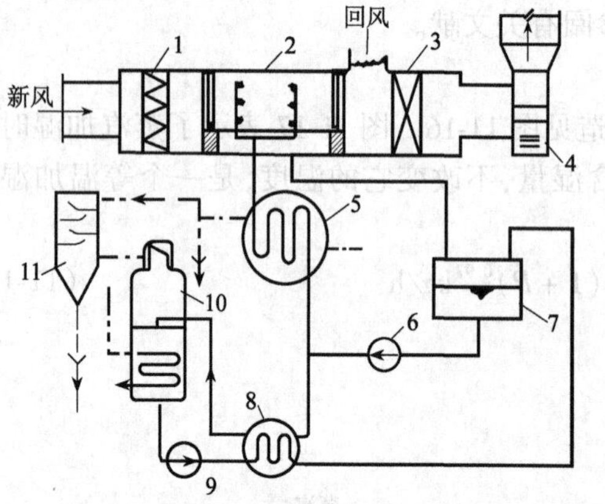

图 11-18　蒸发冷凝再生式液体吸湿系统

1—空气过滤器；2—喷液室；3—表面冷却器；4—送风机；5—溶液冷却器；6—溶液泵；7—溶液箱；8—热交换器；9—再生溶液泵；10—蒸发器；11—冷凝器

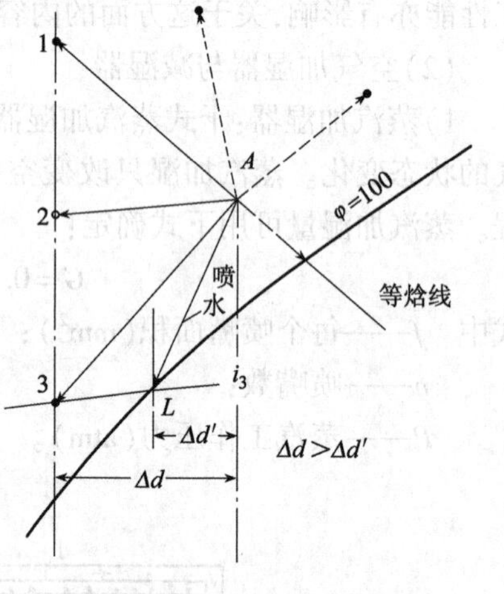

图 11-19　喷淋不同温度盐水的空气处理过程

2. 表面式空气处理设备

表面式空气处理设备有空气加热器和空气冷却器两大类。空气加热器又可根据热媒的不同分为蒸汽加热器和热水加热器。空气冷却器根据冷媒的不同分为水冷式、盐水冷却式和直接蒸发式。直接蒸发式空气冷却器的冷媒是制冷剂。

（1）表面冷却器的构造

表面式空气冷却器常被称为冷却盘管，它通常是翅片管型式。由于外表面空气侧的换热系数大大低于内表面冷媒侧的换热系数，因此采用翅片可以增加空气侧的换热面积，相当于减小空气侧的热阻，从而使总传热系数大大提高。管子通常水平布置，翅片则垂直布置，以利于排除翅片上的冷凝水。管子的直径在 6.3～25mm 范围内；翅片的厚度一般在 0.12～0.42mm 之间，每英寸的片数从 8 到 18 不等。翅片的材料为铝或铜。如果翅片太薄，管子和翅片不易紧密接触，就会影响热交换效率。目前采用的二次翻边技术，可以改善翅片和管子的接触程度，因而被广泛采用，见图 11-20。

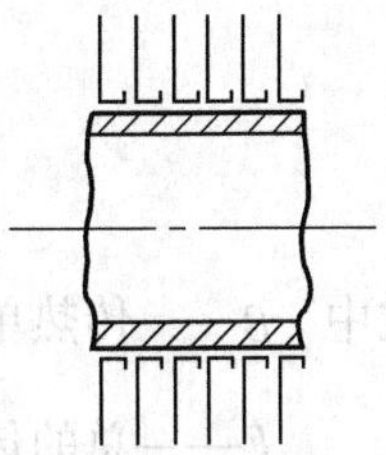
图 11-20　二次翻边片

为了增强空气的扰动以提高空气侧的换热系数，近年来发展了很多种翅片型式，有波纹型、条缝型、百叶窗型和波纹加缝型等。

冷却盘管可以有多排。由于空气冷却过程中有冷凝水产生，所以盘管下面要设接水盘。接水盘的出水口应在最低点，以利排水。

(2) 表面式冷却器的传热系数

表面冷却器的总传热系数可用下式表示：

$$K=\frac{1}{\frac{1}{\alpha_w\phi_0\xi}+\frac{\tau\delta}{\lambda}+\frac{\tau}{\alpha_n}} \tag{11-16}$$

式中　α_w——外表面换热系数〔W/(m^2·℃)〕；

α_n——内表面换热系数〔W/(m^2·℃)〕；

ϕ_0——肋表面全效率；

ξ——析湿系数，$\xi=(i-i_b)/[C_p(t-t_b)]$，即总热量与显热量之比；

δ——管壁厚度(m)；

λ——管壁导热系数〔W/(m^2·℃)〕；

τ——肋化系数，$\tau=F_w/F_n$；

F_w——单位管长肋片管外表面积(m^2)；

F_n——单位管长肋片管内表面积(m^2)；

i,t——通过冷却盘管的空气焓和干球温度；

i_b,t_b——冷却盘管表面饱和空气层的焓和干球温度。

水冷式表面冷却器空气侧换热系数 α_w 和空气的迎面风速 V_y 以及析湿系数 ξ 有关，而内表面换热系数和冷水流速 ω 有关，在实际中常常通过测定将传热系数 K 整理成 V_y，ξ 和 ω 的函数：

$$K=\frac{1}{\frac{1}{AV_y^m\xi^p}+\frac{1}{B\omega^n}}\ \mathrm{W/(m^2\cdot ℃)} \tag{11-17}$$

式中　A、B、m、p、n——由实验得出的系数和指数。

(3) 表面冷却器的效率

水冷式表面冷却器的热工性能可以用热交换系数 ε_1 和接触系数 ε_2 来评价，两个系数的定义如下：

$$\varepsilon_1=\frac{t_1-t_2}{t_1-t_{w1}} \tag{11-18}$$

$$\varepsilon_2=\frac{t_1-t_2}{t_1-t_3} \tag{11-19}$$

式中　t_1、t_2——处理前、后的空气干球温度(℃)；

t_{w1}——冷水初温(℃)；

t_3——在理想情况下，处理后的空气干球温度(℃)。

热交换器系数同时考虑了空气和水的状态变化，而接触系数只考虑空气的状态变化。经过推导可得出：

$$\varepsilon_1 = \frac{1-e^{-\beta(1-\gamma)}}{1-\gamma e^{-\beta(1-\gamma)}} \tag{11-20}$$

$$\varepsilon_2 = 1-e^{-\frac{\alpha_W a N}{v_y \rho c_p}} \tag{11-21}$$

式中　β——传热单元数，$\beta=\dfrac{KF}{\xi G c_p}$；

F——总的传热面积（m^2）；

G——空气流量（kg/s）；

c_p——空气定压比热〔kJ/(kg·℃)〕；

γ——水当量比，$\gamma=\dfrac{\xi G c_p}{Wc}$；

W——水流量（kg/s）；

c——水的比热〔kJ/(kg·℃)〕；

ρ——空气的密度（kg/m^3）；

a——肋通系数，$a=F/(N\cdot V_y)$；

N——肋片管的排数；

V_y——迎面风速（m/s）。

（4）直接蒸发式表面冷却器的效率

在直接蒸发式表面冷却器热工性能计算中，常采用湿球温度效率 E_s 和接触系数 E_0，后者的定义和水冷式表冷器的接触系数 ε_2 完全一样。前者的定义式为：

$$E_s = \frac{t_{s1}-t_{s2}}{t_{s1}-t_0} \tag{11-22}$$

式中　t_{s1}，t_{s2}——空气进出口的湿球温度（℃）；

t_0——制冷剂的蒸发温度（℃）。

E_s 与蒸发器的结构型式、肋片管排数、迎面风速以及制冷剂的性能有关。

三、送、回风口

室内空气分布，也就是室内气流组织，直接影响室内的空调效果。影响气流组织的因素很多，它们是：送风口型式和位置、送风口尺寸、回风口位置、送风射流参数（主要指送风温差和送风速度）、房间的几何形状及热源位置等。在以上诸因素中，送、回风口的形状、位置和送风参数是影响气流组织的主要因素。

1. 送风口的型式

送风口型式及其紊流系数大小对气流组织影响很大，因此，在设计时，应根据空调精度、风口安装位置以及与建筑装饰的艺术配合等方面的要求选择设计送风口。送风口的型式繁多，下面仅对几种常用的送风口作一简要介绍。

（1）侧送风口：将气流横向送出的风口叫侧送风口。这类风口中，用得最多的是百叶风口。在百叶风口内，一般根据需要设置1～3层可转动的叶片。外层水平叶片用以改变射流的出口倾角；中间的垂直叶片能调节气流的扩散角；内层的对开式叶片则是为了调节风量设置的。

另一种常用的侧送风口是格栅送风口，出风口上装有横竖薄片组成的格栅，还可以用薄片冲制成带有各种装饰图案的空花格栅。

（2）散流器：散流器是安装在顶棚上的送风口，自上而下送出气流。散流器的型式很多，有盘式散流器，气流贴附着顶棚，呈辐射状送出；有片式散流器，设有多层可调散流片，使送风或呈辐射状，或呈锥形扩散；也有将送、回风口结合在一起的送、吸式散流器等。

(3)孔板送风口:空气经过开有许多小孔的孔板进入房间,这种风口型式叫孔板送风口。孔板送风的最大特点是送风均匀,气流速度衰减快,因此最适用于要求工作区气流均匀、温差小的房间,如高精度恒温室和平行流洁净室等。

(4)喷射式送风口:喷射式送风口是一个渐缩圆锥台形短管,它的渐缩角很小,无叶片阻挡,噪声低,射程长。这种风口适用于大空间公共建筑,如体育馆、候车厅、电影院等。

2. 回风口

由于回风口的汇流场对房间气流组织的影响比较小,因此它的形式也比较简单。一般宜采用较低的回风速度,所以回风口尺寸较大。通常在回风口加一金属网格,也有装格栅和百叶的,应尽量与建筑装饰相配合。

第四节 建筑节能和空调中的节能措施

发达国家民生耗能已高达其国家总能耗的1/3左右,而其中绝大部分又消耗在建筑物中。在有空调系统的建筑物的总能耗中,空调能耗约占60%或更多。因此空调如何节能成为一个有关国计民生的大课题,显得非常重要。空调节能不但和空调系统的设计有关,还和建筑物本身有密切的关系。如果在建筑中采用合理的措施,则空调负荷可大大减小。也就是说,维持相同室内环境条件所需要的空调能耗可大大降低。空调节能途径主要有三条:第一,尽量减少构成或导致空调能源需求的各种负荷,例如建筑物围护结构保温性能的改善、热反射窗玻璃的应用、高效照明的设计等。第二,建筑物内一切机械设备应尽可能选用高效产品。空调系统的设计应符合节能规范,系统的运行、管理、维修也应以确保最高运行效率为目标。第三,尽可能利用余热、太阳能和可再生能源。

一、建筑和空调节能技术的标准及规范

1. 国内标准

在我国,有关节能的法规最著名的是1998年国务院颁发的《中华人民共和国节约能源法》,该法明确规定:"建筑物的设计和建造应当依照有关法律、行政法规的规定,采用节能型的建筑结构、材料、器具的产品,提高保温隔热性能,减少采暖、制冷、照明的能耗。"近年来,我国制定了一系列建筑节能的行政法规、技术标准和设计规范,已颁布的有《公共建筑节能标准》、《民用建筑节能设计标准》、《国家建筑节能标准》等二十余项国家和行业标准,并对《既有公共建筑节能改造技术规程》等二十几项标准进行了制定和修订。

2. 国外标准

空调应用普及率最高的美国较早地开始制定空调工程设计的节能标准和法规。比较著名的有1973年美国联邦标准局的《空气调节设计标准》和ASHRAE分别在1975年和1989年制定的《新建建筑设计节能标准90-75》以及1999年制定的《除低层住宅建筑之外的新建建筑节能设计标准》。这些标准从总的节能原则出发,对建筑物的空调系统作了许多具体规定,并制定了很多具体的措施。例如标准对各类建筑中制冷机组的最低综合部分负荷IPLV(Integrated Partial Load Value)值作了规定。IPLV不仅是评价冷水机组性能的重要指标,而且也是建筑节能标准和评估体系运行工况下的负荷和能耗值。IPLV是制冷机组部分负荷下的性能表现,它综合考虑了在不同负荷率

（100%、75%、50%、25%）下机组的 EER。EER 是制冷机组的能效比，IPLV 值由公式 11-23 确定：

$$IPLV = A(EER_{100}) + B(EER_{75}) + C(EER_{50}) + D(EER_{25}) \quad (11\text{-}23)$$

公式中 A、B、C、D4 个系数是每种负荷所占总运行时间的比例，它们和气候及计算条件有关。美国于 1998 年制定的标准给出它们的值为：0.01、0.42、0.45 的 0.12。

加拿大的《国家建筑能源法规，1995》对空调系统的设计制定了一些强制性和指导性条款，例如规定冬季室内相对湿度不得超过 30%，夏季室内相对湿度不得低于 70% 等。

日本在 1979 年颁布了关于合理使用能源的法律，提出了两个重要指标：周边区年热负荷值 *PAL*（Perimeter annual load）和空调能耗系数 *CEC*（Coefficient of energy consumption for air conditioning），并具体规定了办公楼建筑 *PAL* 小于 335MJ/（m^2·年），*CEC* 小于 1.6。

$$PAL = \frac{外围护结构全年热负荷(MJ/年)}{外围区面积和(m^2)} \quad (11\text{-}24)$$

外围区面积和为最上层、最下层面积与标准层的离外墙深 5m 处的面积之和。

$$CEC = \frac{空调全年消耗能量(MJ/年)}{全年空调负荷(MJ/年)} \quad (11\text{-}25)$$

二、建筑节能

1. 建筑物的朝向

建筑物的朝向对空调冷负荷有很大的影响。同样形状的建筑物，南北向比东西向的负荷小，图 11-21 中的曲线就说明了这一点。对一个长宽比为 2 的建筑物，东西向比南北向的冷负荷约增多 35%，所以建筑物的朝向选择，是节能的重要因素。

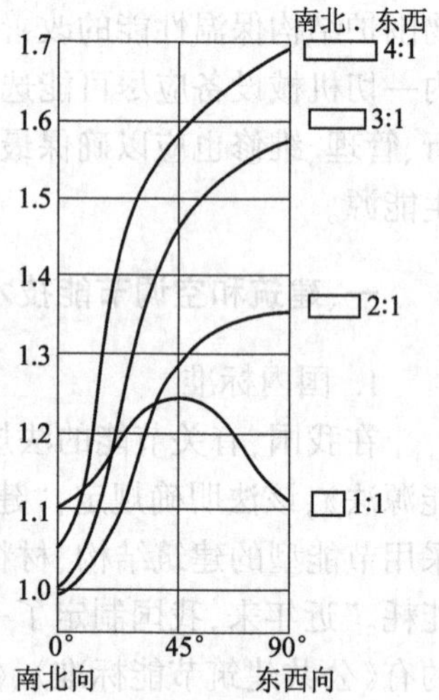

图 11-21　建筑物朝向对空调冷负荷的影响

2. 体形系数

体形系数的定义是建筑物外表面积 *F* 与建筑物体积 *V* 之比。对相同体积的建筑物，若体形系数大，则外表面积大，通过围护结构的传热多，空调冷负荷就大。因此，希望将建筑物的体形系数控制在 0.35 以下。但某些高级建筑，出于建筑造型和美观的要求，采用的体形系数较大。这种情况下，可用增加外墙热阻的方法来弥补。表 11-17 列出了德国建筑节能法规规定的关于不同体形系数建筑物的最大总平均传热系数。

建筑物最大总平均传热系数 K_p　　**表 11-17**

$F/V(m^{-1})$	≤0.24	0.3	0.4	0.5	0.6	0.7	0.8	0.9	1.0	1.1	≥1.2
K_{pmax}[W/(m^2·K)]	1.4	1.24	1.09	0.99	0.93	0.88	0.85	0.83	0.80	0.78	0.77

我国《民用建筑节能设计标准》规定，建筑物的体形系数宜控制在 0.3 以及 0.3 以下；如果体形系数大于 0.3，则屋顶和外墙应加强保温。

3. 窗墙比

窗墙比是窗墙面积与外墙总面积之比。该值是影响空调能耗的重要指标。如果窗面积大，则夏季室内的日射得热量多，空调冷负荷就相应增加。在冬季，虽然进入室内的日射可减少供暖负荷，但由于窗的热阻远比墙体的热阻小，因而窗户的温差传热损失要比墙体大得多。可见，减少窗户面积无疑是一项节能措施。对北京兆龙饭店和昆仑饭店外围护结构负荷进行了全年计算机模拟。结果表明，如果兆龙饭店和昆仑饭店的窗墙比分别减少7%和4%，则夏季冷负荷可减少8%～13%，冬季热负荷可减少4%～5.5%。

我国的设计标准规定，民用建筑的窗墙应符合表11-18的规定。如果窗墙面积比超过该表的数值，则应调整外墙和屋顶等围护结构的传热系数，使建筑物的耗热量指标达到规定要求。

不同朝向的窗墙面积比　　表11-18

朝　向	窗墙面积比
北	0.25
东、西	0.3
南	0.35

4. 特种玻璃

由于通过窗户传入的热量占通过建筑物外围护结构传热形成的冷负荷的很大比例，因而合理选用窗玻璃材料，以减少日射得热就显得非常重要。采用特种玻璃是减少日射得热的方法之一。常用的特种玻璃有吸热玻璃、反射玻璃和遮光玻璃等。

吸热玻璃和普通玻璃的区别是在玻璃中添加了微量的铁、镍、钴等金属，使其具有吸收热辐射的性能。虽然被玻璃吸收的热量最终有一部分还将以对流和辐射的形式进入室内，但透过玻璃进入室内的热量却大大减少。

反射玻璃表面镀一层金属氧化薄膜，能反射大约30%的太阳辐射热。遮光玻璃是在普通玻璃上紧贴一层遮光薄膜。薄膜的基材是聚酯膜，在真空条件下涂上一层铝，成为一种具有热反射性的半透明薄膜，可减少70%的太阳辐射热。图11-22比较了几种经玻璃材料进入室内的日射得热的百分比。

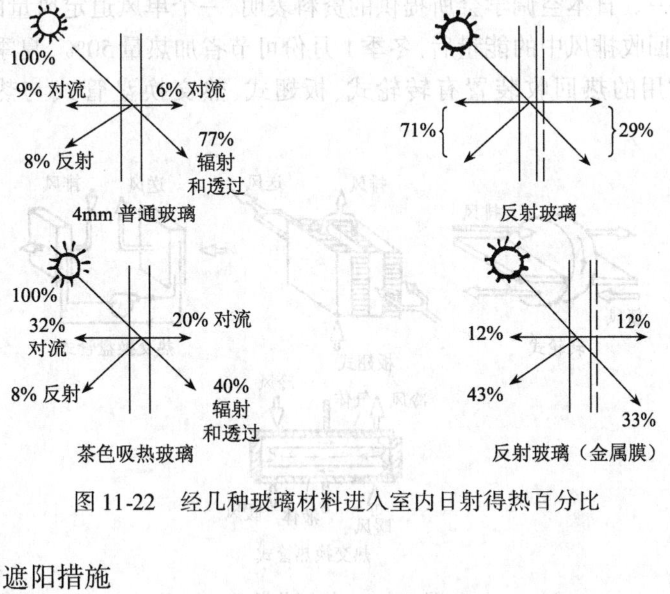

图11-22　经几种玻璃材料进入室内日射得热百分比

5. 窗户的遮阳措施

除了采用窗帘、百叶窗等内遮阳措施外，建筑外遮阳也起到直接遮挡太阳光的作用。窗户侧壁、屋檐、遮阳板、凸出的阳台等都是遮阳构件。遮阳效果除了与采取的遮阳措施有关外，还和太阳的位置、建筑物的朝向等因素有关。有资料说明，增加了1200mm宽的水平外遮阳板后，可减少夏季日需冷量25%左右。

三、空调中的节能措施

1. 空调运行中的节能措施

舒适性空调有一个较宽的舒适温度范围,运行中应根据气温和人的衣着,对室内设定温度加以调整。在夏季,尽量采用较高的室内设定温度,冬季则相反。

处理1kg的室外新风约耗电4～5kW·h,减少新风的节能效应是显而易见的,特别是在人员变动较大的场所,如图书馆、百货商场、剧院等,应根据人数控制引入系统的新风量。有的地方管理很差,空调系统自动化程度也不高,无论人员多少,都引入相同的新风量,造成很大的浪费。

在过渡季节,外界空气的焓值常低于室内空气的焓值。这时,应尽量利用室外新鲜空气作为天然冷源以消除室内由灯光、人体与设备所产生的热量。

2. 变水量(VWV)、变风量(VAV)和变制冷剂流量(VRF)节能系统

空调系统的一个运行特点是其负荷在不断变化,因为日照、气温、人员密度及设备发热量等影响空调负荷的因素都不是稳定的参数,因此一个好的空调系统应该能够适应负荷的变化。它一方面应能保持室内舒适的温、湿度条件,另一方面,又能在低负荷时尽量节省空调系统的能耗。VWV,VAV,VRF空调系统就是基于这个目的发展起来的节能型系统。

3. 采用高效设备

一个完整的空调系统主要由四部分组成:冷(热)源、空气处理设备、送回风系统及自控系统。每一种设备性能的好坏都和空调系统的能耗有密切的关系,因此,选用高效设备可以降低能耗。

4. 热回收

(1)从排风中回收能量:很多资料表明,新风负荷约占空调总能量的20%～30%,因此回收排风中的冷(热)量,用它来对新风进行预处理,以降低新风负荷是空调节能的重要措施之一。日本空调学会所提供的资料表明,一个单风道定风量的空调系统,加装全热交换器回收排风中的能量后,冬季1月份可节省加热量50%,夏季8月份可节约冷量25%。常用的热回收装置有转轮式、板翅式、热交换盘管式与热管式等,见图11-23。

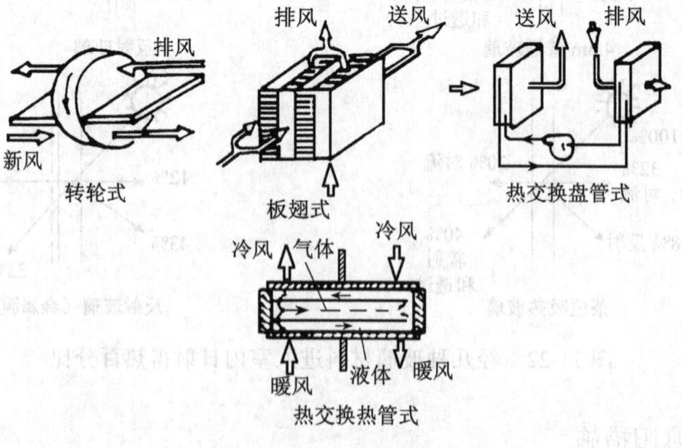

图11-23　热回收装置

热回收的能量和所采用热回收装置的效率有关,全热交换器和显热交换器的效率分别用η_i和η_t表示。上面提到的四种热回收装置,前两种属于全热交换型,后两种属于显热交换型。在空调期间可回收的能量为:

$$Q_h = G_w q_w \eta_i \text{ kJ/年} \tag{11-26}$$

式中 G_w——新风量(kg);

q_w——处理1kg新风全年需要的冷量[kJ/(kg·年)];

η_i——空调运行期全热交换机组的平均焓效率。

转轮式全热交换器由用吸湿材料做成的转轮、电机和机壳等组成。转轮中间有隔板,隔成排风侧和新风侧。排风和新风逆向流动,排风中的冷(热)量被转轮蓄存起来传给新风。由于转轮采用具有吸湿性的材料,它不仅能吸热,还能吸湿,所以属全热交换器。转轮以8~10r/min的速度缓慢旋转,空气以2.5~3.5m/s的速度流经热交换器。这种热回收装置的热回收效率可高达70%~80%。

板翅式全热交换器是静止式的全热交换器。热交换器用特殊耐燃纸做成,不仅具有透热性,还具有透湿性。当送、排风之间存在温差和湿差时,送排风透过隔板进行传热与传湿。

用于排风热回收的热管外翼通常装有翅片,以增大外表面传热面积。管子可以叉排或顺排。盘管式热回收装置中采用的中间介质通常是水或防冻液(例如加了乙二醇的水),和热管回收装置一样,新风和排风不直接接触,所以新风不受排风中臭味、烟味、细菌、二氧化碳等的污染。它的缺点是有中间热媒,热效率比较低,一般只有40%~50%。

(2)回收内区余热量:这种系统一般用在有内外区的大型建筑中。一种可行的热回收系统见图11-24。

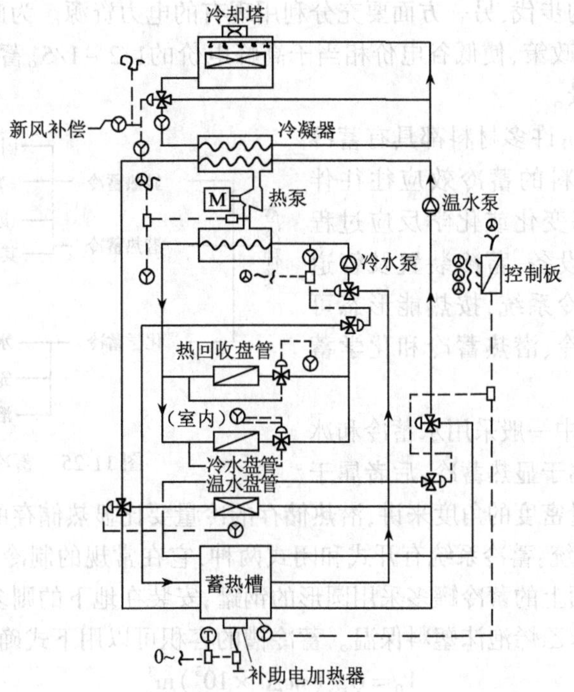

图11-24 热回收热泵系统

该系统在夏季的运行方式和常规的制冷系统一样。冬季,由于建筑物内区有大量的照明、人体和设备的余热产生,可利用这部分余热作为向外区(周边区)供热热泵的热源,从而减少或全部省掉热源设备。双管束冷凝器热回收热泵系统就是实现这一设想的一种装置。1968年美国芝加哥的一家银行首先应用了该系统。和普通制冷系统相比,它增加了热回收盘管、温水盘管和蓄热池。冬季,内区的热量被蒸发器吸收后,通过热泵系统转移到外区的温水盘管。蓄热池是用来调节热量的装置。当热量不够时,还配有其他辅助热源。热回收盘管是用来回收排风管中热量的。

5. 蓄冷系统

蓄冷系统一般是在夜间用电低谷期开动制冷机,利用蓄冷物质将多余的冷量储存起来,在白天用电高峰期再将储存的冷量释放出来。采用蓄冷技术有三大好处:第一,它可以减少用户的制冷机容量,并可以使制冷系统长时间地在全负荷高效率的状态下运行;第二,空调耗电是造成电力公司繁重调峰任务和电力短缺的主要原因,蓄冷技术作为电力移峰填谷的一种手段,可以改善发电厂机组的运行状况,并减少低效率的调峰电站的投入;第三,蓄冷系统的制冷机在夜间稳定的条件下运行,由于夜间的环境温度比白天低,有利于提高制冷机的效率。可见,在目前能源消耗逐年增加的形势下,应用蓄冷技术具有较大的社会效益和经济效益。

为了推广蓄冷技术,1987 年在美国有 40 多家公司实行了电价的分时计费法,对采用蓄冷技术的用户有相应的奖励措施。日本、澳大利亚、加拿大等国也都在蓄冷技术应用中做了很多工作。

我国电力工业发展很快,2009 年底我国发电装机容量已达 8.74 亿 kW,发电量达 36506 亿 kW · h,仅次于美国,居世界第二位。但是我国人均装机容量和人均年用电量均不到世界人均水平。此外,由于国民经济的高速发展和人民生活水平的不断提高,电力供应的紧张局面仍未得到根本的改变。高峰期间电力严重不足,迫使有些地区采取拉闸限电和用电高峰期宾馆禁止开动空调系统等措施。要改变目前这种局面,一方面要加快电力建设的步伐,另一方面要充分利用现有的电力资源。为此,国家电力部门已制定了峰、谷电价政策,使低谷电价相当于高峰电价的1/2 ~ 1/5。蓄冷技术的应用在我国具有广阔的前景。

(1)蓄冷分类:许多材料都具有蓄冷(热)的特性。材料的蓄冷效应往往伴随温度变化、物态变化或化学反应过程而发生。由冷源设备、蓄冷装置及管道系统所构成的蓄冷系统,按热能形态可大致分成显热蓄冷、潜热蓄冷和化学蓄冷,见图 11-25。

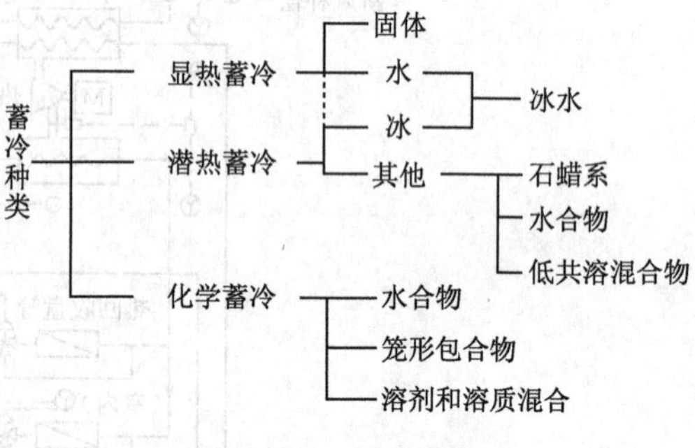

图 11-25　蓄冷种类

目前,在空调中一般采用水蓄冷和冰蓄冷技术。前者属于显热蓄冷,后者属于潜热蓄冷。从能量密度的角度来讲,潜热储存的冷量要比显热储存的大得多。

(2)水蓄冷系统:蓄冷系统有开式和闭式两种,它在常规的制冷系统中增加了蓄冷水槽。安装在地面上的蓄冷罐多采用圆形的钢罐,安装在地下的则多采用混凝土结构。罐外面一般用聚苯乙烯泡沫塑料保温。蓄冷槽的容积可以用下式确定:

$$V_0 = Q_s / (\eta c \Delta t \times 10^3)\ \mathrm{m}^3 \tag{11-27}$$

式中　Q_s——应该蓄存的负荷(kJ/d);

η——蓄冷槽效率;

Δt——可资利用的温度差(℃);

c——水的比热[kJ/(kg · ℃)]。

由式 11-27 可见,η 越大,蓄冷槽容积就越小,并能减小热损失和投资。为了提高蓄冷槽的效率,应使槽内的水流接近于活塞型流动(压出流),也就是要尽可能减小槽内流动死区,因此槽数应越多越好。水蓄冷方便可行,在实际中应用得很多。虽然水的比热很大,但是水蓄冷仅利用了水的显热,和冰蓄冷相比,它的蓄冷槽偏大。

(3)冰蓄冷系统:冰蓄冷系统将水制成冰,并把冷量储存起来。冰的相变潜热为335kJ/kg,所以单位体积冰的蓄冷量比水大得多,但由于制冰过程中蒸发温度一般低于-10℃,使制冷系统的效率降低。各种不同制冰方式的冰蓄冷系统,如图11-26所示。

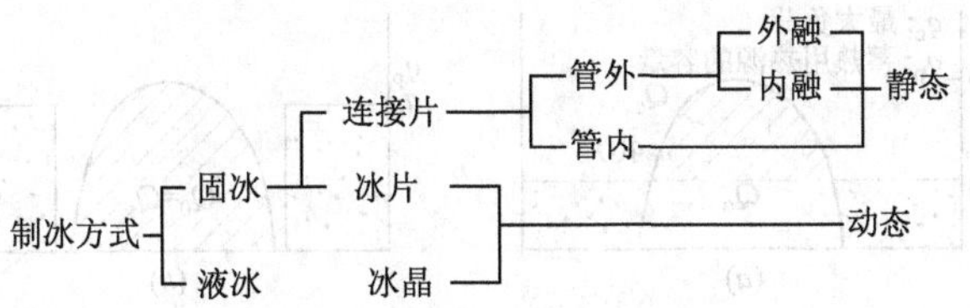

图11-26 冰蓄冷系统制冰方式分类

1)冷媒盘管式冰蓄冷系统:冷媒盘管式冰蓄冷系统属于管外连接制冰方式(图11-27)。该制冷系统的蒸发器直接安装在蓄冷槽中,冰结在蒸发盘管外表。对于冰层厚度,可以用蓄冷槽内由于水变成冰引起水位上升的程度来控制,或者根据冰与水之间差异很大的导电性原理设置传感器来控制。制冰率*IPF*(Ice Packing Factor)系指蓄冷槽中冰与水的体积百分比。该值一般控制在10%~40%,空调时常取高值。

这种系统比较简单,融冰时,温度较高的冷冻水和冰直接接触,融冰速度快,可在短时间内制取大量低温冷冻水。如果在冰尚未完全融化时又重新开始制冰,残留的冰层会加大传热热阻,使系统效率降低。为了便于抽水融冰,蓄冷槽内需保持50%以上的水,所以蓄冷槽体积较大。

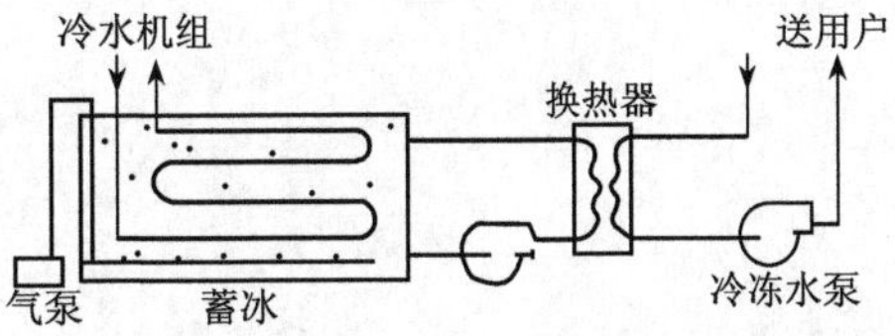

图11-27 冷媒盘管式冰蓄冷系统图

2)内融冰式冰蓄冷系统:若用盐水代替盘管中的制冷剂间接制冰,则蓄冰槽中的水可以完全冻结。融冰时,从空调负荷端流回的盐水溶液进入蓄冷槽中的盘管,将管外冰融化,待盐水溶液温度下降后,再被送到空调器中使用。内融冰方式的优点是融冰从管表面开始,即使冰未完全融化,又开始制冰也不会影响传热。它的缺点是结冰和融冰过程都比较缓慢。

3)冰球式冰蓄冷系统:冰球式蓄冰由于具有结构简单、可控性强、水阻力小、换热性能好等优点,已成为蓄冷系统的发展方向。冰球式蓄冰槽结构示意图参见图11-28。

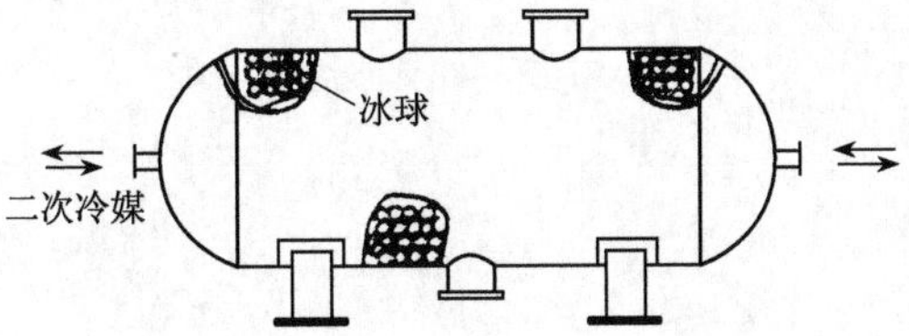

图11-28 冰球式蓄冰槽结构示意图

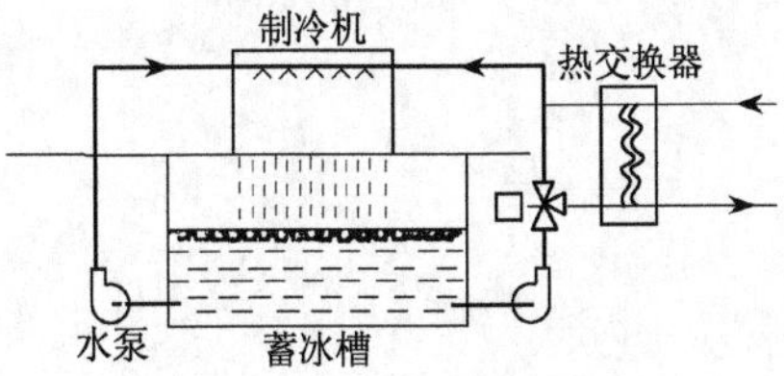

图11-29 冰片式冰蓄冷系统原理图

蓄冷槽中设置了直径约为6~12cm的注过水(或有机溶液)的塑料球。制冷系统中的二次冷媒使蓄冷球中的水(或有机溶液)结冰以达到蓄冷的目的。结冰所需时间和二次冷媒的温度、流量、冰球的形状和数量等因素有关。

4)冰片式冰蓄冷系统:本系统制冷原理图参见图11-29。前述两种制冰方式称为静态方式,而冰片式制冰称为动态方式。制冰用的平行板式蒸发器置于蓄冰槽上方,蓄冰槽中的水通过循环水泵不断喷淋在蒸发板上,形成薄冰,当冰达到一定厚度(一般定为3~6.5mm)时,采用热泵方式融冰,让冰脱落到槽中。结冰、落冰过程重复进行,直至蓄冰过程结束。冰片式蓄冷系统由于冰片厚度小,所以融化时间短,并具有热阻小、效率高的优点,但由于脱冰时压缩机仍工作,因此压缩机耗电比常规系统大。

(4)蓄冷运行方式:蓄冷运行方式分全部蓄冷和部分蓄冷两种,如图11-30所示。

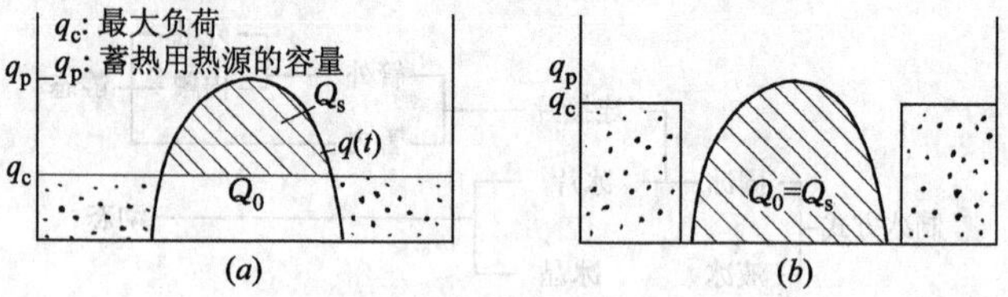

图11-30　蓄冷方式

(a)部分蓄冷;(b)全部蓄冷

第十二章　供　暖　设　备

第一节　概　　述

从钻木取火至今，人类已积累了几千年的取暖经验。开始，在相当长的一段时间里，人们主要依靠燃烧燃料直接取暖。蒸汽机发明以后，促进了锅炉制造业的发展。19世纪初期，出现了蒸汽和热水作热煤的供暖系统。1877年，在美国建成了区域供热系统，供暖技术开始蓬勃发展起来。

一、供暖系统的构成

在冬季，室外温度很低，欲保持室内舒适的温度就要不断地向房间提供热量以弥补通过围护结构从室内传到室外的热量。这种向室内提供热量的整套设备叫做供暖系统，图12-1是一个最简单的集中供暖系统。

一个供暖系统由三个基本部分组成：热源设备、供热管道和散热设备。

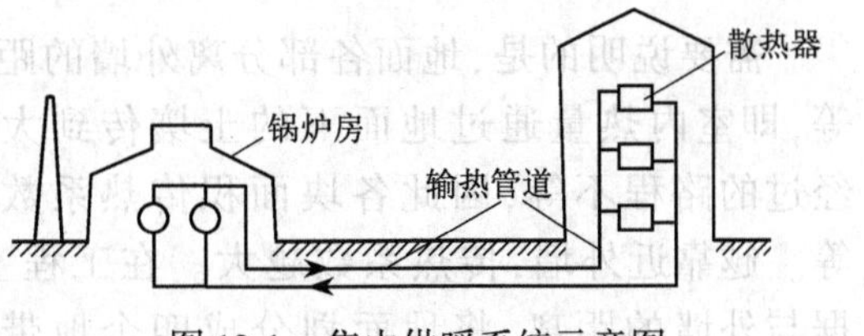

图12-1　集中供暖系统示意图

二、供暖热负荷

对于一般民用建筑和产生热量很少的工业建筑，供热负荷常常只考虑围护结构的传热耗热量以及由门、窗缝隙或孔洞进入室内的冷空气的耗热量。其他途径的耗热量，若数量不是很大的话，可忽略不计。

1. 室内外空气的计算温度

（1）室内计算温度：供暖热负荷采用的室内计算温度一般要低于空调热负荷的室内计算温度。建筑物等级不同，计算温度也有所不同。根据有关部门的研究结果，室内温度为20℃时人感到比较舒适；18℃时已无冷感，15℃是产生明显冷感的温度界限。因此，民用建筑室内温度规定为16～20℃，建筑级别高的取高值，级别低的取低值。工业厂房的室内计算温度，按照工人劳动强度轻、中、重的不同等级，分别规定了15℃、12℃和10℃的温度下限。

（2）室外空气计算温度：室外计算温度如定得过低，那么，在供暖期的绝大部分时间里，设备容量会显得过大，造成浪费；但如果室外计算温度定得过高，又会使许多时间室内温度不能满足设计要求。根据对全国主要城市的气象资料进行统计和分析的结果，《采暖通风与空气调节设计规范》（GB 50019—2003）规定以历年平均每年不保证5天的日平均温度作为冬季采暖室外计算温度。

2. 围护结构耗热量的计算

通过围护结构的稳定传热量，即围护结构的耗热量，可以用下式计算：

$$Q = KF(t_n - t_w)a \quad \text{W} \tag{12-1}$$

式中　K——围护结构的传热系数〔W/(m²·℃)〕；

F——围护结构的传热面积(m^2)；

t_n——室内空气计算温度(℃)；

t_w——室外空气计算温度(℃)；

a——温差修正系数，见表 12-1。

温差修正系数 a　　　　**表 12-1**

围护结构状况	a
与大气直接接触外围结构和地面	1.0
与不供暖房间相邻的隔墙	
不供暖房间有外门、窗	0.7
不供暖房间无外门、窗	0.4
不供暖地下室或半地下室的楼板	
外墙上无窗　地下室不超出外地坪	0.4
地下室超过外地坪	0.6
外墙上有窗	0.75

需要说明的是，地面各部分离外墙的距离不等，即室内热量通过地面下的土壤传到大气所经过的路程不等，因此各块面积传热系数不相等。越靠近外墙，传热系数越大。在工程上，根据与外墙的距离，将地面划分成四个地带进行计算，如图 12-2 所示，每一地带取不同的传热系数，见表 12-2。

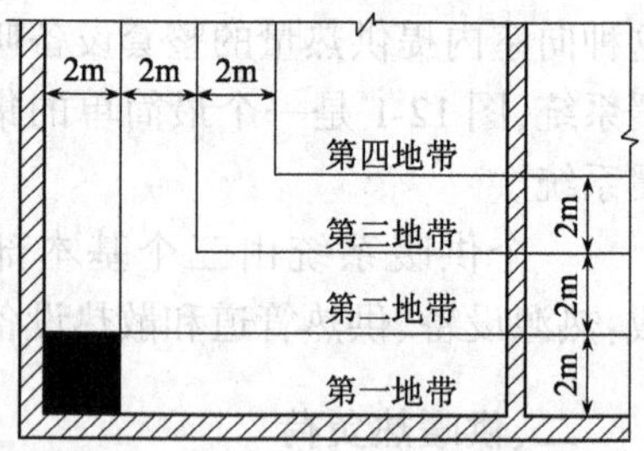

图 12-2　地面传热地带的划分

不保温地面不同地带的传热系数　　　　**表 12-2**

地　　带	第一地带	第二地带	第三地带	第四地带
传热系数 K[W/(m²·℃)]	0.47	0.23	0.12	0.07

注：第一地带墙角面积(图 12-2 中的黑色部分)需要计算两次。

3. 修正系数

在供暖负荷计算中不考虑日射因素。实际上，日射是存在的，它使不同朝向的房间(即使其他条件完全一样)欲维持相同室内温度而需要不同的热量，因此，有必要对计算得到的围护结构耗热量作朝向修正。

《规范》规定的朝向修正率如下：

北、东北、西北　　0～10%

东、西　　　　　　－5%

东南、西南　　　　－10%～－15%

南　　　　　　　　－15%～－30%

选用朝向修正率时，应考虑当地冬季日照量的大小和建筑物被遮挡的情况。对于冬季日照小于 35% 的地区，东南、西南、南朝向的修正率宜采用－10%～0，对东、西向可不修正。

风力修正是考虑室外风速变化而对外围护结构传热量的修正，一般只对高地、海边及空旷野地的建筑进行修正，修正百分率为5% ~10%。

当房间高度超过4m时，还要考虑室内温度沿高度上升而对耗热量的影响。每升高1m，增加2%，但总附加率不应大于15%。

此外，对有两面外墙的房屋外墙、外门、外窗部分及窗墙比过大的外窗部分，也应考虑耗热量的修正，修正率前者不超过5%，后者不超过10%。

4. 冷风渗透耗热量

冬季，在风压和热压作用下，室外冷空气会通过门、窗的缝隙渗入室内，被加热后又逸出室外。被这部分冷风消耗的热量在供暖负荷中占有相当的比例。

对于6层以下的建筑，可不考虑热压的作用。冷风渗透的耗热量可按下式计算：

$$Q = 0.28 c_p V \rho_w (t_n - t_w) \quad \text{W} \tag{12-2}$$

式中 c_p——干空气的定压比热，$c_p = 1.0056\text{kJ}/(\text{kg}\cdot℃)$；

V——渗透的冷空气量（m^3/h）；

ρ_w——室外温度下空气密度（kg/m^3）；

t_n，t_w——室内、外供暖计算温度（℃）。

渗透空气量 V 按公式12-3确定：

$$V = \sum l \times L \quad \text{m}^3/\text{h} \tag{12-3}$$

式中 l——某朝向门、窗缝隙的长度（m）；

L——每米门窗缝隙的基准渗风量〔$\text{m}^3/(\text{h}\cdot\text{m})$〕。

每米门窗缝隙的渗风量和门窗两侧风压及门窗结构有关，其计算公式为：

$$L = a\Delta P_{f\cdot 10}^{b} = a\left(C_f \frac{v_{10}^2}{2}\rho_w\right)^b \tag{12-4}$$

式中 a，b——与门窗结构有关的常数和指数，见表12-3；

$\Delta P_{f\cdot 10}$——在基准高度（距地面10m）处，作用在缝隙两侧的有效风压差（Pa）；

v_{10}——在基准高度的风速（m/s）；

C_f——风压系数，取迎风面时之值，$C_f = 0.7$。

门、窗的特性常数和指数 a、b **表12-3**

门窗类型	a	b
单层木窗	1.63	0.56
双层木窗	1.15	0.56
单层钢窗	1.08	0.67
双层钢窗	0.76	0.67
推拉铝窗	0.36	0.78

5. 外门开启冲入冷风的耗热量

冬季，在风压和热压的作用下，开启外门时会有大量的冷空气冲入室内。为加热这部分空气所消耗的热量也可用公式12-2计算。这时，渗风量应改成冲入冷风量。

开启大门时的冲入风量不容易确定，对于多层建筑，这部分耗热量可以用外门的耗热量乘以一个百分比来估算，对于无门斗的单层外门，取65N%；对于有门斗的双层外门，取80N%。这里，N是外门所在层以上的楼层数。

对于高层建筑，如大门开启频繁，冲入的冷风量：对于单层门可取4100 ~4600m^3/h，对于双层门，取1700 ~2200m^3/h。

三、供暖系统的分类

和空调系统一样，供暖系统也有多种分类法。

根据热源和散热设备的相对位置可分成集中供暖系统和局部供暖系统。局部供暖系统是指热源和散热设备同在一个房间内的供暖系统，而集中供暖系统的热源和散热设备是分开安装的。

根据散热设备散热方式的不同，供暖可分为辐射式供暖和对流式供暖。集中供暖系统中，根据热媒的不同又可分为热水供暖系统、蒸汽供暖系统以及热风供暖系统。

热水和蒸汽供暖系统又常称作直接供暖系统；而热风供暖系统是先用热媒把空气加热，再将热风送到房间，故称作间接供暖系统，它通常和通风系统或空调系统组合在一起。本书重点介绍集中式供暖系统，并按热媒不同对供暖系统进行分类。

第二节　热水供暖系统

一、机械循环热水供暖系统

1. 系统形式

图 12-3 表示出了一个机械循环热水供暖系统，它由供回水管道、水泵、散热器和膨胀水箱等组成。国内外常见的机械循环热水供暖系统，归纳起来共有 16 种形式，它们分别是单管、双管、单双管，上分、中分、下分，水平、垂直，跨接、不跨接，分层、不分层的不同组合。

图 12-4 表示了其中几种热水供暖系统的形式。

准确地说，所谓单管和双管，是指每个环路是由一根管还是两根管组成，也即散热器是串联还是并联。对于系统总管来说，总是有送、回水两根管。单双管系统是指从供水干管的接出环路到回水干管的接入环路中，热媒进入散热器的方式一部分为并联，一部分为串联。

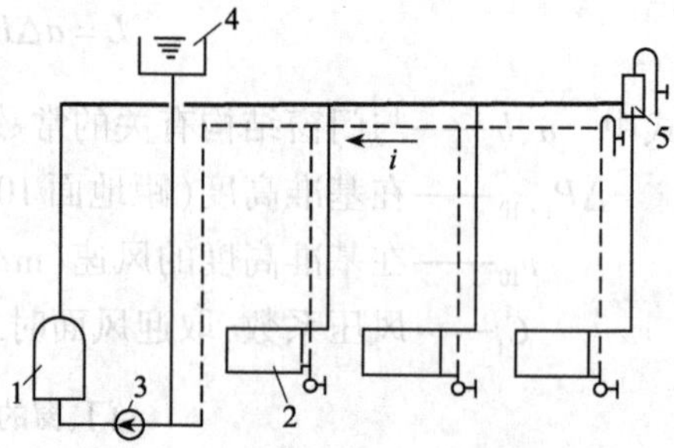

图 12-3　机械循环热水供暖系统

1—锅炉；2—散热器；3—水泵；4—膨胀水箱；5—集气罐

和双管系统相比，单管系统具有简单、经济、水力稳定性好等优点，因而被广泛采用。双管系统的最大优点是每个散热器可以单独调节，因而节约能源；缺点是投资高，在高层建筑中垂直失调严重，应尽量采用下供上回和下供下回方式以缓和垂直失调现象。

供暖热水系统，无论其大小，均应尽量采用同程式。为了顺利排除系统中的空气，供水干管应有不小于 0.003 的与水流方向相反的坡度，并在系统最高点设集气罐，如图 12-3中的 5 所示。回水干管应有和水流同方向的不小于 0.003 的坡度，以便系统泄水和冲洗。如果没有坡度，冲洗时泥沙可能积聚在水平干管中，严重时会将系统堵塞。

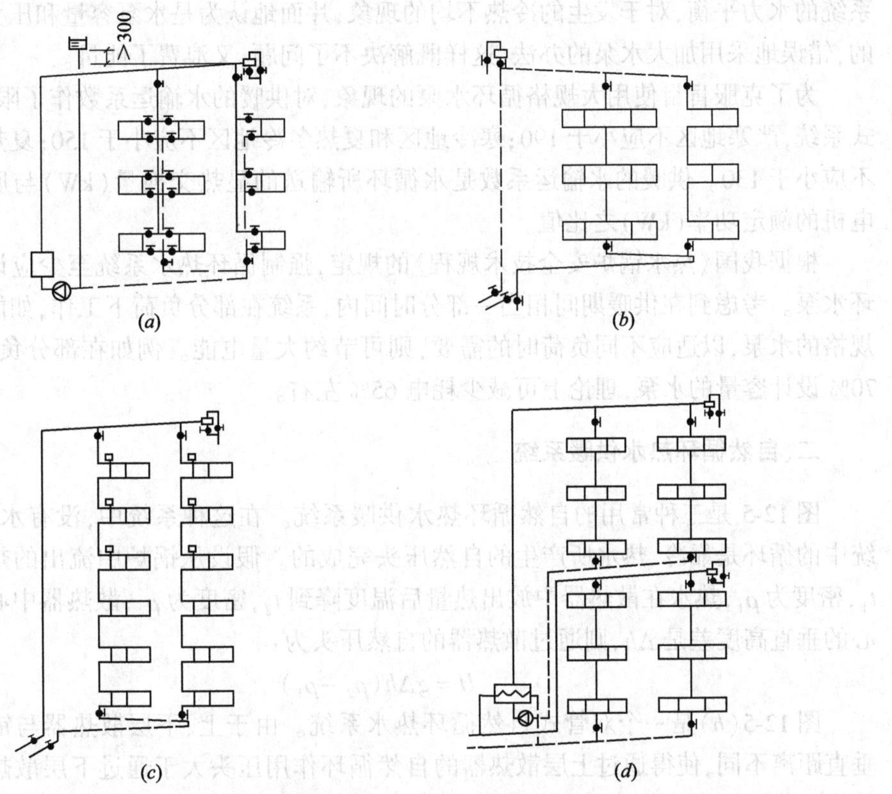

图 12-4　几种常见的热水供暖系统的形式

(a)双管上供下回式;(b)垂直单管下供上回式;(c)垂直单管三通阀跨越式;(d)分层式

2. 膨胀水箱

膨胀水箱的作用有两个,一是容纳系统中受热膨胀出来的水,二是使系统维持一定的压力。

膨胀水箱有闭式和开式两种形式。闭式膨胀水箱可直接装在锅炉房或热力点内,它的体积较大,为了减小体积,可采用人工加压的方法。

开式膨胀水箱必须设在系统最高点,如图 12-3 中的 4 所示。它的优点是简单、可靠;缺点是与大气相通,易受污染和腐蚀。开式膨胀水箱和系统的连接点就是恒压点,要使整个系统都保持正压,只要使水泵吸入管道中任一点的静压值都大于大气压力即可。

膨胀水箱的容积可按照公式 12-5 计算:

$$V = \alpha \Delta t v_c \quad m^3 \tag{12-5}$$

式中　α——水的体积膨胀系数,$\alpha = 0.0006$;

Δt——系统最大水温变化值,一般取 67.5℃;

v_c——系统总水容积(m^3)。

3. 水泵

机械循环热水供暖系统中的循环水泵是向各用户输送热媒的重要设备,也是系统中耗电量较大的设备,应该合理选择。水泵选择的依据是系统的循环压力和水流量。供暖系统是充满水才能运行的,水泵进出口都承受相同的静水压力,所以循环压力只要能克服管网系统的阻力即可。一般以系统中最不利环路的阻力为依据。所谓最不利环路,即流量大、管道长的环路。各并联环路之间的计算压力损失之差值不应超过有关规定值,否则将造成水力失调,使有的地方热,有的地方不热。有的工程不认真计算管网系统的水力平衡，对于发生的冷热不均的现象，片面地认为是水泵容量和压头不够引起的，错误地采用加大水泵的办法，这样既解决不了问题，又浪费了能量。

为了克服盲目使用大规格循环水泵的现象，对供暖的水输运系数作了限制：对双管式系统，严寒地区不应小于190；寒冷地区和夏热冬冷地区不应小于150；夏热冬暖地区不应小于130。供暖的水输运系数是水循环所输送的显热交换量（kW）与所选配水泵电机的额定功率（kW）之比值。

根据我国《热水锅炉安全技术规程》的规定，强制循环热水系统至少应设置2台循环水泵。考虑到在供暖期间相当一部分时间内，系统在部分负荷下工作，如能采用不同规格的水泵，以适应不同负荷时的需要，则可节约大量电能。例如在部分负荷下，启动70%设计容量的水泵，理论上可减少耗电65%左右。

二、自然循环热水供暖系统

图12-5是三种常用的自然循环热水供暖系统。在这种系统中，没有水泵，水在系统中的循环是靠冷、热水所产生的自然压头完成的。假设从锅炉中流出的热水温度为t_1，密度为ρ_1，热水在散热器中放出热量后温度降到t_2，密度为ρ_2，散热器中心和锅炉中心的垂直高度差是Δh，则通过散热器的自然压头为：

$$H = g\Delta h(\rho_2 - \rho_1) \tag{12-6}$$

图12-5（b）是一个双管式自然循环热水系统。由于上、下层散热器与锅炉中心的垂直距离不同，使得通过上层散热器的自然循环作用压头大于通过下层散热器的作用压头。如果在系统设计中未考虑这一因素，就容易造成上层房间温度偏高，下层房间温度偏低的现象。

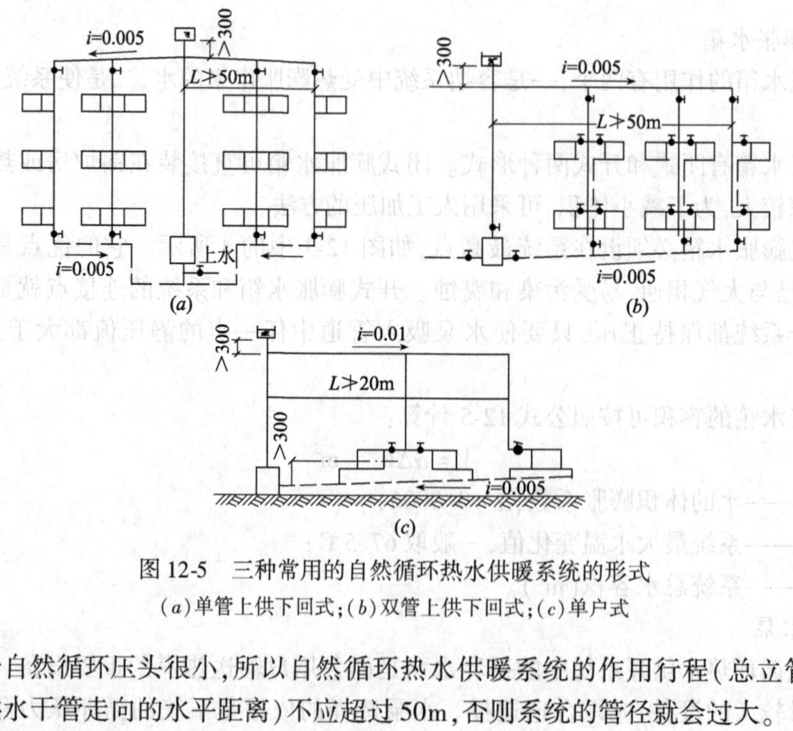

图12-5　三种常用的自然循环热水供暖系统的形式

（a）单管上供下回式；（b）双管上供下回式；（c）单户式

由于自然循环压头很小，所以自然循环热水供暖系统的作用行程（总立管到最远立管沿供水干管走向的水平距离）不应超过50m，否则系统的管径就会过大。

自然循环热水供暖系统水的流速低，因此管径大，增加了管道成本，但可省去水泵的费用及其运行费。

锅炉房最好设在地下室、半地下室或其他较低处。锅炉中心与最下层散热器中心的垂直距离不宜小于2.5～3.0m。

第三节 蒸汽供暖系统

一、蒸汽供暖的形式和优缺点

和热水供暖系统相似,蒸汽供暖系统也有单管、双管,上供、下供,水平、垂直等不同形式。常见的蒸汽供暖形式有8种,它们是双管上供下回式、双管下供下回式、双管中供式、单管下供下回式、单管上供下回式、水平双管上供下回式、水平双管上供上回式和水平单管式。前5种多见于低压蒸汽供暖系统,后3种是高压蒸汽供暖系统常用的形式。图12-6是三种常用的蒸汽供暖系统形式。

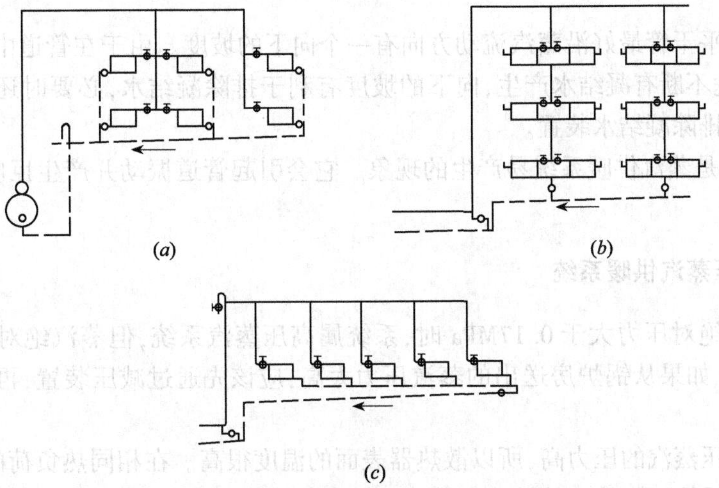

图12-6 三种常用的蒸汽供暖系统的形式

(*a*)双管上供下回式;(*b*)单管上供下回式;(*c*)高压上供下回式

上供下回双管式系统易产生上热下冷现象,如采用下供上回式或中供双管式系统,有助于克服这一缺点。单管式系统安装简便,造价低,但室温不容易调节。

和热水供暖系统相比,蒸汽供暖系统具有造价低的优点,此外,蒸汽供暖系统热惰性小,起动速度快,所以对不经常有人停留而要求迅速加热的场所,如工厂车间、会议厅、剧院等比较合适。和热水供暖系统不同,蒸汽温度一般不能调节,房间温度一般采用间歇运行方法调节,即运行一段时间,停止一段时间。由于系统不可能频繁地起停,因此室温波动范围大。间歇运行方式,使蒸汽供暖管道系统时而充满蒸汽,时而充满空气,这将加速管道的氧化腐蚀,因此蒸汽供暖系统的使用年限比热水供暖系统的短,特别是凝水管,更易损坏。

蒸汽供暖系统的最大缺点是表面温度高,即使是低压蒸汽供暖系统中的散热器,表面温度也始终维持在100℃左右。高温使表面的有机尘埃剧烈升华,影响卫生。

蒸汽供暖系统按系统起始压力的大小分成高压蒸汽供暖(起始绝对压力 > 0.17MPa)、低压蒸汽供暖系统(0.1MPa≤起始绝对压力≤0.17MPa)以及真空蒸汽供暖系统(起始绝对压力 < 0.1MPa)。

二、低压蒸汽供暖系统

低压蒸汽供暖系统中,热媒是低压蒸汽。蒸汽经过蒸汽管道进入散热器,从散热器中将热量散发到房间中,与此同时,蒸汽冷凝成凝结水,所放出的热量主要是蒸汽的潜热。为了充分利用蒸汽的潜热,阻止蒸汽进入凝结水管道,在每一组散热器后面都装有疏水器。低压蒸汽系统一般采用恒温式疏水器。它的工作原理是:当蒸汽流入疏水阀,阀中波形囊受热膨胀,将阀孔堵住,使蒸汽不能流入凝结水管。当凝结水或空气流入疏水阀时,由于温度低,波形囊收缩,小孔被打开,使凝结水和空气通过小孔进入凝结水管。低压蒸汽凝结水为重力回水,凝结水进入凝结水箱后,再用泵送到锅炉。凝结水箱的位置应高于水泵,防止水泵工作时,水泵吸入口处压力过低使凝结水汽化。

当蒸汽系统停止工作时,空气将会通过凝结水箱进入系统。当系统重新开始运行时,蒸汽把积存在供汽管道和散热器中的空气赶入凝结水管,然后通过凝结水箱排入大气。如果不能顺利地将系统中的空气排除,则堵在管道和散热器中的空气将影响放热量。

蒸汽水平干管最好沿蒸汽流动方向有一个向下的坡度。由于在管道中有热损失存在,供汽沿途不断有凝结水产生,向下的坡度有利于排除凝结水,必要时还应在干管上设置专门的排除凝结水装置。

“水击”是蒸汽供暖系统易产生的现象。它会引起管道振动并产生巨响,应当尽量避免。

三、高压蒸汽供暖系统

当蒸汽绝对压力大于0.17MPa时,系统属高压蒸汽系统,但蒸汽绝对压力不应超过0.4MPa。如果从锅炉房送出的蒸汽压力太高,应该先通过减压装置,再将蒸汽送入系统。

由于高压蒸汽的压力高,所以散热器表面的温度很高。在相同热负荷的情况下,高压蒸汽供暖系统可用较少的散热器散热面积。高压蒸汽的密度和管道内允许的最大流速都比低压蒸汽的大,因此管径比较小。它具有造价低的优点,但卫生条件很差,并容易烫伤人,一般只用在厂房或其他标准不高的公用建筑中。

和低压蒸汽供暖系统一样,高压蒸汽供暖系统的每一组散热器后面也装有一个疏水器。适合于高压蒸汽管道的疏水器形式有钟形浮子式、热动力式、调温式、浮球式和热胀式等。高压蒸汽供暖系统凝结水的温度较高,通过疏水器减压后,部分凝结水将会重新汽化,重新汽化的蒸汽称作二次蒸汽。有条件的地方应尽可能地将二次蒸汽利用起来。

四、真空蒸汽供暖系统

如前所述,高、低压蒸汽供暖系统的一个很大的缺点是散热器表面温度太高。为了克服这一缺点,可以利用负压蒸汽作热媒。因为蒸汽的压力越低,它的饱和温度也越低,采用负压蒸汽能降低散热器表面温度,又保留蒸汽供暖的优点。它所带来的困难是对系统密闭性要求很高,并需要设置保持真空的自动抽气设备,因而这种系统应用得很少。

第四节 热风供暖系统

如前所述,热风供暖系统属于间接式供暖系统。在热风供暖系统中热媒是被加热了的空气——热风。严格地说,空气应该称为二次热媒,用来加热空气的一次热媒可以是热水、蒸汽或者废气。用电加热器直接加热空气是不允许的。空气首先在空气加热设备中被加热，然后通过送风系统进入室内，热空气在室内放出热量后温度降低，然后再回到空气加热设备中。

在既需要空调又需要供暖或者既需要通风又需要供暖的建筑物内，各种空气处理设备常常组合在一起，并且可共用一个风道系统。热风供暖系统热惰性小，能迅速提高室温，并有可能向室内送新风，提高室内空气品质。

第五节　供暖散热器

供暖散热器是供暖的末端装置，它将热媒携带的热量散发到供暖空间以补偿房间的热损失，使房间维持所需要的温度。当热媒通过散热器时，散热器以对流和辐射两种方式散热。根据国际标准化组织的规定：部分靠辐射散热的称为辐射散热器（radiator），几乎完全靠自然对流散热的称为对流散热器。

散热器的材料有铸铁、钢以及其他材料，下面将介绍一些常用的散热器及其发展方向。

一、铸铁散热器

铸铁散热器有悠久的历史。1980 年以后，受到钢制散热器的挑战，我国铸铁散热器生产水平大大提高，热工性能也接近国外同等水平。铸铁散热器分柱型和翼型两大类。图 12-7 是几种典型的散热器。

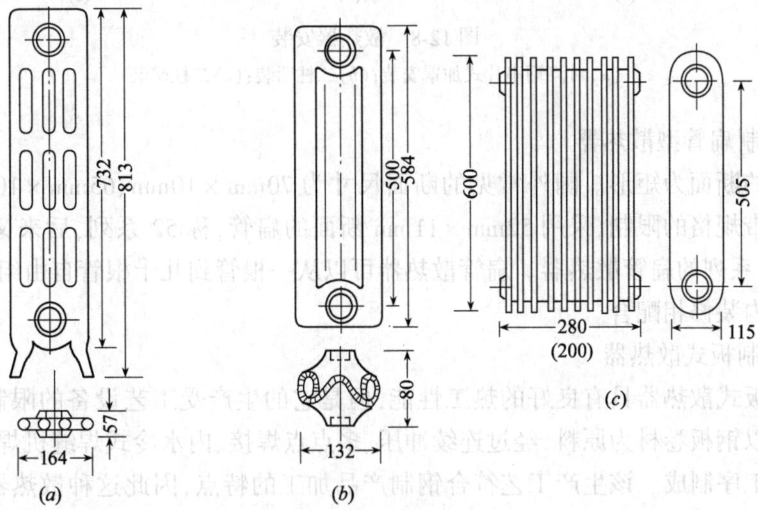

图 12-7　几种典型的散热片和散热器

（a）四柱 813 散热片；（b）二柱 M-132 散热片；（c）长翼型散热片

柱型散热器又分二柱、四柱、五柱及六柱几种，每个柱都是中空的，柱的上、下端全部连通，一对带丝扣的穿孔供热媒通过，并可用正反丝把散热片组合起来。柱型散热器可落地安装，也可挂壁安装，如选择落地安装，两端散热片必须是带足的，片数较多时，中间最好增加一片带足的散热片。

翼型散热器是外壳上带有翼片的中空壳体。在壳体侧面的上、下端各有一个带丝扣的穿孔，供热媒进出，并可借正反螺栓把单个散热片组合起来。翼型散热器有长翼型和圆翼型两种。这种散热器热工性能较差，而且翼片间容易积灰，不易清除，是一种很陈旧的产品，国外早已停止生产，但由于它制造容易、价格低，我国目前仍继续生产这种产品，但是逐步将它们淘汰乃是大势所趋。

二、钢制散热器

20 世纪 80 年代是我国钢制散热器大发展的年代，钢制散热器的优点是承压高、体积小、质量轻，但耐腐蚀性能不如铸铁的好。钢制散热器有串片型、扁管型、板型、柱型、排管型、辐射型等多种形式。

1. 钢制串片型

钢制串片型散热器是在用联箱连通的两根钢管外面串上许多长方形薄钢片制成的。通常采用的管与片过盈强串工艺生产的散热器，存在片与管结合不紧密的缺点。为了提高这种散热器的热工性能，现已发展了金属粘接工艺、绕片高频焊工艺、管片接触焊工艺及一次整体胀管工艺等。测试结果表明，采用这些新工艺，可使产品单位散热量提高 10% 左右。

国外对这种对流散热器一般加罩安装，如图 12-8(*a*)所示，效果较好。

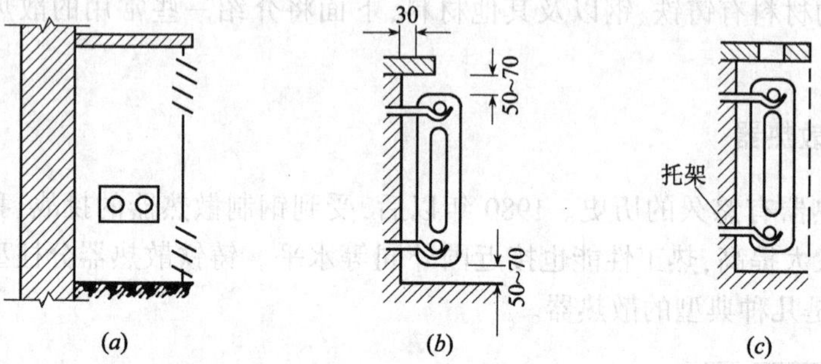

图 12-8　散热器安装

(*a*)对流钢串片式加罩安装；(*b*)二柱明装；(*c*)二柱暗装

2. 钢制扁管型散热器

扁管的断面为矩形。国外常见的断面尺寸为 70mm × 10mm、65mm × 10mm。我国由于受钢带规格的限制，采用 52mm × 11mm 断面的扁管，称 52 系列，后来又发展了 59 系列和 70 系列的扁管散热器。扁管散热器可以从一根管到几十根管自由组合，以便与建筑物室内装修相配合。

3. 钢制板式散热器

钢制板式散热器具有良好的热工性能，但是它的生产受工艺设备的限制。钢制板式散热器以钢板卷材为原料，经过连续冲压、多点点焊接、内水冷式焊缝机焊缝、表面处理等多道工序制成。该生产工艺符合钢制产品加工的特点，因此这种散热器将因其热工性能及加工工艺方面的优点而得到发展。

4. 钢制柱型散热器

钢制柱型散热器是用 1.5 ~ 2.0mm 钢板冲压成片状半柱型，经压力滚焊复合成单片后组合焊接成型的散热器。为了增强其耐腐蚀性能，1990 年我国又研制了铸钢柱型散热器。钢制和铸钢柱型散热器和铸铁柱型散热器相似，容易被人们接受。它的传热系数远高于钢串片和板式散热器。钢制柱型散热器在国外应用相当普遍，我国由于受工艺条件限制，到 20 世纪 80 年代才开始生产。目前，工艺问题还是比较突出的，有待进一步改进、提高。

5. 钢制排管型散热器

钢制排管型散热器一般采用管径较大的钢管焊接而成。用异形钢管生产的排管型散热器，国内已有多种。这种散热器的承压能力和抗腐蚀能力都比较好，且便于现场制作，适用于有特殊要求的地方。

三、其他材质的散热器

1. 其他材质的散热器

铝材具有传热效果好、材质轻、耐腐蚀能力强、机械加工能耗低等一系列优点，用它制成的散热器可克服铸铁散热器的粗糙笨重和钢制散热器尤其是钢板型散热器耐腐蚀性能差等缺点。铝制散热器的生产工艺有铸造、挤压成型后焊接及吹胀等。由于铝表面极易生成一层致密的氧化膜，从而增强了铝的耐腐蚀性能，此外，铝材表面极易进行铬酸及浓硝酸的氧化处理，可以氧化着色，使表面呈棕、金黄、蓝、灰、黑等色，并可进行任意色泽的静电喷漆。

除了铝制散热器外，还有塑料散热器、混凝土板材散热器等。塑料散热器在成本、耐腐蚀、重量方面有独特的优点，但是在老化、冷脆、承压能力及连接方式等方面还有待改进。随着塑料工业的发展，它的前景十分好。近年来，一种金属和塑料的复合管常被用在地板辐射采暖中。该管有很好的强度，而且具有安装方便和灵活的优点。地板辐射采暖是一种舒适的采暖方式，它避免了散热器采暖和热风采暖方式引起的房间底部温度过低的现象。

混凝土板散热器是将热媒管埋入钢筋混凝土板中制成的。它的优点是可以节约金属，其金属耗量仅为铸铁散热器的 30% ~40% 。如果用非金属管材取代钢管，可以节约大量的金属。

以金属板、热媒管和保温材料组合成的散热器称作金属辐射板散热器。按人的体感温度进行设计，辐射板的供热量可比其他散热器节省 20% 以上。辐射供暖是以热射线（电磁波在 0. 8 ~800μm）散出的辐射热为主，在高大厂房和大型民用建筑中具有其独特的优点。影响辐射板质量的主要原因是管板接触不好，使板面平均温度大大降低；保温材料性能不好，使板背面散热量增加；此外，辐射板表面涂料的辐射率不高，也会影响辐射散热的效果。

2. 地板辐射采暖

低温热水地板辐射采暖在欧洲已有几十年的应用，近年来在我国的应用也逐渐增多。它具有节能、舒适性高、维护方便、不占使用面积、卫生、无污染、寿命长等优点。在等效热舒适的条件下，采用地板辐射采暖的室内计算温度可比传统散热器供暖低 2 ~3℃。室内平均 19 ~21℃的低温热舒适性可等效于 24℃的散热器供暖房间，从而可以节省系统能耗。地板辐射采暖方式还有很好的热舒适性，热感觉来自于足下，室温由下而上逐渐递减，给人以脚暖头凉的良好感觉。

低温地板辐射采暖系统是在地板下敷设加热水管，其供水温度不应大于 60℃，民用建筑的供水温度宜在 35 ~50℃之间，供回水温差不宜大于 10℃。

计算全面地板辐射采暖的热负荷，室内计算温度的取值应比对流采暖系统的室内计算温度低 2℃，或取对流采暖系统总负荷的 90%~95% 。

局部地板辐射采暖的热负荷，可按整个房间全面地板辐射采暖所得的热负荷乘以该区域面积与所在房间面积的比值和表 12-4 所规定的附加系数确定。

局部辐射采暖热负荷附加系数 **表 12-4**

采暖区面积与房间总面积的比值	0.55	0.4	0.25
附加系数	1.30	1.35	1.5

四、散热器的选择

1. 散热面积的计算

散热面积可按公式 12-7 确定：

$$F=\frac{Q}{K(t_{pj}-t_{n})}\beta_1\beta_2\beta_3 \tag{12-7}$$

式中 Q——散热器的散热量（W）；

t_{pj}——散热器内热媒平均温度，对于蒸汽供暖系统，t_{pj}为与散热器进口蒸汽压力相对应的饱和温度，对于热水供暖系统，$t_{pj}=\frac{t_{sg}+t_{sh}}{2}$（℃）；

t_{sg}——散热器进水温度（℃）；

t_{sh}——散热器出水温度（℃）；

t_{n}——室内供暖计算温度（℃）；

K——散热器的传热系数〔W/(m^2·℃)〕；

β_1——散热器组装片数修正系数；

β_2——散热器组连接形式修正系数；

β_3——散热器安装形式修正系数。

β_1、β_2、β_3可在有关设计手册中查阅。

2. 散热器的选型

散热器的选型应从其热工性能、经济指标、承压能力、清扫难易程度、耐腐蚀能力以及外形美观程度等方面综合考虑。在诸因素中，热工性能和经济指标是评价散热器优劣的最重要的指标。

一般来说，铝制扁管散热器传热系数最高，并具有金属耗量低、金属热强度大、耐腐蚀能力强及美观等优点，但价格也是最高的。它一般用在室内美观程度要求较高的房间。钢制柱型与钢制板式散热器的耐腐蚀性能差，寿命短，选用时要谨慎。闭式钢串片散热器，金属热强度高，价格又低，不失为应优先选用的散热器之一。

五、散热器的安装

1. 安装形式

供暖散热器的安装形式有明装、暗装及加罩安装等，见图 12-8。在国外，钢制串片式散热器一般都加罩安装，但罩的造价约为整个散热器造价的 30%。价格因素影响了这种安装方式在我国的推广应用。但是，如将钢串片的前后两端折边 90°形成封闭形，构成许多垂直空气通道，造成烟囱效应，就可增强对流散热能力，使用时也不需要配置对流罩，从而降低了造价。这种方法已得到迅速的推广。

散热器如安装不合理，将影响其散热性能。公式 12-7 中的散热器安装修正系数就是根据不同安装情况对散热的影响，而对传热面积进行的修正，例如图 12-8(*b*)的安装修正系数为 1.06。

辐射板供暖可以多种形式灵活布置，如地板式、顶棚式等，以适应建筑功能的要求。

2. 温度的垂直分布

各种不同供暖方式下的室内温度分布情况如图 12-9 所示。该图表示了地板辐射、顶棚辐射、散热器及热风四种供暖方式温度分布的相对差值。具体数值则随条件不同而不同。

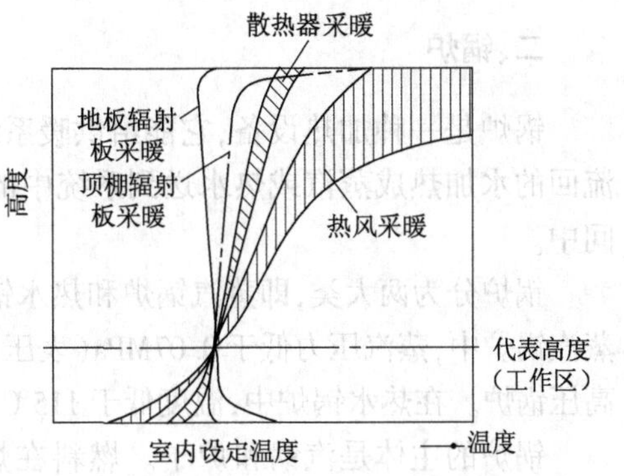

图 12-9 不同采暖方式下的室内温度垂直分布图

第六节 热源设备

一、热源设备的分类

热源装置的分类可见表 12-5。

区域供热可分为热电联供方式和单一供热方式。热电的联产联供系统亦可称为总能量系统。所谓"总能量"，意思是指最有效地利用化石燃料等能源，包括废热利用在内，实现电气与热的综合利用。除了热电联产联供的热电站外，大型锅炉房也是区域供热的热源。由于能量的综合利用以及使用大型锅炉，机械化程度和自动控制及技术管理水平都相对比较高，因此区域供热燃料中热量的利用率高，并具有提高供暖质量、节约用地等很多优点。

区域供热是城市现代化的重要标志，也是发展的必然方向，但是由于我国国力所限，今后相当长的一段时间内，供暖还是以中小型锅炉为主要热源设备。根据对东北、华北和西北三大地区 29 个大、中城市供暖状况的调查，在 3.5 亿 m^2 的集中供暖面积中，锅炉供暖占 84%，就说明了这一点。

热源装置的分类 表 12-5

<table>
<tr><th colspan="3">能源、装置的形式</th><th>热能动力发生装置或热媒变换装置等</th><th>能源或动力</th></tr>
<tr><td rowspan="2">直接燃烧式</td><td colspan="2">直燃式热水器
(兼作吸收式制冷机)
热风炉</td><td>燃烧装置</td><td>化石燃料</td></tr>
<tr><td>锅炉</td><td>立式锅炉
片式锅炉
火筒锅炉
烟管锅炉
水管锅炉
直流式锅炉</td><td>燃烧装置</td><td>化石燃料</td></tr>
<tr><td>电气式</td><td colspan="2">电热锅炉(蒸汽，热水)热水器
电加热器(空气加热，电热盘管)</td><td>电 阻</td><td>电 力</td></tr>
<tr><td colspan="3">自然能源
废热利用能源</td><td>集热装置</td><td>太阳能，地热蒸汽，热水，废气，化石燃料</td></tr>
<tr><td colspan="3">区域供热方式</td><td></td><td>化石燃料</td></tr>
</table>

二、锅炉

锅炉是一种加热设备，它能给供暖系统提供热量。在供暖系统中，锅炉将从系统中流回的水加热成蒸汽或热水送到系统中的各个散热器，再通过散热器将热量散发到房间中。

锅炉分为两大类，即蒸汽锅炉和热水锅炉。每一类锅炉又分为高压和低压两种。在蒸汽锅炉中，蒸汽压力低于0.07MPa（表压）的称为低压锅炉，高于0.07MPa（表压）的称为高压锅炉。在热水锅炉中，温度低于115℃的称为低压锅炉，高于115℃的称为高压锅炉。

锅炉的主体是汽锅和炉子。燃料在炉子中燃烧，产生大量的高温烟气，通过热交换，烟气将热量传给汽锅里的水，使水变成热水（热水锅炉）或汽化变成蒸汽（蒸汽锅炉）。为了提高锅炉的效率，锅炉还装有省煤器和空气预热器。锅炉效率是指锅炉被蒸汽或热水接受的热量与所消耗的燃料在炉子中应放出的全部热量之比值。此外，锅炉还装有许多辅助设备，如自动送煤机、鼓风机、软化水设备等。为了保证锅炉安全可靠地运行，水位计、压力表、温度计、安全阀、给水阀、止回阀、主汽阀和排污阀等也是必不可少的仪表和部件。

热水供暖的质量优于蒸汽供暖，因而颇受欢迎。对于已经有蒸汽锅炉的地方欲采用热水供暖，可通过汽—水热交换器，用蒸汽加热循环水，蒸汽在汽—水热交换器中放热后变成凝结水，经疏水阀流入凝结水箱，最后由水泵将凝结水抽送回锅炉，如图12-10所示。

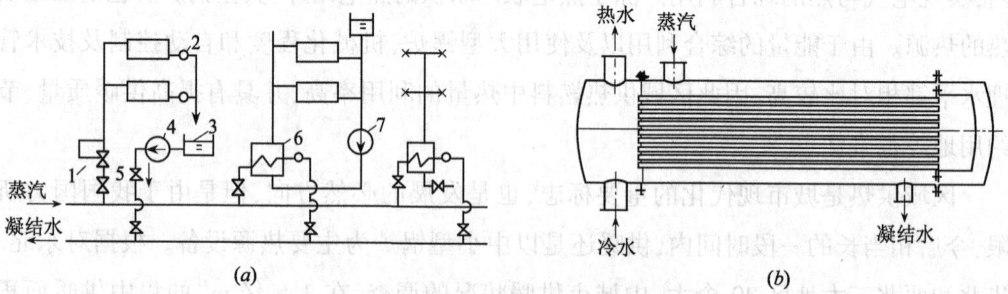

图12-10　汽—水热交换器的应用

（a）热水供暖系统与蒸汽管网的连接；（b）快速汽-水热交换器

1—减压阀；2—疏水阀；3—凝结水箱；4—凝结水泵；5—止回阀；6—加热器；7—循环水泵

用蒸汽作热水供暖的另一种方法是采用蒸汽喷射加热器，详见图12-11。蒸汽在喷射加热器中不但能将循环水加热，而且可以推动水在管网中循环，既可省却热水供暖系统中的循环水泵，又节约电能。蒸汽喷射加热器还具有体积小、加热快、加热量大和造价低等优点。

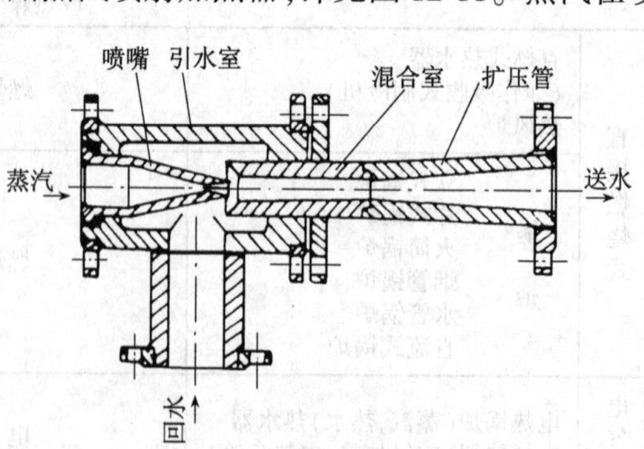

图12-11　蒸汽喷射加热器

蒸汽喷射加热器的噪声是在应用中应注意的问题。噪声的大小基本上随汽水压差的增加而增大，随水流量的减小而增大，随水温的升高而增大。这是由于汽水压差越大，进入水中的蒸汽越多，凝结时气泡溢出与破灭就越多；水流量越小，汽水换热越不充分；水温越高，汽水换热容易程度越小，噪声也就越大。因此，应选用工况设计合理的蒸汽喷射泵，以减小噪声和振动。

三、燃料

选用锅炉燃料应符合国家和地方的节能和环保政策。锅炉燃料有固体燃料和液体燃料两种。直燃吸收式热水器也可用气体作燃料。固体、液体和气体燃料的发热量见表12-6。

燃料的发热量　　表12-6

燃　料	发热量(MJ/kg)	燃　料	发热量(MJ/kg)
无烟煤	30.5	轻　油	41.9
沥青煤	30.5	重　油	37.7～41.9
褐　煤	24.3～30.5	煤　气	20.9～21.3
泥　炭	24.3以下	高炉煤气	3.78
煤　油	41.9	天然气	35.6～48.1

四、锅炉容量的确定

确定锅炉容量的基本数据是供暖热负荷,可按照本章第一节的方法计算。

供暖用锅炉容量应按下式确定:

$$Q = KQ_h \quad W \tag{12-8}$$

式中　K——室外管网热损失及漏损系数;

Q_h——计算得到的供暖热负荷(W)。

对于蒸汽管网:架空 $K=1.1\sim1.15$,地沟 $K=1.08\sim1.12$;对于热水管网,架空 $K=1.07\sim1.10$,地沟 $K=1.05\sim1.08$。

锅炉容量也可以简单地根据设计手册提供的单位面积耗热指标来确定,详见表12-7。

根据对日本和我国几十个高层建筑的统计,得出锅炉容量和建筑面积间的近似关系式为:

$$Q = \begin{cases} 0.1814A\text{kW} & \text{日本高层旅馆} \\ 0.121A\text{kW} & \text{日本高层办公楼} \\ 0.256A\text{kW} & \text{我国高层旅馆} \end{cases} \tag{12-9}$$

式中　A——建筑面积(m^2)。

单位面积耗热指标　表12-7

建筑性质	设计热指标(W/m^2)
住　宅	46～70
商　店	64～87
食堂、餐厅	116～140
影剧院	93～116
大礼堂、体育馆	116～163

五、锅炉房的设置和结构

1. 锅炉房的位置

锅炉房一般应该是独立的建筑。它和其他建筑物的距离应符合安全防火的规定。生活和供暖用的低压锅炉房,也可以设置在建筑物内,但是不允许设在人员密集的房间内或这些房间的上、下面。锅炉房应有较好的朝向,尽量避免西晒。锅炉房如是独立的建筑,应位于供暖季主导风向的下风侧,以减少烟灰对建筑的影响。另外,还要考虑到便于燃料运输和堆放的问题。

2. 锅炉房的布置

锅炉房一般由锅炉间、生产辅助间(水泵、水处理、除氧、化验、仪表、控制等)及生活间(值班、办公、休息等)组成。

锅炉房的设备布置应符合工艺流程的要求并应留有一定的操作距离。

3. 锅炉房的结构

锅炉房属于生产厂房。当锅炉房的额定蒸汽量大于4t/h时,锅炉房的建筑耐火等级应不低于2级;否则锅炉房的耐火等级可采用3级。

锅炉房内,办公室与生活间等应以非燃烧体的隔墙与锅炉间隔开。锅炉房应采用轻质屋顶。屋顶自重超过120kg/m^{2}时,应开设天窗或高侧窗,开窗面积至少应为锅炉间面积的10%。

锅炉房应预留适应设备最大搬运件的安装孔洞,安装孔洞可与门窗结合考虑。

当锅炉房为多层布置时,锅炉基础与楼板地面接缝处,应采用能适应沉降的构造措施。

第四篇　室内空气洁净环境与通风净化设备

第十三章　室内空气的洁净与通风设备

第一节　室内污染物与必要风量计算

室内空气品质IAQ(Indoor Air Quality)是涉及很多学科的复杂问题。通风换气是保证室内空气品质的重要手段,也称为新风稀释方法。除此以外,改善空气品质的方法还有掩盖法与吸附法等。长期以来,人们用一系列污染指标,例如二氧化碳浓度等来衡量空气的品质,简单地认为只要这些污染指标在规定值以下,空气品质就能满足要求。对于工业除尘和工业通风设计,采用这样的控制指标是合适的,但是在民用建筑中用这些指标去衡量室内的空气品质就不合适了。因为室内空气中成千上万种污染物都处于很低的浓度下,即使用非常现代化的仪器也难以测量,根本无法用这些污染物浓度指标来衡量空气的品质。人的鼻子却能感觉出空气的清新度,因为人的鼻子比仪器灵敏10万倍,能同时感觉50万种污染物。长期以来,人们对低浓度污染,尤其是不太严重的气味对健康的影响认识不足。其实,长时间处于令人讨厌的低浓度污染与腐霉气味中,对人的身心也会产生不良的影响。丹麦哥本哈根大学教授房格尔(P. O. Fanger)在1989年室内空气品质讨论会上明确表示:空气品质的好坏反映了满足人们要求的程度。这是一个全新的概念,即用主观评价来替代长期以来评定IAQ的客观指标,在国际上引起了很大的反响。

一、室内污染物

影响空气品质的污染物有成千上万种,归纳起来可分成五类:第一类是烟草烟雾;第二类是有毒的蒸汽;第三类是有害气体;第四类是微生物污染如各种菌类;第五类是生产性粉尘。

在工业厂房中污染物的种类很多,如有机溶剂的蒸汽、燃烧产生的有害气体、刺激性气体、生产性粉尘等。有些生产厂房还会产生很多有毒物质。通风的目的是将上述各种物质的浓度控制在允许的指标以下。

在民用建筑中,污染物主要有:室内装潢材料、家具清洁剂等的挥发物,人员生理活

动中呼出的 CO_2 及产生的不良气味，室内燃烧设备产生的有害物，特别是厨房中产生的各种有害物以及吸烟产生的烟雾等，甚至空调通风系统本身也是污染源。通风的目的不仅要使空气中已知的污染物的浓度达到公认的权威机构所确定的有害浓度指标以下，并且要使处于室内的绝大多数人（≥80%），对空气品质没有表示不满意。

医院手术室对污染物的控制更严格，除了对其他污染物的控制外，还要考虑对微生物污染的控制。对手术后的病人造成感染的微生物细菌主要是黄曲霉菌、绿脓杆菌、链球菌、金黄色葡萄球菌和革兰氏阴性杆菌。黄曲霉菌对健康人不一定有害，但对白血病患者有致命的危险；绿脓杆菌是一种相当普遍的细菌，可引起烧伤病人死亡；链球菌和金黄色葡萄球菌会导致外伤发炎。

二、必要通风量的计算

1. 民用建筑

有时候，通风除了稀释有害物外，还可以起到清除室内余热余湿的作用。比如在过渡季用室外新风消除建筑物余热，就是一种很普遍的做法，所需要的通风量可按下式分别计算：

消除余热所需要的通风量：

$$G_1 = \frac{Q}{C_p(t_p - t_j)} \quad \text{kg/s} \tag{13-1}$$

消除余湿所需要的通风量：

$$G_2 = \frac{W}{(d_p - d_j)} \quad \text{kg/s} \tag{13-2}$$

稀释有害物所需要的通风量：

$$G_3 = \frac{\rho M}{(C_y - C_j)} \quad \text{kg/s} \tag{13-3}$$

式中　Q——室内余热量（kW）；

t_p——排风温度（℃）；

t_j——进风温度（℃）；

C_p——空气定压比热［kJ/（kg·K）］；

W——室内余湿量（g/s）；

d_p——排风含湿量（g/kg）；

d_j——进风含湿量（g/kg）；

M——室内有害物质散发量（mg/s）；

C_y——室内空气中有害物质的最高允许浓度（mg/m^3）；

C_j——进风中有害物质的浓度（mg/m^3）；

ρ——空气密度（kg/m^3）。

计算出 G_1，G_2，G_3 后，取其中的最大值作为设计的通风量。当通风系统和空调系统组合在一起时，需要注意，上面所说的通风量指的是从室外引入的新风量 G_j，并不等于总通风量 G，如图 13-1 所示。只有当回风量 G_h 为零时，G_j 才等于总通风量 G。

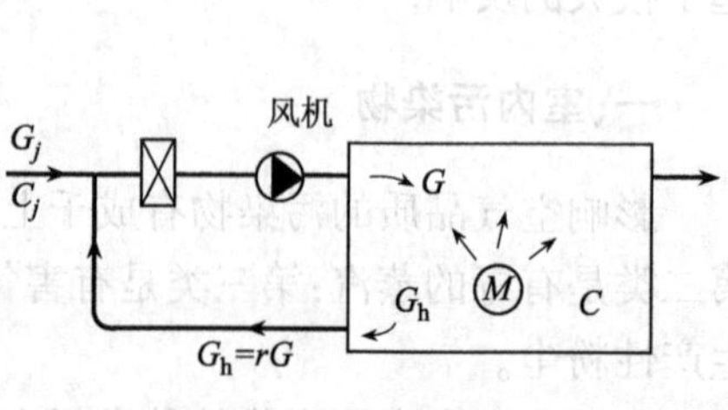

图 13-1　空调通风系统的新风稀释能力分析

如果通风是为了稀释室内的有害物质，而且空调箱中不带过滤器，则当系统处于稳定状态时，应该有如下平衡关系式：

$$G_j C_j + rGC_y + \rho M = GC_y \quad (13\text{-}4)$$

式中　r——回风比，$r = G_h / G$；

G——总风量（kg/s）；

G_j——进风量（kg/s）。

由于 $G(1-r) = G_j$，所以 $G_j = \rho M/(G_y - C_j)$，与式 13-3 完全相同。由于通风的目的仅仅是为了稀释有害物质的浓度，因此回风就毫无意义。在这种情况下，不必为了回风而消耗风机动力，除非室内外温差很大，直接用室外冷风会引起不舒适感觉时，方可考虑利用一部分回风。

虽然最新的研究表明，室内产生污染的原因很多，但在一般住宅和办公楼、剧院、商场等公共建筑中，目前的设计方法还是只考虑人是主要的污染源。人体在新陈代谢过程中吸进 O_2，排出大量的 CO_2，使房间中空气的 CO_2 含量增加，O_2 的含量减少。所以，可以用 CO_2 含量作为评价室内空气质量的一个指标。

纯粹的 CO_2 是一种无色气体。它对脑脊髓中枢神经有强烈的刺激作用。当空气中 CO_2 含量过多时，人就会产生头痛、脑晕、呼吸急促、耳鸣等症状，甚至发生昏迷和导致死亡。不同的 CO_2 浓度对人体的影响可见表 13-1。人的 CO_2 发生量取决于人的活动强度，见表 13-2。

空气中不同 CO_2 浓度对人体的影响　　表 13-1

CO_2浓度（%）	人的反应
0.04～0.08	正常
0.5	呼吸稍有增加
1	呼吸急促
2	肺部呼吸增加 50%
3	肺部呼吸增加 100%
4	头疼
5	呼吸困难，肺部呼吸增加 500%，血液循环加快，耳鸣
6	呼吸困难，耳鸣，发生昏迷，可能造成死亡
10～20	呼吸困难，失去知觉，死亡率达 20%～25%

人在不同活动量时 CO_2 呼出量　　表 13-2

工作状态	CO_2 呼出量[m^3/(h·人)]	CO_2 呼出量[g/(h·人)]
安静时	0.013	19.5
极轻的工作	0.022	33
轻劳动	0.03	45
中等劳动	0.046	69
重劳动	0.074	111

关于室内 CO_2 允许浓度，已做过很多研究，E. M. Poth 在 NASA 资料中讲到，若 CO_2 的浓度在 15000ppm（1.5%）以下，在 80min 的短时间内，不会对人发生生理性和心理性影响；而当 CO_2 浓度低于 5000ppm 时，人在其中生活长达 40 天也不会受到生化影响。CO_2 的允许浓度直接影响新风量的大小，例如，日本实施的《建筑物环境卫生管理标准》规定室内 CO_2 浓度不高于 1000ppm，按照这个标准设计，新风量将达到 $30m^3$/(h·人)。

新风量的增加将使新风负荷大大增加，最终导致空调系统设备和能耗的增加。尤其在人员集中的场合，例如大、中型商场，新风负荷约占总冷负荷的20% ~30%，因此在选取标准时要慎重，切莫盲目追求高标准，浪费大量的能量和设备投资。CO_2 在室外大气中的含量，在不同地区（例如城市与郊区）相差较大。对于标准大气，CO_2 含量为0.0314%，而在市中心或工业区，大概是它的2倍。

也有用臭气强度作为考察室内空气品质指标的。根据亚格娄（C. P. Yaglou）的研究，将臭气强度共分成0、1/2、1、2、3、4、5七个等级。当臭气强度达到2时，人就会感到有所不适。室内臭气的来源主要是人体蒸发、流汗、呼气和体表的各种有机排泄物和微生物分解时发出的体臭和汗臭。为了消除臭气所需的新风量与人的新陈代谢强度、年龄、人所占有空间的大小以及环境温、湿度有关。美国ASHRAE62 ~73、英国British Standard Code of Practice 352及日本HASS102等标准均以消除人体散发的臭味作为确定新风量的依据。这个方法主要是以亚格娄的实验为基础，表13-3是他的实验结果。

臭气强度保持2以下所需要的新风量（极轻活动）　　　**表13-3**

在室者		每人占有空间(m^3/人)	新风量[m^3/(h·人)]
无空调	成人	2.8	42.5
		5.7	27.0
		8.5	20.0
		14.0	12.0
	少年	2.8	49.2
		5.7	35.4
		8.5	28.8
		14.0	18.6

我国和其他国家都根据自己的国情规定了各种建筑中的最小新风量，如表13-4与表13-5。

在某些场所，如酒吧、会议室等，烟雾是室内臭气的主要原因。众所周知，烟雾中含有无数种致癌物质和有害成分，主要有尼古丁、焦油、CO_x、NO、氰氢酸和丙烯醛等。气体占烟雾的90%，其余是粒径在0.01 ~0.5μm范围内的颗粒物质。表13-6给出了将烟臭强度限制在2时所需要的新风量。

工业企业建筑中的最小新风量（GBZ1—2010）　　　**表13-4**

最小新风量(m^3/人)	
30	每人占有空间小于20m^3
20	每人占有空间大于20m^3
30	空调车间
40	洁净室

各国旅馆客房部分新风量的推荐值　　　**表13-5**

	双人客房[m^3/(h·人)]	单人客房[m^3/(h·人)]
美国ASHRAE标准(62 ~81)	51抽烟 25.5不抽烟	51 25.5
英国IHVE	108	
日本空调卫生工学会	50 ~65	60 ~100
GB 50189—93	一级≥50 二级≥40 三级≥30 四级	≥50 ≥40 ≥30 —

不同吸烟程度的必要新风量以及对应的吸烟量　　表 13-6

吸烟程度	适用例子	新风量[m^3/(h·人)] 最小值～推荐值	吸烟量[支/(h·人)]
非常多	交易所 会议室	51～85	3～5.1 (1.5～2.5)
多	办公室 旅馆客房	42～51	2.5～3 (1.3～1.5)
一　般	办公室	20～26	1.2～1.6 (0.6～0.8)
有　时	银行营业室、办公室、商店	13～17	0.8～1.0 (0.4～0.5)

注:括号内数字为烟臭强度限制在 1 时的最多吸烟量。

当散发的有害物数量难以确定时,民用和公用建筑中的通风量也可以用换气次数来确定。换气次数的定义是房间每小时通风量 L(m^3/h)和房间体积 V(m^3)的比值,即换气次数 $n = L/V$(次/h)。民用建筑中各部位的通风换气次数可见表 13-7。

民用建筑的通风换气量　　表 13-7

房　间　名　称	换气次数(次/h)	
	进　气	排　气
宿舍、住宅、起居室		1.0
厨房		3.0
卫生间		1.0～3.0
公共厕所	10m^3/(h·人)	每个大便器 40m^3/h 每个大便器 20m^3/h
观赏厅	10m^3/(h·人)	
休息厅		3.0
吸烟室		10.0
健身室		3.0

2. 工业厂房

工业厂房中的污染物有粉尘、有毒的蒸气及有害气体等。粉尘是指能在空气中浮游的固体微粒,粒径上限为 200μm,生产环境空气中的粉尘粒径以 10μm 以下者居多,其中 2μm 以下者占 40%～90%。在冶金、机械、建材、轻工和电力等许多工业部门的生产中均产生大量的粉尘。粉尘对人体健康的危害同粉尘的性质、粒径和进入人体的粉尘量有关。有些毒性强的金属粉尘(锰、铬、镉、铅等)进入人体后甚至会使人中毒致死。粉尘的化学性质是危害人体的主要因素。它对人体的危害程度是由其参与和干扰体内的生化过程的程度和速度决定的。此外,粉尘表面可以吸附空气中的有害气体、液体以及细菌病毒等微生物,成为污染物质的媒介,还会和空气中的二氧化硫联合作用,加剧对人体的危害。

在化工、造纸、纺织物漂白、电镀、酸洗、喷漆等过程中,会产生大量的有害蒸气和气体,例如汞蒸气、铅蒸气、苯蒸气、CO、SO_2 等。这些有害蒸气和气体通过人的呼吸进入体内,给人体的健康带来危害。

工业有害物不仅危害人体健康,而且对大气、水源和土壤等自然环境造成污染。据估计,全世界每年排入大气中的毒气和烟尘高达 6 亿～7 亿 t,对人体的健康造成极大的危害。工业通风的任务是要将厂房内有毒物质的浓度降低到符合《工业企业设计卫生标准》,并使排风中的有害物浓度符合国家排放标准的规定。

工业厂房通风量的计算公式同式13-3。厂房中有害物质的发生量可通过实测或按经验数据确定。有害物质的发生量和很多因素有关,很难用公式进行计算。例如喷涂过程中散发的有害物与喷涂方式、喷涂速度、溶剂的挥发率以及涂料用量等多种因素有关。因此,在计算通风量时,要具体了解生产工艺,本文不再赘述。

第二节　自然通风

自然通风是利用建筑物孔洞内外两侧存在的压差,不用消耗动力的通风换气方式。余热量很大的高温车间,利用自然通风可获得很大的通风量。由于自然通风换气量的大小和室外气象条件关系密切,因此难以人为地进行控制。

一、自然通风的作用原理

众所周知,如果建筑物外墙上的窗孔两侧存在压力差 ΔP,就会有空气流过,空气通过窗孔的阻力就等于 ΔP。

$$\Delta P = \zeta \frac{v^2}{2}\rho \quad \text{Pa} \tag{13-5}$$

式中　ΔP——窗孔两侧压力差(Pa);

v——空气流过窗孔时的速度(m/s);

ρ——空气密度(kg/m^3);

ζ——窗孔的局部阻力系数。

通过墙孔的空气量:

$$G = \rho v F = \rho F\sqrt{\frac{2\Delta P}{\zeta\rho}} = \mu F\sqrt{2\Delta P\rho} \quad \text{kg/s} \tag{13-6}$$

式中　F——窗孔面积(m^2);

μ——流量系数,$\mu = 1/\sqrt{\zeta}$。

如果窗孔的面积和窗的构造已定,欲提高自然通风量,就必须增加内外两侧的压差 ΔP。

1. 热压作用

假定某建筑物下部和上部各开有窗孔 a 和 b,其高度差(两窗孔中心距)为 h,如图13-2所示。设窗孔内和窗孔外的静压分别为 P'_a,P'_b 和 P_a,P_b,建筑物内外的空气温度和密度分别为 t_n,ρ_n 和 t_w,ρ_w,则窗孔 b 两侧的压差为:

$$\Delta P_b = P'_b - P_b = \Delta P_a + (\rho_w - \rho_n)gh \quad \text{Pa} \tag{13-7}$$

式中　g——重力加速度(m/s^2)。

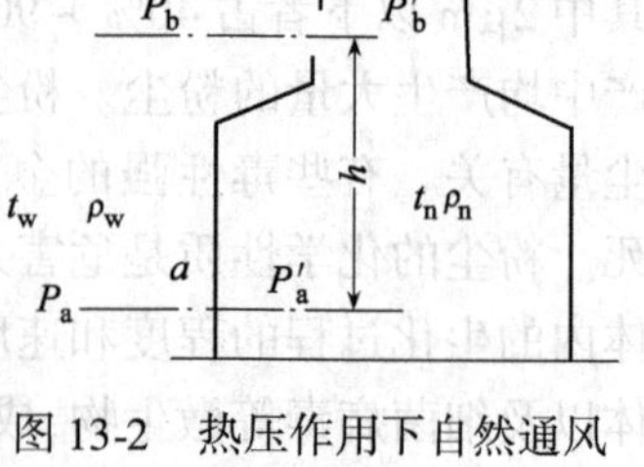

图13-2　热压作用下自然通风

窗孔 a 两侧的压差为:

$$\Delta P_a = P'_a - P_a = \Delta P_b - (\rho_w - \rho_n)gh \quad \text{Pa} \tag{13-8}$$

如果 $\Delta P > 0$,为排风;$\Delta P < 0$,为进风。对于有大量余热产生的建筑物,$t_n > t_w$,所以 $\rho_n < \rho_w$。如果窗户 a 和 b 同时开启,则空气从窗孔 a 流入,从窗孔 b 流出。当排风量和进风量相等时,室内静压才保持稳定。根据上面公式,排气的总压差为:

$$\Delta P = (P'_b - P_b) + (P_a - P'_a) = (\rho_w - \rho_n)gh \quad \text{Pa} \tag{13-9}$$

通常称$(\rho_w - \rho_n)gh$为热压，它与室内外空气密度差和窗户间的高度差有关。当室内外室气的温度一定时，上下两窗孔的压差与该两窗孔的高度差h成线性比例关系，如图13-3所示。仅有热压作用时，窗孔内外的压差称为窗孔的余压。余压值从进风窗孔的负值增大到排风窗孔的正值。在0-0平面上，余压为零，通常称它为中和面。

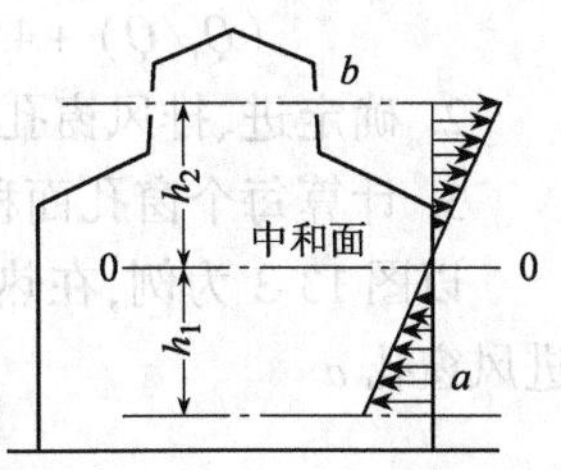

图13-3　余压沿建筑物高度的变化

2. 风压作用

室外气流与建筑物相遇时，将发生绕流，使建筑物四周气流的压力分布发生变化。迎风面气流受阻，动压降低，静压升高；侧面和背风面由于产生局部涡流，静压降低。这种静压的变化称为风压。静压升高，风压为正；静压下降，风压为负。

建筑物四周的风压分布与风向和建筑物的几何形状有关。风向一定时，建筑物外围结构上各点风压的计算公式可用下式表示：

$$P_f = K\frac{v_w^2}{2}\rho_w \quad \text{Pa} \tag{13-10}$$

式中　K——空气的动力系数；

v_w——室外空气的流速（m/s）。

不同建筑在不同方向的风力作用下，空气动力系数的分布是不同的，可通过实验来确定。

3. 热压和风压的同时作用

如果建筑物同时受到热压和风压的作用，在计算外墙上窗孔的内外压差时，应综合考虑两者的作用。但是室外风速和风向是经常变化的，在实际计算时常常仅考虑热压的作用，而对风压的影响，只作定性分析。

二、自然通风的计算

自然通风设计计算是根据室内的余热量和设计温度确定所需的全面通风量和进、排风窗孔的位置和面积，具体步骤如下：

1. 计算需要的全面通风量

$$G = \frac{Q}{c_p(t_p - t_w)} \tag{13-11}$$

式中　t_w——夏季通风室外计算温度（℃）；

t_p——排风温度（℃）。

对于有热源建筑物的排风温度可用下式计算：

$$t_p = t_w + \frac{t_n - t_w}{m} \tag{13-12}$$

式中　t_n——室内工作区温度（℃）；

m——有效热量系数，表明实际进入工作区的热量与本车间总余热量的比值，$m = m_1 m_2 m_3$；

m_1——根据热源占地面积f和地板面积F之比值确定的系数，$m_1 = 0.028 + 2.527(f/F) - 1.655 \times (f/F)^2$；

m_2——根据热源高度h确定的系数，$h \leqslant 2\text{m}$，$m_2 = 1.0$，$2\text{m} < h < 14\text{m}$，$m_2 = 1.143 - 0.081h + 0.002h^2$，$h \geqslant 14\text{m}$，$m_2 = 0.5$；

m_3——根据热源的辐射散热量Q_f和总散热量Q之比确定的系数，$m_3 = 1.8 - 3.9$

$(Q_f/Q)+4.9\times(Q_f/Q)^2$。

2. 确定进、排风窗孔个数和位置以及每个窗孔的进排风量

3. 计算每个窗孔面积

以图 13-3 为例，在热压作用下，进、排风窗孔的面积分别为：

进风窗孔 a

$$F_a=\frac{G_a}{\mu_a\sqrt{2|\Delta P_a|\rho_w}}=\frac{G_a}{\mu_a\sqrt{2h_1(\rho_w-\rho_n)\rho_w}} \tag{13-13}$$

排风窗孔 b

$$F_b=\frac{G_b}{\mu_b\sqrt{2|\Delta P_b|\rho_p}}=\frac{G_b}{\mu_b\sqrt{2h_2(\rho_w-\rho_n)\rho_p}} \tag{13-14}$$

式中　h_1,h_2——中和面至窗口 a,b 的距离(m)；

μ_a,μ_b——窗孔 a,b 的流量系数。

当室内压力分布达到稳定时 $G_a=G_b$，

$$\left(\frac{F_a}{F_b}\right)^2=\left(\frac{\mu_b}{\mu_a}\right)^2\frac{\rho_p}{\rho_w}\frac{h_2}{h_1}=C\frac{h_2}{h_1} \tag{13-15}$$

可见，进、排风窗孔面积比是随中和面位置的改变而变化的。中和面位置上移(即 h_1 增大，h_2 减少)，则排风窗孔面积增大，进风窗孔面积减少；中和面位置下移，则相反。

三、避风窗

在风压作用下，普通天窗在迎风面上往往发生倒灌风现象，影响排风。在这种情况下，要及时关闭迎风面天窗，依靠背风面天窗进行排风，这给管理带来很多麻烦。为了让天窗在任何风向下都保持稳定的排风性能，不发生倒灌，可以采取特殊构造形式的天窗，或在天窗附近加装挡风板，使天窗排风始终处于负压区，图 13-4 是两种避风天窗的构造。

图 13-4　避风窗

选择天窗时，应全面考虑各种因素，选择结构简单、管理方便、阻力小、造价低的天窗形式。

四、建筑设计与自然通风

为了增大进风面积，对于以自然通风为主的余热量大的场所，应采用单跨建筑形式。为了提高自然通风的降温效果，应尽量降低进风侧离地面的高度。在南方炎热地区，该高度可取 0.6～0.8m，在集中采暖地区，冬季自然通风的进风窗应设在 4m 以上。这样，室外空气到达工作区时已和室内空气充分混合，可防止冷空气直接吹到人的身上。

建筑物的主要进风面一般应与夏季主导风向成 60°～90°角，同时应尽量避免大面积西晒外墙和玻璃窗。不宜将过多的附属建筑布置在它的四周，特别是在它的迎风侧。

为了避免高大建筑对周围低矮建筑排风的影响，各建筑物之间的有关尺寸应保持适当比例，例如图 13-5 所示的避风天窗和竖风管，其有关尺寸应符合表 13-8 的要求。表中相关尺寸 z、a、L 及 h 请参见图 13-5。

避风天窗或竖风管与相邻较高建筑外墙之间的最小距离　　表 13-8

z/a	0.4	0.6	0.8	1.0	1.2	1.4	1.6	1.8	2.0	2.1	2.2	2.34
$(L-z)/h$	1.3	1.4	1.45	1.5	1.65	1.8	2.1	2.5	2.9	3.7	4.6	5.6

注：$z/a>2.3$ 时相关尺寸可不受限制。

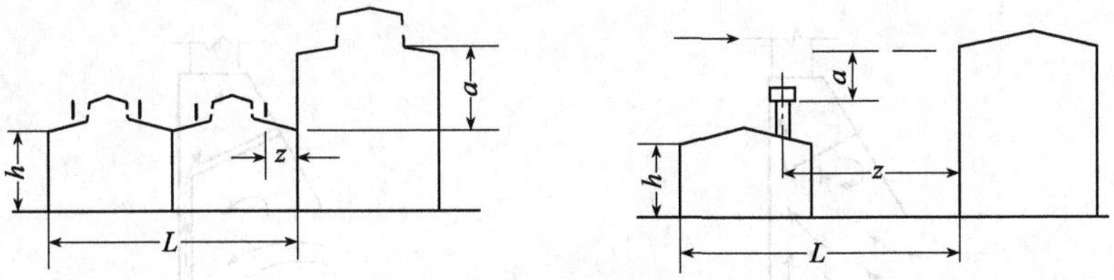

图 13-5　建筑物间的相关尺寸

第三节　局部通风

局部通风系统分局部进风和局部排风两类，它利用局部气流来造成良好的局部工作环境。

一、局部排风系统的构成

局部排风系统一般由局部排风罩、风管、净化设备和风机四部分组成。局部排风罩是用来捕集有害物的，它的性能对系统的效果有直接的影响。捕集到的有害物随同空气通过风管排至室外。风管通常用表面比较光滑、摩擦阻力较小的材料制作，如薄钢板或聚氯乙烯板。为了防止大气污染，当有害物的浓度超过排放标准时，必须用净化设备对它进行处理，然后排入大气。风机是排风系统工作的动力，一般将风机设置在净化设备后面。

二、局部排风罩的分类

一个性能好的局部排风罩应能在不影响生产操作的情况下，用较小的风量控制污染气流的运动，防止有害物在室内扩散和传播。局部排风罩的种类很多，按其作用原理可分成五类：密闭罩、柜式排风罩（通风柜）、外部吸气罩、接受式排风罩和吹吸式排风罩。

1. 密闭罩

密闭罩的特点是将有害物源全部密闭在罩内，罩上留较小的工作孔，可观察罩内工作，并从罩外吸入一部分空气，见图 13-6。罩内的另一部分空气是物料带入罩内的诱导空气量。防尘密闭罩的排气量就是这两部分空气之和。它的优点是只需较小的风量就能有效控制有害物的扩散，缺点是工人不能直接进入罩内。

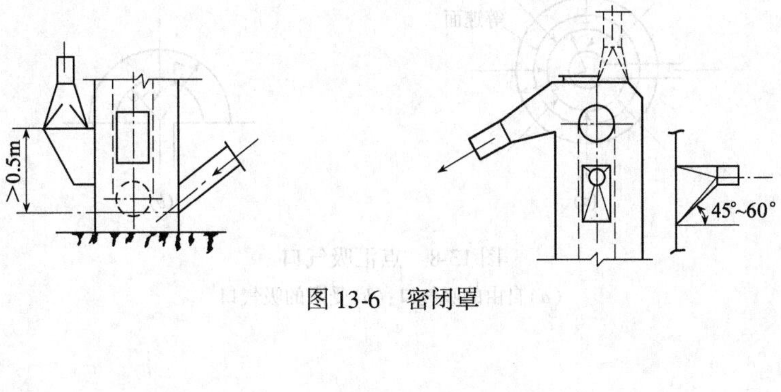

图 13-6　密闭罩

排风口不宜设在含尘气流浓度高的部位或物料飞溅区内，罩口速度也不宜过高。

2. 柜式排风罩

图 13-7 是柜式排风罩，也称通风柜，常用于化学实验室。它的工作原理和密闭罩相同，但是操作人员可把手伸入罩内工作。工人能直接进入内部操作的小室式通风柜现在应用也很多。排风量的计算公式如下：

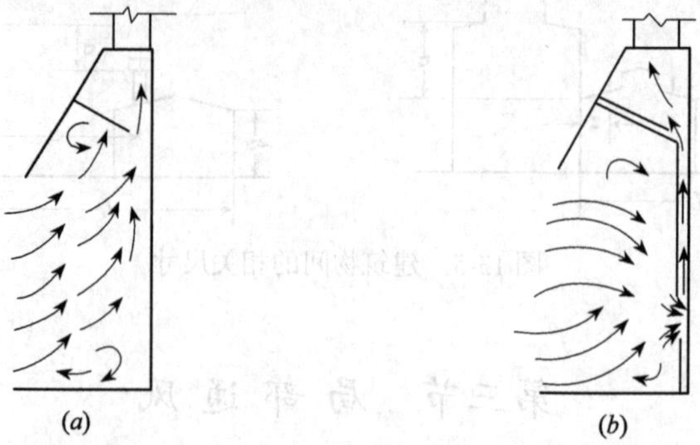

图 13-7　柜式排风罩

(a) 上部吸气的排风罩；(b) 下部吸气的排风罩

$$L = L_1 + vF\beta \quad m^3/s \tag{13-16}$$

式中　L_1——柜内污染气体发生量（m^3/s）；

v——工作孔的控制风速（m/s）；

F——工作孔面积（m^2）；

β——安全系数，$\beta = 1.1 \sim 1.2$。

根据污染气体的毒性大小，工作孔上的控制风速范围为 0.25～0.6m/s，对无毒污染物建议取低值，毒性越大，取值越高。

3. 外部吸气罩

由于受工艺条件限制，生产设备不能加罩时，可采用外部吸气罩。依靠风机的抽吸作用，把有害物吸入罩内。

假定吸气口是空间一点（图 13-8a），以吸气口为球心通过每个球面的排风量应该相等，因此有：

$$L = 4\pi r_1^2 v_1 = 4\pi r_2^2 v_2 \quad m^3/s \tag{13-17}$$

式中　r_1，r_2——点 1 和点 2 到吸气口的距离（m）；

v_1，v_2——点 1 和点 2 的空气流速（m/s）。

如果吸气口装在墙上（图 13-8b），排风量为：

$$L = 2\pi r_1^2 v_1 = 2\pi r_2^2 v_2 \quad m^3/s \tag{13-18}$$

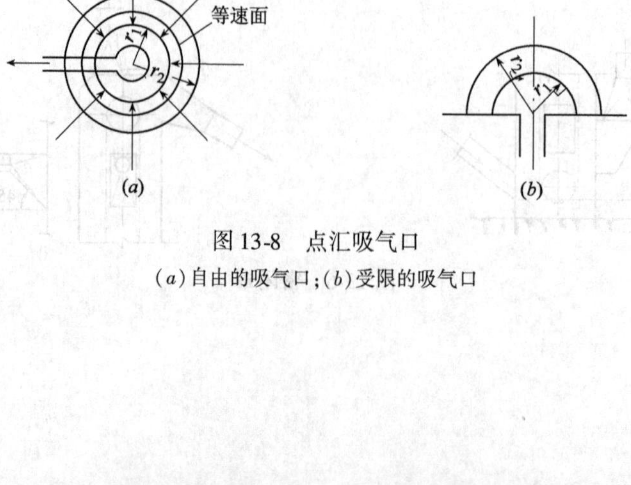

图 13-8　点汇吸气口

(a) 自由的吸气口；(b) 受限的吸气口

从式 13-17 和式 13-18 可以看出,吸气口外某点空气的流速与该点至吸气口距离的平方成反比,因此,应尽量使吸气罩靠近有害物源。

实际的排气罩都是有面积的,不能看作一点。空间某控制点吸入速度与吸气口平均速度之间的关系,可以从有关资料中查得。

4. 接受式排气罩

有些生产过程本身会产生或诱导一定的气流,带动有害物一起运动。若将排风罩设计在气流运动的前方,可让有害物顺利地直接进入罩内,如砂轮磨削时甩出的磨屑及大颗粒粉尘所诱导的气流,见图 13-9,这类排风罩称为接受式排风罩。

5. 吹吸式排风罩

有时外部吸气罩离有害源较远,靠单纯抽吸作用不能有效地吸入有害物。吹吸式排风罩利用射流能量密度高、衰减慢的特点,用吹出的气流把有害物吹向吸气口。采用吹吸式排风罩可使排风量大大减小,还可利用吹出气流在有害物源周围形成的气幕,防止有害物的扩散(图 13-10)。

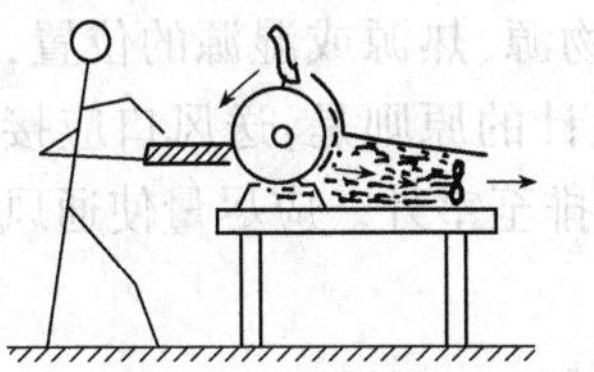

图 13-9　接受式排风罩

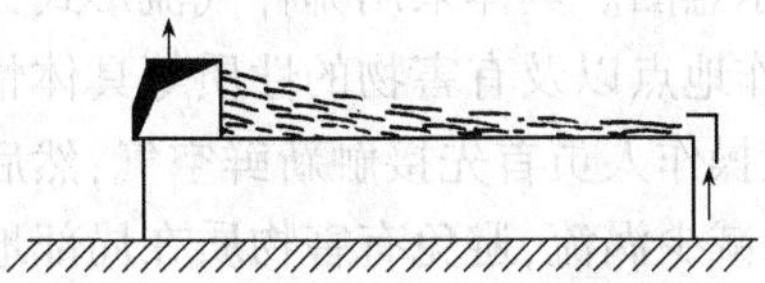

图 13-10　工业槽上的吹吸式排风罩

要使吹吸式排风系统获得最佳的效果,必须根据吹吸气流运动规律,使两者协调一致地工作。由于吹吸气流运动比较复杂,计算方法难以统一。一种有代表性的方法是控制吸风口前射流末端的平均速度,使之保持一定数值(要求不小于 0.75 ~ 1m/s),以保证对有害物的有效控制。

三、局部送风系统

有时候虽然高温车间采用了全面通风等一系列降温措施,操作工人所在工作点的温度仍然达不到卫生标准的要求,或者辐射强度超过 350W/m^2,这时应设置局部送风,以改善局部的工作环境。局部送风装置有风扇、喷雾风扇和系统式局部通风三种。

1. 风扇

人体散热有三种方式,即对流、辐射和蒸发。风扇可以增加局部空气的流速,加强人体和周围环境的对流换热以及蒸发散热。值得注意的是,当工作地点空气温度超过36. 5℃时,对流换热的结果是使人体得热而不是散热,这时,蒸发成为人体散热的主要途径。

2. 喷雾风扇

喷雾风扇使空气降温的原理是:随风机一起转动的甩水盘上的水在离心力作用下,沿切线方向甩出,形成许多细小雾滴,随气流一起吹到工作区。水滴在空气中绝热蒸发,使工作地点空气温度降低。另外,悬浮在空气中的雾滴可吸收一定的热辐射。

3. 系统局部送风装置

如果风扇和喷雾风扇都不能使工作地点的温度达标,可采用系统式局部送风(岗位送风)的方法。空气一般要经过冷却处理,可以用人工冷源,也可以利用天然冷源,如地道风、地下水等来冷却空气。

局部送风用的送风口也叫喷头。喷头有固定式也有旋转式,后者的适应性更强。人体头部对辐射最敏感,用喷头送风时,宜从操作人员的前上方斜吹向工人的头、颈和胸部。必须注意的是,不允许将车间的有害物吹向人体。

第四节　全 面 通 风

如前所述，全面通风是用稀释的方法降低室内的温湿度以及有害物的浓度。它的效果不仅和通风量有关，而且与空气的气流组织有关。它和自然通风的区别在于通风的动力方式不同。自然通风是利用热压和风压作为通风的动力，而全面通风是利用通风机械作为通风的动力。

一、气流组织

气流组织的通风效果是否良好可以用通风效率来评判。所谓通风效率，是指当送入房间一定量新风，置换出室内被污染空气时，送入新风达到通风目的的有效程度。通风效率与房间送排风口的位置关系有关，因此有效地组织气流是很重要的。气流组织的方式有多种，如上送下排、上送上排、下送上排等。图 13-11 是几种不同气流组织方式的示意图。具体采用哪种气流形式，要根据有害物源、热源或湿源的位置，操作人员的工作地点以及有害物的性质等具体情况决定。设计的原则是：送风口应接近操作地点，让操作人员首先接触新鲜空气，然后经过污染区排至室外。应尽量使通风气流分布均匀，减少涡流，避免有害物质在局部地区积聚。

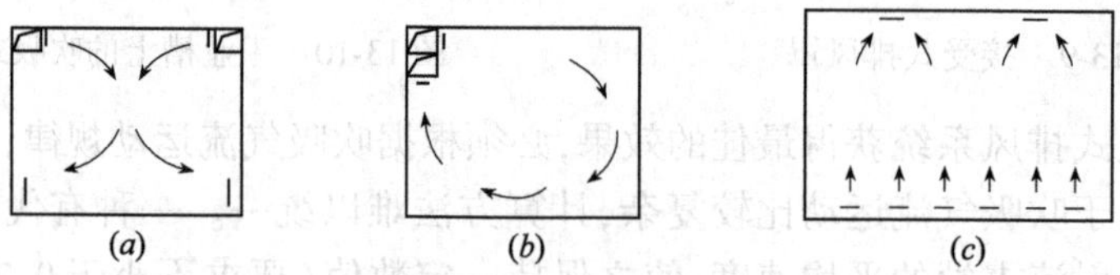

图 13-11　气流流型

(*a*)上送下排；(*b*)上送上排；(*c*)下送上排

二、房间的正压和负压

当机械进、排风量相等时，室内的压力等于室外的压力。当进风量大于排风量时，室内的压力升高，房间处于正压状态。由于房间内、外有压力差存在，有一部分空气会通过门窗的缝隙或孔洞渗到室外，这部分渗到室外的空气称为无组织排风。当排风量大于进风量时，室内压力降低，房间处于负压状态。这时，室外的空气会通过门窗的缝隙渗到室内来，这部分空气被称为无组织进风。一般让清洁度要求较高的房间保持正压，而让产生有害物的房间保持负压，以避免相邻房间受到污染。但是室内负压不宜过大，否则会引起不良后果，见表 13-9。

室内负压过大引起的不良效果　　表 13-9

负　压 (Pa)	风　速 (m/s)	不 良 效 果
2.45 ~ 4.9	2 ~ 2.9	有吹风感
2.45 ~ 12.25	2 ~ 4.5	自然通风的抽力下降
4.9 ~ 12.25	2.9 ~ 4.5	燃烧炉出现逆火
7.35 ~ 12.25	3.5 ~ 6.4	轴流式排风扇工作困难
12.25 ~ 49	4.5 ~ 9	大门难以启闭
12.25 ~ 61.25	6.4 ~ 10	局部排风系统能力下降

第五节　通风管道及通风机械

一、通风管道

通风管道的设计包括合理地布置风管，正确地选择风管材料及风管断面尺寸，使之在保证使用效果的前提下，达到初投资和运行维护费用最省。

1. 风管内空气流动的阻力

计算空气在风管内流动的阻力是设计计算的一项重要任务。空气流动的阻力分为两种：一种是空气和管壁之间的摩擦阻力，亦称沿程阻力；另一种是空气流经通风管件（例如弯头、三通、风门等）时产生涡流造成的局部阻力。

(1)摩擦阻力

根据流体力学的原理，流体在不变截面直管道内流动时，摩擦阻力可按下式计算：

$$\Delta P = \lambda \frac{1}{D_H} \times \frac{\rho v^2}{2} \times l \quad \text{Pa} \tag{13-19}$$

式中　λ——摩擦阻力系数；

v——风管内空气的平均流速(m/s)；

ρ——空气密度(kg/m^3)；

l——风管长度(m)；

D_H——风管的水力直径(m)；

$$D_H = \begin{cases} D & \text{圆风管} \\ \dfrac{2ab}{a+b} & \text{矩形风管} \end{cases}$$

D——圆风管直径(m)；

a,b——矩形风管的长、宽(m)。

摩擦阻力系数 λ 与空气在风管内的流动状态和风管管壁的粗糙度有关。在多数通风工程中，薄钢板风管中的空气流动属紊流过渡区。关于过渡区的摩擦阻力计算公式很多，公式13-20适用范围大，因此用得比较普遍：

$$\frac{1}{\sqrt{\lambda}} = -2\lg\left(\frac{K}{3.710} + \frac{2.51}{Re\sqrt{\lambda}}\right) \tag{13-20}$$

式中　K——风管内壁粗糙度(mm)，见表13-10；

Re——雷诺数，$Re = \frac{vD}{\nu}$；

ν——空气的运动黏度(m^2/s)。

在进行通风管道设计时，为避免繁琐的计算，可利用制好的计算表格或线算图。只要已知流量(或流速)、管径和单位长度摩擦阻力三个参数中的任意两个，即可用图或表求得另外一个参数。需要注意的是，无论是表格还是线算图，都是在给定条件下得出的，如果实际计算条件与之相差太远，必须对查得的结果进行修正。

(2)局部阻力

当空气流过断面变化的管件(如变径管、风口、风门等)、流向变化的管件(弯头)或流量变化的管件(如三通、侧面送吸风口)时，都会产生局部阻力。局部阻力的计算公式：

$$\Delta P_z = \zeta \frac{v^2 \rho}{2} \quad \text{Pa} \tag{13-21}$$

式中　ζ——局部阻力系数。

不同材料风管的粗糙度 K　　表 13-10

风管材料	粗糙度（mm）
薄钢板或镀锌薄钢板	0.15～0.18
塑料板	0.01～0.05
矿渣石膏板	1.0
矿渣混凝土板	1.5
胶合板	1.0
砖砌体	3～6
混凝土	1～3

局部阻力系数一般是用实验方法确定的。对于通风、空调系统局部阻力系数，通常只认为和管件的形状有关，不考虑相对粗糙度和雷诺数对它的影响。

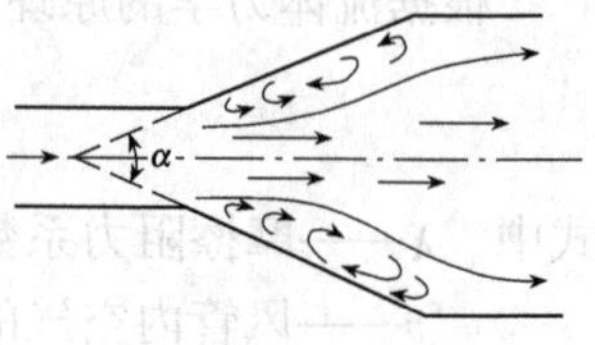

图 13-12　渐扩管

局部阻力在通风系统中占的比例很大。减小局部阻力的措施有：

1）当管道截面需要变化时，尽量避免突扩和突缩，而应采用渐扩管和渐缩管，并最好使扩散角等于 8°～10°，如图 13-12 所示。

2）尽量采用曲率半径较大的弯头。由于空间所限不得不采用直角弯头时，应在其中装导流叶片，如图 13-13 所示。加了导流叶片后可使局部阻力系数大大地减小。

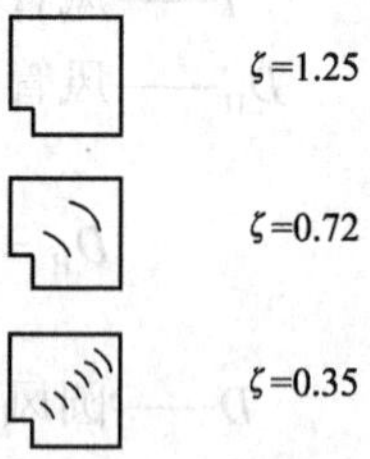

图 13-13　加导流叶片的直角弯头

3）风管进出口形状不同，局部阻力相差很大，如图 13-14 所示。

由于阻力和风速的平方成正比，因此在风机出口段最好装一渐扩管，使风速降低。另外，弯头与风机出口段相连时要注意方向。不合理的接管方式会造成很大的压力损失，如图 13-15 所示。

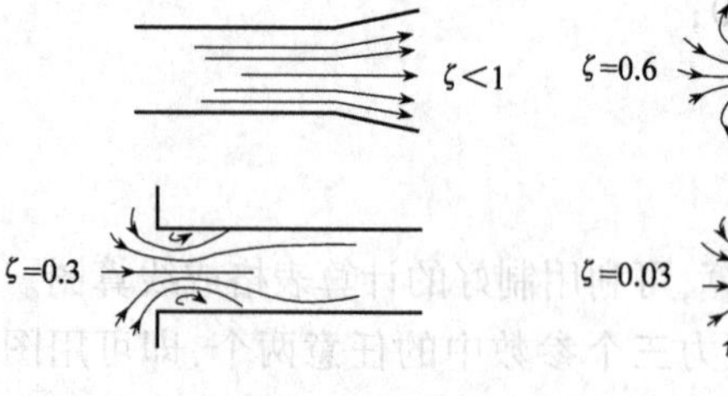

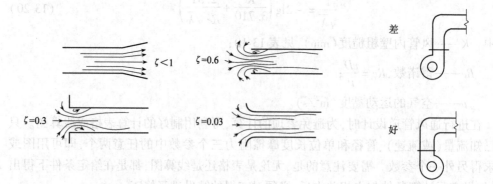

图 13-14　风管进出口局部阻力系数

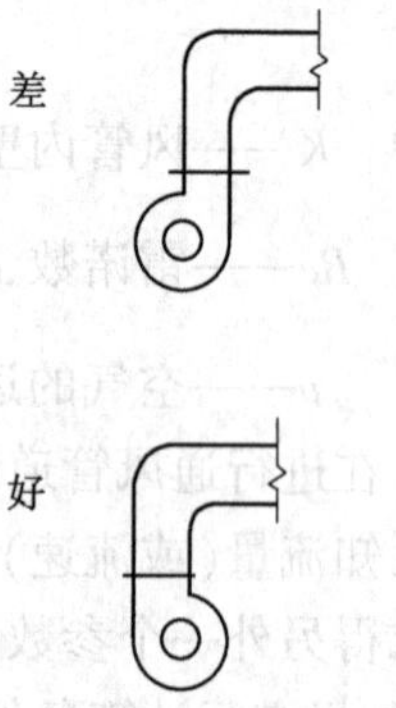

图 13-15　风机出口接管方式对比

2. 空气流速的选定

风管内空气流速直接影响通风系统的造价和运行费。输送一定量的空气，流速高，要求的风管断面小，风管材料消耗少，建造费用低。但是由于阻力和速度的平方成正比，速度大，造成系统阻力大，动力消耗增加，噪声也大，对于除尘系统，还会增加管道的磨损，因此应选定适当的流速。根据已有的设计经验推荐采用的风速，见表 13-11 ~ 表 13-13。

通风系统中推荐的空气流速（m/s）　　表 13-11

位　置	住　宅	公共建筑	工　厂
风机吸入口	3.5	4.0	5.0
风机出口	5 ~ 8	6.5 ~ 10	8 ~ 12
干　管	3.5 ~ 4.5	5 ~ 6.5	6 ~ 9
支　管	3	3 ~ 4.5	4 ~ 5

自然通风系统中推荐的空气流速（m/s）　　表 13-12

干　管	支　管	新 风 入 口
0.5 ~ 1.0	0.5 ~ 0.7	0.2 ~ 1.0

除尘通风系统中最低空气流速（m/s）　　表 13-13

粉 尘 性 质	水　平　管	垂　直　管
轻矿物粉尘	12	14
重矿物粉尘	14	16
耐火泥	14	17
棉　絮	8	10
铁和钢（屑）	19	23
麻（短纤维粉尘、杂质）	8	12

3. 风管材料的选择

可用作风管的材料有薄钢板、硬聚氯乙烯塑料板、胶合板、纤维板、矿渣石膏板、砖及混凝土等。对需要移动的风管，则应用柔性材料制作，如塑料软管、橡皮管及金属软管等。

薄钢板是常用的风管材料，有普通薄钢板和镀锌薄钢板两种。它的优点是适合于工业化加工制作，安装方便，能承受高温。一般通风用风管采用 0.5 ~ 1.5mm 的薄钢板；除尘系统，因管壁磨损大，应采用 1.5 ~ 3.0mm 厚的钢板。

硬聚氯乙烯塑料表面光滑，制作方便，耐腐蚀，但耐温性差，既不耐高温，也不耐低温，只适用于 -10 ~ +60℃ 的温度范围。

以砖、混凝土等材料制作的风管，主要用于需要和建筑结构配合的场合。它有节省钢材、经久耐用的优点，但由于内壁粗糙，所以阻力很大。

此外，也有用胶合板、纤维板、玻璃钢等材料制作风管的。

二、通风机械

1. 风机的风量和全压

通风管道确定以后，可得到整个通风系统的总阻力，它等于最不利环路中各段管路摩擦阻力和局部阻力之和：

$$\Delta P = \sum_{i=1}^{n} \Delta P_{\mathrm{m}} + \sum_{i=1}^{m} \Delta P_{\mathrm{z}} \quad \mathrm{Pa} \qquad (13\text{-}22)$$

考虑到风管中的风量可能有变化，风管施工中尺寸可能有变动等因素，在选择风机压头时应留有一定的余量。安全系数一般取 1.1 ~ 1.15，即风机全压应为整个通风系统最不利环路阻力损失总和的 1.1 ~ 1.15 倍。

风机选择时，其风量可根据总风量的大小确定，一般取总风量的 1.1 倍。风机所需的轴功率为：

$$N = \frac{VH}{\eta} \quad \text{W} \tag{13-23}$$

式中　V——风机风量(m^3/s)；

H——风机全压(Pa)；

η——风机的全压效率(%)，由风机特性曲线图表查得。

2. 风机的特性

风机的特性曲线显示风量 V 和风压 H、风量 V 和功率 N 以及风量 V 和效率 η 之间的关系，如图 13-16 所示。

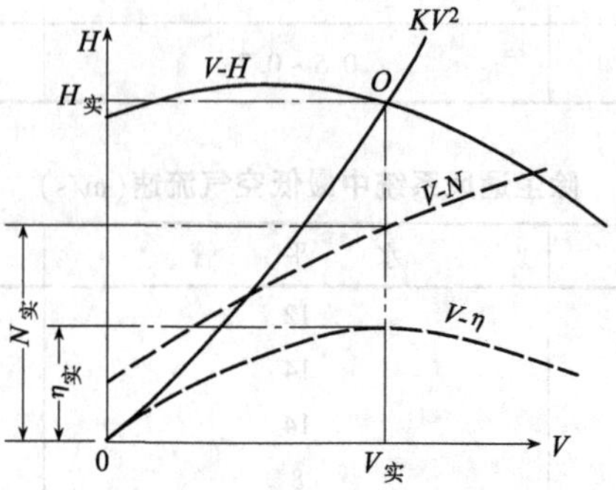

图 13-16　风机稳定工作点

从图中可以看出，风机效率 η 有一个最大值 η_{max}。在选择风机型号时，应尽量让实际运转效率接近最大效率 η_{max}，不要偏出 $0.9\eta_{max}$ 的区域。

风机工作点是风机特性曲线 H-V 与风道特性曲线 KV^2 的交点 O。该工作点对应的实际风量线与 V-N 和 V-η 曲线的交点即实际功率和效率。

第十四章　洁净室与洁净空调系统

第一节　概　　述

空气洁净技术是一门新的技术,国际上,在20世纪50年代中期以后才开始发展。当时,美国由于原子能工业和精密机械及电子工业的需要而发展了污染控制及净化技术。特别是1957年苏联第一颗人造卫星发射成功,震惊了美国政府,促使美国加快了宇航工业的发展速度,由此也带动了污染控制技术的研究和发展。洁净技术包括工业洁净技术和生物洁净技术两大类,前者以控制非生物微粒的污染为主要任务,后者则以控制生物微粒的污染为主要任务。

核工业、电子工业、精密仪器和精密机械制造等许多工业部门都需要空气洁净技术,例如在核反应堆、核燃料制造或处理装置、放射化学操作及其他核操作过程中都要产生放射性气体和放射性粒子。为了保护周围居民和设备运行人员免受放射性气体和粒子的危害,核空气洁净系统是必不可少的。这种洁净系统的特点是具有极高的污染物捕集效率,因此代价也非常高。

现代电子工业的迅速发展,使IC(集成电路)的微细加工技术日趋精密与超微型化。发达国家所加工的最小图形尺寸(线条宽度)已达2~3μm,甚至达到1μm。大规模集成电路(LSI)和超大规模集成电路(VLSI)的集成度已达到64K、256K、1M、4M。有害的尘埃粒子直径一般认为是加工尺寸的1/5~1/10,因此,在VLSI制作过程中,为了提高产品的成品率、质量和可靠性,被控制尘埃粒径应为0.1μm。随着产品集成度提高而使用精细的加工尺寸以及工序的增加,由于附着异物引起的产品不合格率将急剧上升。因此,应用洁净技术的洁净厂房在该领域中是非常重要的。

现代生物洁净技术是在工业洁净技术的基础上发展起来的。第一个生物洁净室是1966年1月在美国建立的。现在,生物洁净室已广泛用于宇航业、医学、制药、生物实验、遗传工程和食品工业等各方面。

在医学方面,洁净室主要用于做心脏、脑外科、脏器移植等深部手术的手术室,治疗白血病患者、重度烧伤病人以及其他对于感染缺乏抵抗力的患者的治疗室以及需要在无菌条件下进行操作的血液工作室等。如白血病患者,其体内的白细胞大部分是幼稚型细胞,严重丧失对感染的防御能力,因此在治疗期间防止感染是相当重要的。

由感染引起的终生残疾,给病人造成很大的痛苦。为使病人伤口免受污染的危害,各国采取了多种洁净措施,如英国威根市赖廷顿医院,经著名矫形外科专家查理多次改进手术室的洁净条件,使手术感染率从8.9%降低到0.6%。

在制药车间,特别是在制造静脉注射液和肌肉注射剂的场所,对洁净度的要求更高。实验表明,若一定数量的微粒进入血液循环,会引起多种有害症状;而针剂或输液药剂中如含有细菌,将会产生多醣物,引起患者的热原反应。在抗生素生产过程中,如不慎受感染,则成吨的营养原料都会成为废料。

生物洁净室对于宇航业也很重要。如果把地球的任何有机物带到其他星球上,或者不慎使从其他星球带回的宇宙物质受到地球上有机物的污染,都会导致错误的研究结论。因此,无论是宇宙飞行器还是装宇宙物质的容器的制造以及相关实验工作,都必须在生物洁净室中进行。

近 30 年来,国内外空气洁净技术得到很大发展,各国相继制定了洁净标准并不断地进行修订,而且已能制造出用于洁净工程的超高效过滤器、用于检测微粒浓度的 0.1μm 级的微粒粒子计数器以及高标准的洁净室。现在需要洁净技术的领域越来越多,洁净技术的应用也越来越广泛。

第二节　空气洁净度标准

空气洁净度是指洁净空气中的含尘度。空气洁净度的级别是以含尘浓度(单位体积中尘粒的个数)来划分的。

实验证明,大气和洁净室空气中所含的多种粒径的尘粒,在双对数坐标系统中按粒径的分布曲线是一组接近平行的直线,并有着大体相同的斜率,如图 14-1 所示。各国在制定洁净度等级标准时都利用了这一特点。

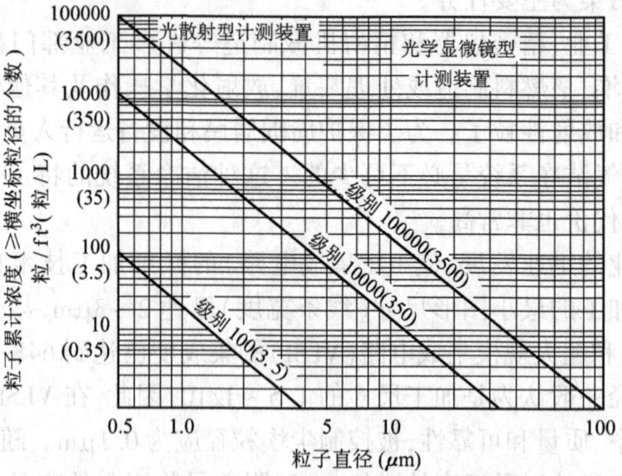

图 14-1　双对数纸上粒径与粒子累计浓度的关系

建立洁净度标准,是洁净技术发展的重要标志。1961 年 3 月,美国发表了《美国空军技术条令》(T000-25-203)。1963 年,美国又发表了美国联邦标准 209(FS209),把空气洁净度级别建立在相应的洁净技术措施上。该标准成为了以后其他各国制定标准的重要参考。为了适应洁净技术的发展,尤其是微电子工业的迅速发展,联邦标准 209 几经修订,最后的版本是 FS209E,如表 14-1 所示。

虽然各主要国家都有各自的洁净室洁净度等级标准,但基本参照 FS209E 标准,仅在单位和等级符号上有所不同。2001 年 11 月底美国有关部门宣布废除 FS209E 标准,代之以 2000 年颁布的 ISO146644-1,见表 14-2,从而解决了 FS209E 与越来越高的洁净度控制以及国际单位制应用不适应的问题。

我国 1979 年出版了《空气洁净技术措施》,起到了规范与推动当时中国洁净技术的重要作用,并为日后国家标准的制定奠定了基础。1984 年颁发《洁净厂房设计规范》(GBJ 73—84),其中关于洁净度分级标准等同采用了美国联邦标准 FS209B,为中国洁净技术与国际接轨迈了一大步。总结了 GBJ 73—84 执行十几年的经验,对其作了修订后,于 2001 年颁布了《洁净厂房设计规范》(GB 50073),该标准采用了 IS014644-1 国际标准的洁净度等级。

对于控制粒径不是以 0.5μm 为计量标准的某些工艺,可按所要求的粒径和数量,参考空气洁净度级别平均粒径分布曲线图(图 14-1)确定相应的级别。

第一个适用于生物洁净室,标出生物粒子浓度的标准是美国国家宇航局(NASA)于1967 年 8 月颁布的《洁净室和洁净工作台微生物的控制标准》(NHB5340.2),见表 14-3。

美国联邦标准 FS209E 悬浮粒子洁净度级别　　表 14-1

级别		级别限值≥个/单位体积									
		0.1μm		0.2μm		0.3μm		0.5μm		5μm	
		体积单位		体积单位		体积单位		体积单位		体积单位	
国际单位	英制单位	(m^3)	(ft^3)	(m^3)	(ft^3)	(m^3)	(ft^3)	(m^3)	(ft^3)	(m^3)	(ft^3)
M1		350	9.91	75.7	2.14	30.9	0.875	10.0	0.283	—	—
M1.5	1	1240	35.0	265	7.50	106	3.00	35.3	1.00	—	—
M2		3500	99.1	757	21.4	309	8.75	100	2.83	—	—
M2.5	10	12400	350	2650	75.0	1060	30.0	353	10.0	—	—
M3		35000	991	7570	214	3090	87.5	1000	28.3	—	—
M3.5	100	—	—	26500	750	10600	300	3530	100	—	—
M4		—	—	75700	2140	30900	875	10000	283	—	—
M4.5	1000	—	—	—	—	—	—	35300	1000	247	7.00
M5		—	—	—	—	—	—	100000	2830	618	17.5
M5.5	10000	—	—	—	—	—	—	353000	10000	2470	70.0
M6		—	—	—	—	—	—	1000000	28300	6180	175
M6.5	100000	—	—	—	—	—	—	3530000	100000	24700	700
M7		—	—	—	—	—	—	10000000	283000	61800	1750

国际标准的空气洁净度　　表 14-2

空气洁净度等级	大于等于表中粒径的最大浓度限值					
	0.1μm	0.2μm	0.3μm	0.5μm	1μm	5μm
1	100	2				
2	100	24	10	4		
3	100	237	102	35	8	
4	10000	2370	1020	352	83	
5	100000	23700	10200	3520	832	29
6	1000000	237000	102000	35200	8320	293
7				352000	83200	2390
8				3520000	832000	29300
9				35200000	8320000	293000

NASA 标准 NHB5340.2　　表 14-3

生物洁净室级别	尘埃粒子数		生物粒子数			
	≥0.5μm	≥5μm	浮游菌		落下菌	
	个/L	个/L	个/L	个/m^3	个/(m^2·周)*	个/(φ90h)**
100	3.5	—	0.0035	3.5	12900	0.49
10000	350	2.5	0.0176	17.6	64600	2.45
100000	3500	25	0.0884	88.4	323000	12.2

* 指一星期时间;
* * 指 90mm 直径圆面积每小时。

该标准公布后,先后被各国宇航业所采用。由于该标准中提出了对微生物的控制,因此被推广运用到如制药、食品、化妆品生产等需要生物洁净的领域中。但是由于该标准是 NASA 为登月计划制定的,对微生物污染的控制极为严格,所以对其他部门并不完全适用。由于标准本身也不够完善,因此各国又相继制定了另一些标准。

我国生物洁净技术的起步比国际上迟十几年。1997 年国家药品监督管理局颁布了《医药工业洁净厂房设计规范》(GMP-97),洁净度等级见表 14-4。1998 年国家药品监督管理局又颁布了《药品生产质量管理规范》(GMP-98)。2008 年国家有关部门将 GMP-97 修订成国家标准 GB 50457,在编制过程中结合了国内外 GMP(Good Manufacture Practice)药品生产质量管理规范、洁净技术的发展以及大工程的建设实践。

制药工业洁净厂房设计规范洁净度等级 **表 14-4**

空气洁净度等级	含尘浓度 尘粒粒径(μm)	尘粒数(个/m^3)	沉降菌 个/皿*	浮游菌 个/m^3
100 级	≥0.5 ≥5	≤3500 0	≤1	≤5
10000 级	≥0.5 ≥5	≤350000 2000	≤3	≤100
10000 级	≥0.5 ≥5	≤3500000 20000	≤10	≤500

* 用直径 9cm 的琼脂平板在空气中暴露 30 分钟。

第三节 空气净化设备

一、过滤器的作用和分类

空气过滤器是空气洁净系统中最主要的设备。过滤器有三大类,即初效过滤器、中效过滤器和高效过滤器(或亚高效过滤器)。

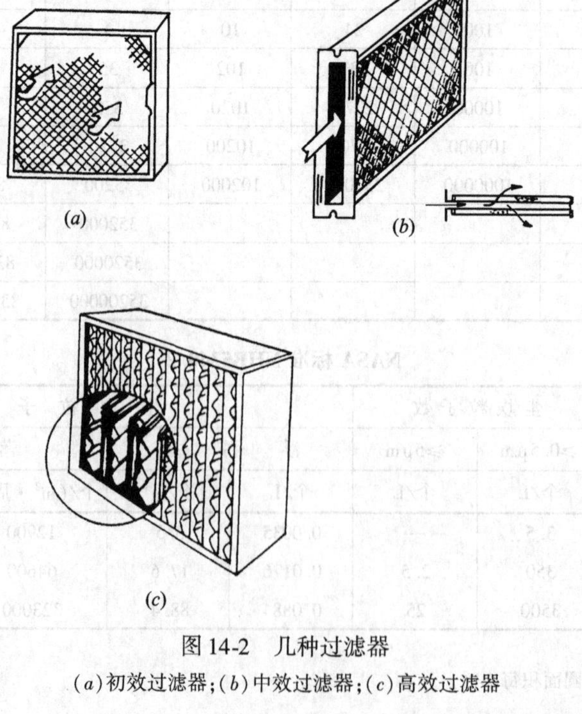

图 14-2 几种过滤器

(a)初效过滤器;(b)中效过滤器;(c)高效过滤器

初效过滤器主要是阻挡粒径在10μm以上的沉降性尘粒和多种异物。这种过滤器大多采用金属丝网、铁屑、玻璃丝(丝径约为20μm)粗孔聚氨酯泡沫和多种人造纤维作滤材。使用时,风速应控制在2m/s以内。为了便于更换,滤材一般做成块状。金属丝、铁屑、玻璃丝材料制成的过滤器也可以加油使用,以增加其吸附能力。

中效过滤器主要是阻挡粒径为1~10μm的悬浮性微粒。滤芯材料有玻璃纤维(丝径10μm左右)、中细孔聚乙烯泡沫塑料和由涤纶、丙纶、腈纶等制成的无纺布。过滤器一般做成抽屉式或袋式,成组地装在框架上,以便于更换。

高效过滤器(或亚高效过滤器)主要是阻挡粒径在1μm以下的尘埃。这种过滤器必须与初、中效过滤器配套使用,使空气在进入高效过滤器之前,先经过初、中效过滤器,以免大粒径尘粒很快将其表面堵塞,影响它的工作寿命。这种过滤器的滤料为超细玻璃纤维和超细石棉纤维(丝径小于1μm)。滤料一般做成纸状,经过多次折叠,以增加过滤面积。过滤面积可达迎风面积的50~60倍。为了提高效率,采用cm/s数量级的滤速。

高效过滤器对于不小于0.3μm微粒的过滤效率必须不小于99.91%,根据换算可知它对于0.5μm微粒的过滤效率必须不小于99.994%,对大于0.5μm微粒的效率应大于99.998%。

由于不同的过滤器过滤的微粒大小不同,所以应采用不同的过滤效率评定法。对初效过滤器,一般采用由重量法得到的效率;对中效过滤器,采用比色法或浊度法得到的效率;对高效过滤器(或亚高效过滤器)则采用计数法得到的效率。空气过滤器的分类,可参见表14-5。

空气过滤器的分类　　**表14-5**

分　类	有效捕集尘粒的直径(μm)	适应含尘浓　度	压力损失(Pa)	过　滤　效　率				容尘量(g/m^2)
				重量法	比色法	DOP法	计数法	
初效过滤器	>5	中~大	30~200	70~90	15~40	5~10	<20	500~2000
中效过滤器	>1	中	80~250	90~96	50~80	15~50	20~90	300~800
亚高效过滤器	<1	小	150~350	>99	80~95	50~90	90~99.9	70~250
高效过滤器	<1	小	250~490	不适用	不适用	≥99.97	≥99.91	50~70

二、过滤器的过滤机理

由于空气中微粒浓度很低,微粒直径又很小,所以在空气净化工程中,主要采用带有阻隔性质的过滤器或静电过滤器来清除气流中的微粒。带有阻隔性质的过滤器有两类,即表面过滤器和深层过滤器。

1. 表面过滤器的过滤机理

表面过滤器有金属网格式或多孔板式。常见的金属网格浸油过滤器,由十几层波形金属网格叠置而成,沿着空气流动方向,网格孔径逐渐缩小。由于气流方向不断改变,微粒在惯性作用下,碰到网格表面而被捕集。这种过滤器机理简单,但效率低。用纤维素制成的微孔滤膜,孔隙率高达70%~80%,用它制成的过滤器称微孔滤膜过滤器。滤膜表面带有静电,所以不但比孔径大的微粒能100%被捕集,比孔径小的微粒,也能被捕集,具有极高的效率。

2. 深层过滤器的过滤机理

深层过滤器和表面过滤器不同,它对深入内层的微粒也能加以捕集。根据孔隙率的高低,深层过滤器又分为高孔隙率和低孔隙率两种。高孔隙率过滤器,如纤维填充层过滤器、无纺布过滤器、薄层滤纸高效过滤器等,阻力不大,但效率很高。其过滤机理比较复杂，分析起来有以下几种：

（1）重力作用：微粒由于重力作用沉降在纤维表面，只有粒径大于 5μm 的微粒才会发生这种现象。

（2）惯性作用：由于纤维排列复杂，气流穿过时，流向几经改变，使一些微粒由于惯性作用，来不及跟随气流绕过纤维，因而被阻留下来。

（3）扩散作用：气体分子做布朗运动，小粒径的微粒（＜1μm）也随之运动。由于微粒的扩散，使它有机会和纤维接触而附着在纤维上面。尘粒越小，过滤速度越低，扩散作用就越明显。

（4）接触阻留作用：接触阻留作用，常常和惯性作用或扩散作用同时存在。由于微粒直径大于纤维网眼而被阻留的现象又被称为筛滤作用。

（5）静电作用：由于气流和纤维之间的摩擦产生电荷，使纤维增加了吸附微粒的能力。

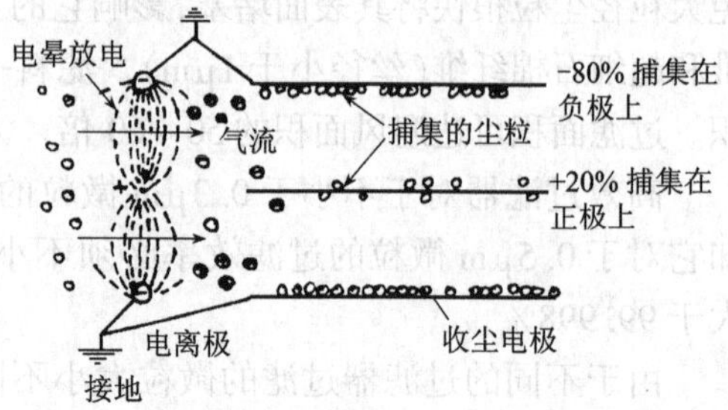

图 14-3　静电过滤器的工作原理

3. 静电过滤器的工作原理

空调净化中的静电过滤器一般采用二段式结构。第一段为电离段，使微粒带电；第二段为集尘段，使带电微粒沉积在电极板上，如图 14-3 所示。

在电离段，放电线上加有 10～12kV 的直流正电压，与接地电极之间形成具有很强电位差的不均匀电场。放电线周围产生电晕放电，使流过的空气电离，产生大量正离子和电子。电子移向放电线，正离子则附着在空气中的微粒上，使中性微粒带正电，然后流向集尘段。

在集尘段，正、负电极板交替排列，电极板之间有均匀电场，当带正电荷的微粒进入电场后，受库仑力的作用，改变流向，流向并附着在负极板上。使用这种过滤器时，对积沉的微粒应定期清洗，以保持它的效率。

三、过滤器的特性

1. 过滤器的效率

在定风量下，过滤前后空气含尘浓度之差与过滤前空气含尘浓度之比的百分数称为过滤器的效率：

$$\eta = \frac{C_1 - C_2}{C_1} \times 100\% = \left(1 - \frac{C_1}{C_2}\right) \times 100\% \tag{14-1}$$

式中　C_1，C_2——过滤器前后的含尘浓度。

含尘浓度的测试方法不同，得到的过滤效率是不一样的。常用的方法有重量法、比色法、DOP 法与粒子计数法，如图 14-4 所示。重量法仅适合于初效过滤器，通过测定过滤器前后单位体积空气中灰尘的重量来计算过滤器的效率。比色法是将被过滤前后含尘空气分别污染的滤纸置于光源下照射，用光电管比色计测出透光度，再换算成计重浓度效率。DOP（邻苯二甲酸二辛酯）法是利用微粒的光散射性换算成计数效率。粒子计数法一般用于现场测尘或检测高效过滤器。它的工作原理是：

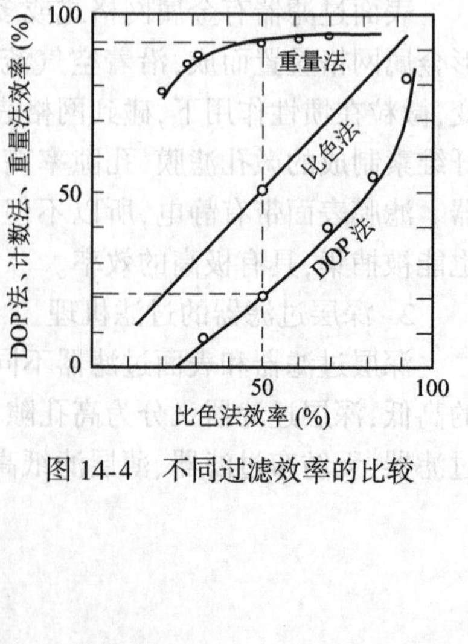

图 14-4　不同过滤效率的比较

被测空气中尘粒依次通过强光照明区，每一尘粒产生一次光散射，形成一个脉冲信号。脉冲信号幅度与粒子表面积近似成正比，所以用这种方法不仅能测得粒子数，又可确定尘粒的大小。

过滤器常常是串联使用的，当有 n 个效率分别为 $\eta_1, \eta_2 \cdots\cdots$ 的过滤器串联时，串联过滤器的总效率为：

$$\eta = 1 - \prod_{i=1}^{n}(1 - \eta_i) \tag{14-2}$$

2. 过滤器的穿透率

过滤器的穿透率是评价过滤器最终效果的指标，定义为过滤后含尘浓度和过滤前含尘浓度之比的百分数：

$$K = \frac{C_2}{C_1} \times 100\% = 1 - \eta \tag{14-3}$$

洁净室中感兴趣的是空气最终的含尘量，采用穿透率更直接明了，而且对于过滤效率接近1的过滤器，用穿透率来比较它们的性能，更能说明问题。

3. 过滤器的阻力和容尘量

和风管系统中的局部阻力构件一样，过滤器的阻力也和风速有关。常常把过滤器的阻力整理成和风速有关的形式，如：

$$\Delta P = Av + Bv^2 \quad \text{Pa} \tag{14-4}$$

式中　v——迎面风速，即风量和迎风面积之比(m/s)；

A、B——实验常数。

很明显，当过滤器捕集到很多灰尘后，空气的流通截面减小，阻力增大，这将影响过滤器的效率。所谓容尘量，就是过滤器在正常效率范围内的最大积尘量。一般是这样规定的：在一定风量下，因积尘使过滤器的阻力达到初始阻力的规定倍数(通常定为2～4倍)时的积尘量称为容尘量。它是和使用期限有直接关系的指标。在实际工程中，可根据过滤器前后的压差来判断是否需要清洗或更换过滤器。

第四节　洁净室的设计

一、洁净室的设计参数

1. 大气尘的组成和浓度

大气尘是空气净化直接处理的对象。大气尘是由自然发生源和人为发生源产生的。自然发生源中，有风刮起的泥土微粒、森林着火时燃烧产生的微粒、火山爆发过程中产生的微粒、植物花粉以及海盐微粒等。

人为发生源中占主导地位的是工业部门造成的大气污染，如矿石粉碎、锅炉、炼钢平炉、砖窑、汽车等许多设备使用过程中产生的大量的尘粒都是大气的污染源。大气尘的组成随地区与季节的不同有很大差异。表14-6是城市和城市附近大气尘的一般组成。

大气尘的浓度变化很大。在洁净室设计计算中采用的大气尘浓度一般是从三种大气尘浓度中选择一种，即“城市型”大气尘浓度、“城郊型”大气尘浓度和“农村型”大气尘浓度。它们的具体数值可根据表14-7确定。

2. 室内发尘量和发菌量

室内尘源主要有人、设备表面、建筑内表面以及工艺设备。由于发尘量很高的工艺设备原则上不允许安装在洁净室中，因此人的发尘成为最主要的因素。人的发尘量和人的活动状态以及人的服装等条件有很大的关系。对于工业洁净室,静止时人的发尘量为10万粒/(min·人),动作时为50万粒/(min·人)。对于生物洁净室,推荐采用表14-8的数值。

大气尘的一般组成　　表14-6

组　　成	含　有　量　(%)
矿物碎片、燃烧物的渣滓	10～90
烟、花粉	0～20
棉等植物纤维	5～40
煤、碳、水泥、混凝土等细粉	0～40
腐败植物、皮屑	0～10
金属	0～0.5
微生物(菌类、病毒、藻类)	极微

大气尘的浓度　　表14-7

浓　　度	工业城市(污染地区)	城郊(中间地区)	非工业区(远郊区或农村)
计数浓度(粒/L)	$\leqslant 3\times10^5$	$\leqslant 2\times10^5$	$\leqslant 1\times10^5$
计重浓度(mg/m^3)	0.3～1	0.1～0.3	<0.1

人的发尘量和发菌量　　表14-8

衣服式样	尘　(粒/min)	菌　(粒/min)
1	9366	0
2	5187	0
3	36309	70
4	85956	70
5	31863	70

注:人的动作为静止站立、面向、侧向、背向气流。
服式1——连衣型,披肩帽,着短裤,有手套及口罩。
服式2、3——衫裤型,无檐松紧帽,有、无手套,短尼龙袜,有、无口罩及塑料拖鞋。
服式4、5——大衣型,灯芯绒裤,有、无手套、口罩及塑料拖鞋。

建筑表面的发尘量在有的设计中不予考虑。根据许钟麟的研究,每$8m^2$地面的发尘量相当于1个人的静止发尘量。

二、洁净室的设计

1. 建筑要求

大气尘的浓度和空气净化系统的设计有很大的关系。对于级别高的洁净室,大气尘的浓度将影响洁净室的含尘浓度。因此,洁净室应建造在环境清洁、绿化好、位于全年主导风向上风侧的地方。洁净室周围的路面应选用坚固、起尘少的材料。洁净室应尽可能密闭,穿墙孔、门、窗以及建筑接缝处均要求严密,防止灰尘从大气或邻室钻入。洁净室内表面及构配件要尽量少凹凸面和缝隙,避免积灰。用于洁净室的建筑材料应具有耐磨、不起尘的性质,表面一定要光滑,容易擦拭,并具有耐火、耐腐蚀及物理化学稳定性好等性能。布置洁净室时,总是将高级别的洁净室布置在内侧,将低级别的洁净室布置在外侧,尽量防止室外尘粒通过各种缝隙进入洁净室内。

2. 工艺布置要求

工艺布置上,应将洁净度相同的洁净室尽可能布置在一起。洁净室中只安装必要的工艺设备。容易产生尘粒和有害气体的工艺设备应布置在洁净室外部。如因工艺要求,必须将它们装在洁净室内,则应靠近回风口或排风口,并尽量将洁净度要求高的工序布置在清洁空气先到达的部位。

3. 人、物的净化要求和方案

洁净室对尘粒或细菌浓度都有严格的标准,如果人和物携带大量尘粒进入室内,势必给洁净室增加很多污染源。因此,人和物的净化是洁净室维持净化级别的重要措施。

人、物的净化流程应根据洁净室的净化级别合理设置。图 14-5 是一个普通洁净室人身净化程序;图 14-6 是高级别生物洁净室人身净化程序。

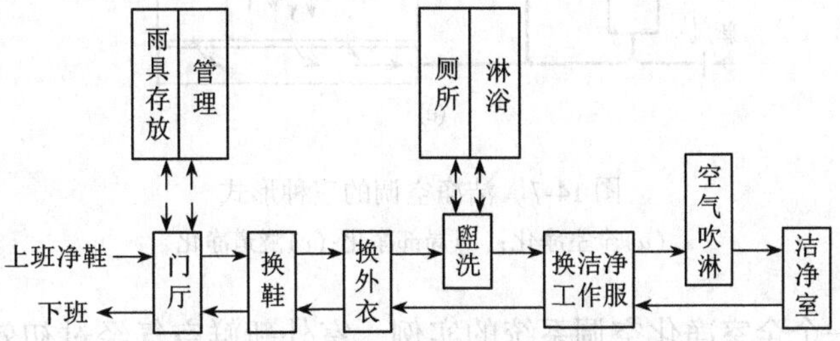

图 14-5　普通洁净室人身净化程序

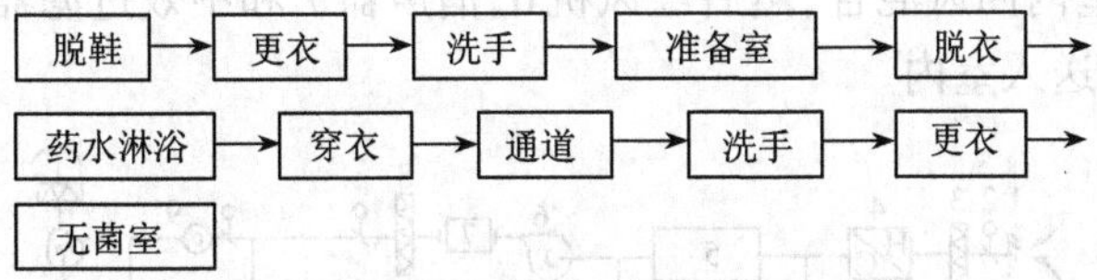

图 14-6　高级别生物洁净室人身净化程序

对于进入无菌室内的物品,均应进行消毒灭菌或先清洗,再消毒,然后才允许送入无菌室。

第五节　洁净空调系统

洁净室需要控制的指标,除了尘粒浓度之外,还有空气的温度、湿度等。要满足洁净室各项指标的要求,通常是通过净化空调系统来实现的。和普通空调系统的主要区别是,它采用多级过滤技术、保证尘粒不进入系统和洁净室内的特殊措施以及满足洁净室要求的气流组织等。

一、洁净空调系统的形式

洁净空调系统基本上可分为三种形式,即全室净化、局部净化和隧道净化,如图 14-7 所示。

全室净化形式的主要特点是用集中式净化空调系统向洁净室送风,在整个房间造成具有相同洁净度的环境。这种净化方式投资大,运行费也较昂贵。

局部净化可使用净化空调器或局部净化设备,在一般空调环境中创造一个局部的具有一定级别的净化环境。和全室净化相比,它的造价和运行费都较低。

隧道净化是全室净化和局部净化相结合的净化方式。它兼顾了工艺要求和造价两方面的因素,是一种值得提倡的洁净方式。一般隧道两侧是高洁净度的单向流工作区,中间是乱流区。在工艺区内为全面单向流送风,在操作通道区内则采用乱流送风。

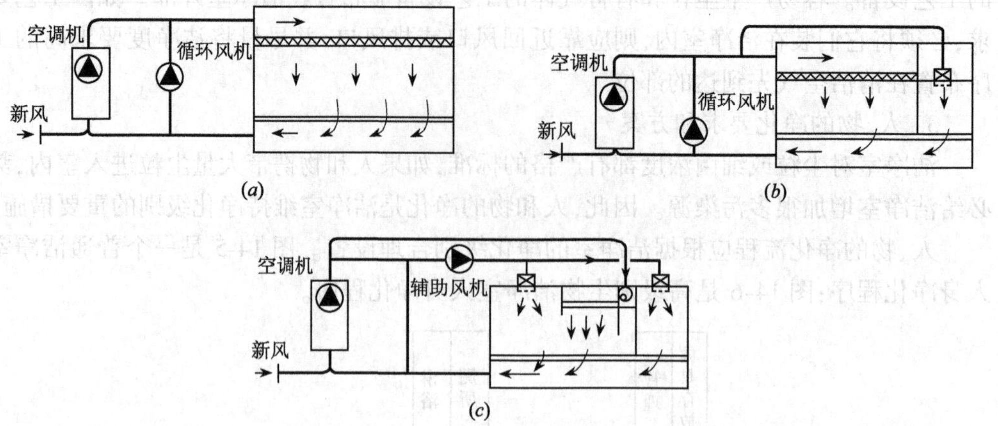

图 14-7　洁净空调的三种形式

(a)全室净化;(b)局部净化;(c)隧道净化

图 14-8 是一个全室净化空调系统的实例。室外新鲜空气经过初效过滤器 3、空气预处理机 4 和来自室内的回风混合后进入空调箱 5,从空调箱出来的温度和湿度经过处理的空气再和室内回风混合,然后经风机 6、消声器 7 和中效过滤器 8 送入顶棚,最后经高效过滤器 10 送入室内。

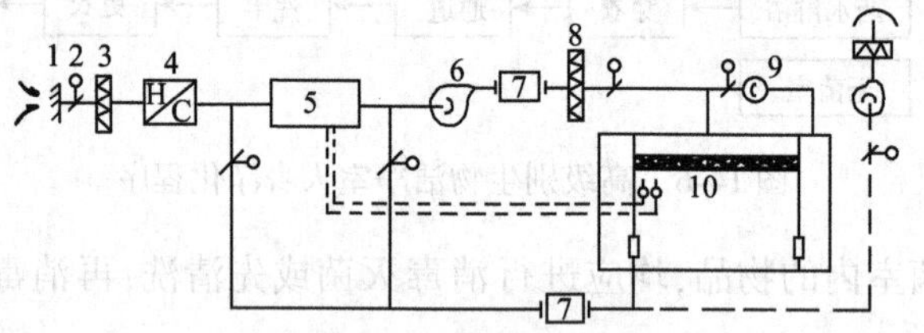

图 14-8　净化空调系统实例

1—新风口;2—电动百叶阀;3—初效过滤器;4—空气预处理机;5—空调箱;
6—加压风机;7—消声器;8—中效过滤器;9—值班风机;10—高效过滤器

由于净化要求的风量比空调要求的风量大,所以采用了二次回风。值班风机 9 的作用是防止系统停运后室外污染空气通过围护结构缝隙或从新风口进入洁净室。但除非在净化系统关闭后,有些特别怕污染的工件无法收藏或遮蔽,一般情况下可不设值班风机。通常只要提前 0.5h 开机,就可使洁净室投入工作了。

二、洁净室的正压要求

为了保持空气免受邻室或外界大气的污染,洁净室必须维持一个比邻室和大气高的空气压力,简称维持正压。如果相邻两室都是洁净室,则洁净级别高的房间应维持一个相对正压。采取此措施的目的有两个,一是防止尘粒经门窗或其他结构的缝隙从邻室或外界进入洁净室,二是防止开门时尘粒随空气大量涌入。

洁净室一般都维持正压,但对某些生物洁净室,为了防止污染空气和尘粒从洁净室逸出,必须维持一个比邻室和外界大气低的压力,即维持负压。

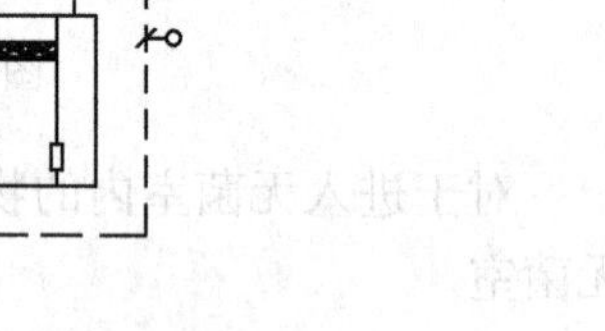

图 14-9　风对墙面的压力

当风垂直于墙面吹过时,将在迎风面上形成正压,在背风面上形成负压,如图 14-9 所示。迎风面压力可按下式计算:

$$\Delta P = C\frac{v^2}{2}\rho \quad \text{Pa} \tag{14-5}$$

式中　v——流速(m/s)；

ρ——空气密度(kg/m^3)；

C——风压系数,一般取0.7～0.85。

如果室内的正压小于$C\frac{v^2}{2}\rho$,尘粒将随空气从窗和门的缝隙渗入洁净室。假定室外风速$v=5$m/s,可算出正压值不能小于13Pa。

洁净室正压值的大小是由风量来控制的,当送风量大于回风量和排风量之和,房间就维持正压。在正压状态下,洁净室的空气将通过各种缝隙渗到室外,只有不断补充漏风量才能继续维持室内的正压。漏风量可以用下式计算:

$$V = al\Delta P^{\frac{1}{n}} \quad \text{m}^3/\text{h} \tag{14-6}$$

式中　a,n——和密封程度有关的系数,见表14-9;

l——缝隙长度(m);

ΔP——正压值(Pa)。

计算漏风量的系数　　**表14-9**

窗的形式	密封程度	a	n
对开窗	优良	0.0173	1.3
对开窗	良好	0.3712	1.5
推拉窗	一般橡胶密封	1.0918	1.5
推拉窗	没有橡胶密封	2.9547	1.8

为了简便,可根据一般的建筑,计算出与漏风量相当的换气次数,如表14-10所示。这样,只要先求出房间容积,再乘以换气次数,就可以得到漏风量。

和漏气量相当的换气次数　　**表14-10**

ΔP(Pa)	换气次数(次/h)(双扇门)	换气次数(次/h)(单扇门)
10	4	2.6
15	5.1	3.3
20	6	4
30	7.5	4.9
45	9.5	6.2

三、洁净室的气流组织

洁净室按气流状态分类,可分为乱流洁净室和单向流洁净室。

1. 乱流洁净室

乱流洁净室只能达到较低的洁净度级别,通常在1000～100000级范围内。

它的特点是室内气流流速不均匀,且有涡流,导致有些尘粒会在室内循环。它可以采用散流器顶送风、孔板送风及侧送风等多种送风形式(图14-10)。由于它构造简单、建造方便,因此在净化要求级别不高的场合常常采用。

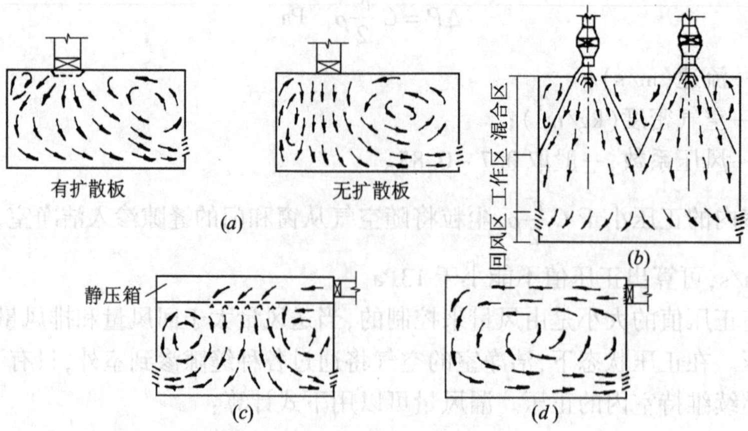

图 14-10　乱流洁净室的送风形式

(a)高效过滤器顶送;(b)密集流线型散流器顶送;(c)局部孔板顶送;(d)侧送

2. 单向流洁净室

单向流洁净室也叫平行流或层流洁净室。由于单向流的空气流态按照雷诺数判断是紊流的,所以用层流洁净室一词容易在概念上引起混淆。美国联邦标准从 209b 到 209D 中的一项重要改动,就是改层流为单向流。在 209D 中,还将乱流改成非单向流,由于乱流在概念上不易引起混淆,而且非单向流洁净室的叫法在我国尚不普及,所以本书仍采用乱流洁净室一词。

在单向流洁净室内,气流不是呈一股或多股流束,而是平行气流充满整个断面。干净气流好比一个空气活塞,房间好比是气缸,把原有的尘埃浓度高的空气排出房间。

单向流洁净室可以分为水平单向流洁净室和垂直单向流洁净室(图 14-11)。水平单向流洁净室的特点是送风气流均匀且呈水平方向,它只在第一工作区达到最高洁净度,当空气向另一侧流动时,含尘浓度将逐渐增高,所以应把洁净度高的工艺布置在靠送风墙一侧。

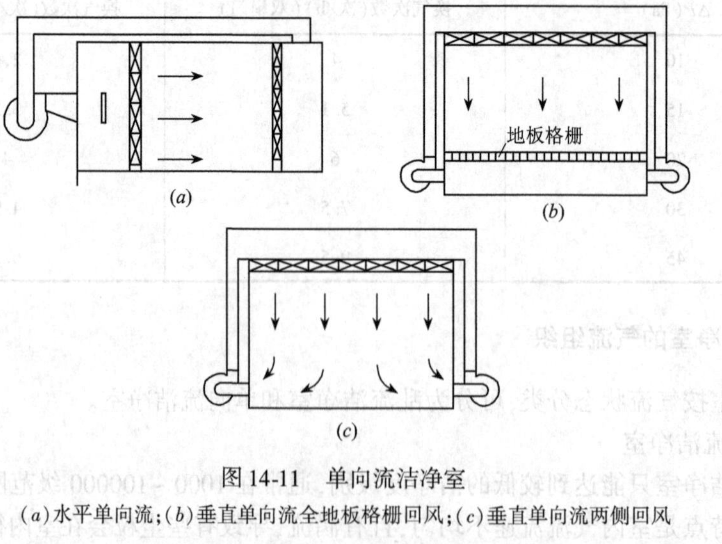

图 14-11　单向流洁净室

(a)水平单向流;(b)垂直单向流全地板格栅回风;(c)垂直单向流两侧回风

送风墙可以满布高效空气过滤器,如果高效过滤器系局部布置,则它所占墙的面积不得低于 40%。

垂直单向流洁净室的气流是均匀的从上到下的平行气流。它的自净能力强,可达到最高的洁净度级别。它的缺点是顶棚结构复杂,造价和运行费用都很高。

垂直单向流洁净室有两种做法:一种是顶棚满布高效过滤器(过滤器所占面积不得小于60%顶棚面积)送风,全地板格栅回风;另一种是侧布高效过滤器,顶棚阻尼层送风,全地板格栅回风。和前者相比,后者所用过滤器个数少,并可简化顶棚结构,造价相对要低一些。

垂直单向流洁净室也可采用顶棚送风和两侧下回风。这种洁净室也可称为准单向流洁净室。回风口应布置在室内的最低处。如果回风口安装过高或回风口高度太大,都将引起二次尘,存在二次污染,如图14-12所示。因此回风口形式应做成扁长型,并保证其长度方向上流速尽量一致。应用阻尼回风口可以得到比较满意的效果。回风口上的阻尼层起两个作用,既可以过滤掉散发出来的纤维尘,又可使回风口阻力均匀,有利于速度分布均匀和流线均匀。

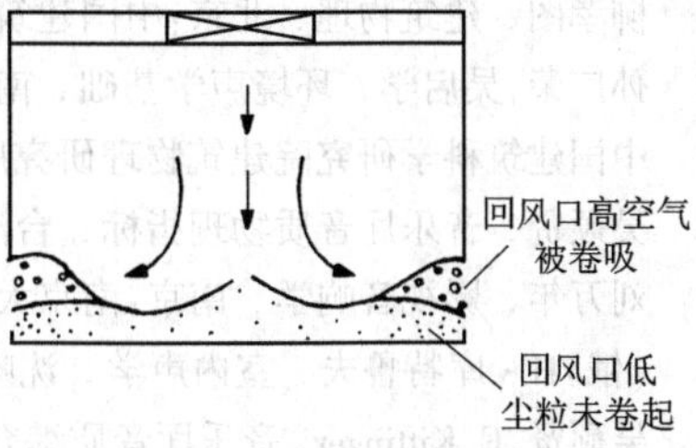

图14-12　回风口过高引起的二次污染

四、洁净室的送风量

不同等级的洁净室对送风量或换气次数有不同的要求。对于垂直单向流洁净室,净化级别不大于100级时,室内断面风速至少应大于0.25m/s;对水平单向流洁净室,室内断面风速应不小于0.35m/s。要达到这样的要求,所需的风量折合成换气次数分别为250~500次/h。1000级、10000级和100000级乱流洁净室的最小换气次数分别为50次/h、25次/h、15次/h。

一般说来,换气次数越多,稀释作用越强,因而可提高洁净效果。但有的时候,尤其是当送入室内的含尘浓度和室内发尘浓度相当时,增加换气次数的稀释作用就微乎其微了。

参考文献

1 柳孝图．建筑物理．北京:中国建筑工业出版社,1991.

2 孙广荣,吴启学．环境声学基础．南京:南京大学出版社,1995.

3 中国建筑科学研究院建筑物理研究所．建筑声学设计手册．北京:中国建筑工业出版社,1987.

4 吴硕贤．音乐厅音质物理指标．台湾建筑学报(8),1993:103-109.

5 刘万年．影视音响学．南京:南京大学出版社,1994.

6 (俄)H·库特鲁夫．室内声学．沈嵘译．北京:中国建筑工业出版社,1982.

7 吴硕贤,E. Kittinger. 音乐厅音质综合评价．声学学报,1994(5):382～393.

8 项端祈．实用建筑声学．北京:中国建筑工业出版社,1992.

9 车世光,王炳麟等．建筑声环境．北京:清华大学出版社,1988.

10 (日)前川纯一．建筑·环境音响学．日本:共立出版株式会社,1990.

11 车世光,张三明．用组合隔声窗降低临街建筑的交通噪声干扰．应用声学,1989(3).

12 张三明．多功能体育馆建声设计研究．艺术科技,1995(2):46-49.

13 Rober E. Fischer. Adjustable acoustics derive from two electronic systems. Architectural Record, 1983 (5):130-133.

14 P. H. Parkin & K. Morgan. Assisted Resonance in the Royal Festival Hall, London:1965～1969. J. S. A 1970,48(5):1025-1035.

15 Fukushi Kawakami & Yasushi shimizu. Active Field Control in Auditoria. Applied Acoustics 1990,31: 47-75.

16 杨光璿等．建筑采光和照明设计．北京:中国建筑工业出版社,1988.

17 詹庆旋．建筑光环境．北京:清华大学出版社,1988.

18 高履泰．建筑光环境设计．北京:水利电力出版社,1991.

19 旋淑文．建筑环境色彩设计．北京:中国建筑工业出版社,1991.

20 庞蕴凡．视觉与照明．北京:中国铁道出版社,1993.

21 朱保良等．室内环境设计．上海:同济大学出版社,1991.

22 高履泰．建筑的色彩．南昌:江西科学技术出版社,1988.

23 杨公侠．视觉与视觉环境．上海:同济大学出版社,1985.

24 S·A·康兹,魏润柏．人与室内环境．北京:中国建筑工业出版社,1985.

25 (英)D·A·麦金太尔．室内气候．龙惟定等译．上海:上海科学技术出版社,1988.

26 清华大学等．空气调节．北京:中国建筑工业出版社,1986.

27 S·A·康兹,魏润柏．人与室内环境．北京:中国建筑工业出版社,1985.

28 B·吉沃泥．人·气候·建筑．陈士驎译．北京:中国建筑工业出版社,1982.

29 (俄)B·H·巴格斯罗夫斯基．建筑热物理学．单寄平译．北京:中国建筑工业出版社,1988.

30 (匈)L·B·巴赫基．房间的热微气候．傅忠诚等译．北京:中国建筑工业出版社,1985.

31 中华人民共和国国家标准．采暖通风与空气调节设计规范(GBJ 19—1987).

32 第四机械工业出版社第十设计研究院．空气调节设计手册．北京:中国建筑工业出版社,1983.

33 陆耀庆．实用供热空调设计手册．北京:中国建筑工业出版社,1993.

34 (日)中原信生．建筑和建筑设备的节能．龙惟定等译．北京:中国建筑工业出版社,1990.

35 张乐法．空调动态负荷与计算机运算．山东:济南出版社,1990.

36 钱以明．高层建筑空调与节能．上海:同济大学出版社,1990.

37 何耀东等．旅馆建筑空调设计．北京:中国建筑工业出版社,1995.

38 制冷中的节能．孙光三等译．上海:上海交通大学出版社,1987.
39 茅以惠等．吸收式与蒸汽喷射式制冷机．北京:机械工业出版社,1985.
40 陈沛霖等．空调与制冷技术手册．上海:同济大学出版社,1990.
41 (日)林太郎,(美)R·H·豪厄尔等．工业通风与空气调节．北京:北京工业大学出版社,1988.
42 哈尔滨建筑工程学院等．供热工程．北京:中国建筑工业出版社,1985.
43 高明远等．建筑设备工程．北京:中国建筑工业出版社,1988.
44 Daikin Industries,LTD. Engineering Data VRV System. 1994.
45 尉迟斌等．实用制冷与空调工程手册．北京:机械工业出版社,2001.
46 许钟麟．空气洁净技术原理．北京:中国建筑工业出版社,1983.
47 (美)C·A·伯奇斯特等．空气净化手册．北京:原子能出版社,1981.
48 (苏)B·M·托尔戈弗尼科夫等．工业通风设计手册．北京:中国建筑工业出版社,1987.
49 孙一坚．工业通风．北京:中国建筑工业出版社,1985.
50 梅自力．医疗建筑空调设计．北京:中国建筑工业出版社,1991.
51 周谟仁．流体力学泵与风机．北京:中国建筑工业出版社,1985.
52 许钟麟等．空气洁净技术应用．北京:中国建筑工业出版社,1989.
53 龙惟定．建筑节能与建筑能效管理．北京:中国建筑工业出版社,2005.